U0163024

长寿命高强度耐蚀钢筋制备及应用基础

蒋金洋　麻　晗　王凤娟　眭世玉　著

中国建筑工业出版社

图书在版编目（CIP）数据

长寿命高强度耐蚀钢筋制备及应用基础 / 蒋金洋等著. —北京：中国建筑工业出版社，2023.6
ISBN 978-7-112-28561-7

Ⅰ. ①长… Ⅱ. ①蒋… Ⅲ. ①耐蚀性—钢筋—建筑材料—研究 Ⅳ. ①TU511.3

中国国家版本馆CIP数据核字（2023）第054355号

本书作者通过试验探测方法和理论分析方法相结合，研究该合金耐蚀钢筋腐蚀全寿命不同阶段（钝化阶段、维钝与破钝阶段、腐蚀扩展阶段）的行为特征，揭示其腐蚀行为发展规律，明晰其耐蚀机理。全书共 10 章，主要内容包括：概论；新型合金耐蚀钢筋合金化设计方法；新型合金耐蚀钢筋的钝化行为；新型合金耐蚀钢筋破钝与钝化自修复行为；严酷环境下新型合金耐蚀钢筋腐蚀行为；混凝土环境中长寿命耐蚀钢筋氯离子侵蚀机制；新型合金耐蚀钢筋在混凝土中的腐蚀行为；基于概率统计理论的新型合金耐蚀钢筋混凝土服役寿命预测；新型合金耐蚀钢筋混凝土耐久性设计；新型合金耐蚀钢筋在实际工程中的应用案例。

本书可供土木工程材料专业科研人员及高校师生阅读使用。

责任编辑：张伯熙
文字编辑：沈文帅
责任校对：张　颖
校对整理：赵　菲

长寿命高强度耐蚀钢筋制备及应用基础
蒋金洋　麻　晗　王凤娟　眭世玉　著
*
中国建筑工业出版社出版、发行（北京海淀三里河路 9 号）
各地新华书店、建筑书店经销
北京点击世代文化传媒有限公司制版
北京中科印刷有限公司印刷
*
开本：787 毫米 ×960 毫米　1/16　印张：15½　字数：236 千字
2024 年 1 月第一版　2024 年 1 月第一次印刷
定价：**85.00** 元
ISBN 978-7-112-28561-7
（41039）

前　言

钢筋自身抵抗氯盐侵蚀的能力与基体的金相结构有关，通过适当的成分设计与组织控制，可以提升钢筋基体的抗腐蚀性。20 世纪 30 年代，通过钢筋添加 Cr、Ni、Mo 等合金元素，开发使用了不锈钢钢筋。理论试验和工程实践证实，采用不锈钢钢筋替代普通碳素钢筋，确实可从根本上解决钢筋锈蚀问题，保证结构长期耐久性。然而不锈钢钢筋因加入过多合金元素，一方面可焊接性差，给现场施工带来极大的困难，有时甚至无法进行施工，另一方面其初期生产成本高昂（为普通碳素钢筋成本的 5 ~ 8 倍），从经济角度考虑，难以大量应用于实际工程。

借鉴不锈钢钢筋和大气耐候钢的成功研发应用的经验，世界许多国家纷纷致力于开发研究低成本、高性能的较低合金元素含量的耐蚀钢筋。江苏省（沙钢）钢铁研究院通过合金成分及生产工艺优化设计，开发推出了一种高强度高耐腐蚀钢筋“Cr10Mo1”（约含 Cr 10 wt.% 及 Mo 1 wt.%，金相组成上包含铁素体和贝氏体，不含渗碳体），并已申报了多项发明专利。该钢筋现已应用于青连铁路跨胶州湾特大桥、石衡沧港城际铁路以及江苏省灌河特大桥工程关键结构，其与国外 MMFX 耐蚀钢筋相比，Cr 等合金元素含量相近，经济成本相当，但耐腐蚀性更加优越，对于保证海洋环境混凝土结构百年服役寿命设计要求具有很大潜力。

本书作者通过试验探测方法和理论分析方法相结合，研究新型合金耐蚀钢筋腐蚀全寿命不同阶段（钝化阶段、维钝与破钝阶段、腐蚀扩展阶段）的行为特征，揭示其腐蚀行为发展规律，明晰其耐蚀机理，为其在土木工程中推广应用提供科学理论依据。在此基础上，基于概率统计理论对新型合金耐蚀钢筋混凝土服役寿命进行了预测，并考虑严酷环境多因素耦合下混凝土的时变传输系数，对新型合金耐蚀钢筋耐久性设计做出了规定，为严酷环境下混凝土结构的设计提供指导，以满足我国现代化建设的需要与可持续发展的战略需求。

全书共 10 章，主要内容包括：概论；新型合金耐蚀钢筋合金化设计方法；

新型合金耐蚀钢筋的钝化行为；新型合金耐蚀钢筋破钝与钝化自修复行为；严酷环境下新型合金耐蚀钢筋腐蚀行为；混凝土环境中长寿命耐蚀钢筋氯离子侵蚀机制；新型合金耐蚀钢筋在混凝土中的腐蚀行为；基于概率统计理论的新型合金耐蚀钢筋混凝土服役寿命预测；新型合金耐蚀钢筋混凝土耐久性设计；新型合金耐蚀钢筋在实际工程中的应用案例。全书得到了国家 973 计划课题《严酷环境下混凝土结构寿命延长与工程示范》（项目编号：2015CB655105）、中国铁道科研计划重大项目《基于耐蚀钢筋的铁路跨海桥梁耐久性设计与应用研究》（项目编号：2014G004-F）、产学研重大合作项目《南海工程用高耐腐蚀高强钢筋制备技术及关键性能》（项目编号：BY2013091）以及《海洋建筑结构用耐蚀钢及防护技术》（项目编号：2021YFB3701702）的支持。全书的撰写工作主要由蒋金洋、麻晗、王凤娟、眭世玉、艾志勇、陈焕德、王丹芊、郭乐、辛忠毅、张志锋等人员负责完成。

作为一种新型钢筋混凝土耐久性防护材料，Cr10Mo1 合金耐蚀钢筋符合大力促进土木工程技术进步和可持续发展的时代要求，为更好地推广新型合金耐蚀钢筋在重大工程混凝土结构中的应用，针对新型合金耐蚀钢筋的相关研究工作还需要继续，其设计理论和设计方法还需要进一步完善，本书作者期待本书能对从事耐蚀钢筋及耐蚀钢筋混凝土领域的同仁提供一定的参考。

限于作者的水平，书中欠妥之处在所难免，恳请读者批评指正。

目 录

第一章 概论 …… 1

第一节 概 述 …… 1

第二节 耐蚀钢筋的发展简史 …… 2

第三节 耐蚀钢筋的研究现状 …… 6

第二章 新型合金耐蚀钢筋合金化设计方法 …… 21

第一节 概述 …… 21

第二节 高强耐蚀钢筋研发 …… 24

第三节 显微组织 …… 46

第四节 力学性能 …… 48

第三章 新型合金耐蚀钢筋的钝化行为 …… 55

第一节 概述 …… 55

第二节 钝化膜电化学方法表征 …… 56

第三节 钝化膜组成结构与半导体性能 …… 64

第四节 钝化膜形成生长过程 …… 73

第四章 新型合金耐蚀钢筋破钝与钝化自修复行为 …… 80

第一节 概述 …… 80

第二节 不同 pH 环境中钝化耐蚀钢筋的临界 Cl^- 浓度 …… 80

第三节 不同 pH 环境中耐蚀钢筋钝化膜受氯盐侵蚀行为及破钝机制 …… 83

第四节 不同 pH 环境中氯盐侵蚀下合金耐蚀钢筋钝化膜层的电化学性能变化 …… 96

第五节 不同 pH 环境下钝化膜破坏机制 …… 105

第六节 氯盐侵蚀下合金耐蚀钢筋的点蚀萌生 …… 112

第七节 合金耐蚀钢筋钝化膜局部破坏后的自修复行为及其机制 …… 120

第五章　严酷环境下新型合金耐蚀钢筋腐蚀行为 ………………………… 131

第一节　概述 …………………………………………………………………… 131

第二节　耐蚀钢筋在中性氯化钠溶液中的腐蚀行为研究 ………………… 132

第三节　耐蚀钢筋在高碱度（pH=13.2）混凝土模拟孔溶液中的腐蚀行为研究 ……………………………………………………………… 136

第四节　耐蚀钢筋在中碱度（pH=12.6）混凝土模拟孔溶液中的腐蚀行为研究 ……………………………………………………………… 146

第五节　耐蚀钢筋在低碱度（pH=11）混凝土模拟孔溶液中的腐蚀行为研究 ……………………………………………………………… 150

第六章　混凝土环境中长寿命耐蚀钢筋氯离子侵蚀机制 ………………… 153

第一节　概述 …………………………………………………………………… 153

第二节　TEM 结果 …………………………………………………………… 153

第三节　XPS …………………………………………………………………… 156

第四节　M-S 曲线结果 ……………………………………………………… 160

第五节　Cl^- 作用机理 …………………………………………………… 162

第六节　合金元素的耐点蚀作用机制 ……………………………………… 166

第七章　新型合金耐蚀钢筋在混凝土中的腐蚀行为 ……………………… 167

第一节　概述 …………………………………………………………………… 167

第二节　耐蚀钢筋在混凝土中的电偶腐蚀研究 …………………………… 167

第三节　耐蚀钢筋焊接件力学性能与腐蚀行为研究 ……………………… 177

第八章　基于概率统计理论的新型合金耐蚀钢筋混凝土服役寿命预测 183

第一节　概述 …………………………………………………………………… 183

第二节　氯离子侵蚀下新型合金耐蚀钢筋混凝土耐久性分析模型 ……… 183

第三节　氯离子在混凝土中扩散过程相关参数的随机分析 ……………… 193

第四节　混凝土中新型合金耐蚀钢筋表面氯离子浓度的随机模型 ……… 200

第五节　耐蚀钢筋混凝土服役寿命预测 …………………………………… 201

第九章　新型合金耐蚀钢筋混凝土耐久性设计 …… 209
第一节　概述 …… 209
第二节　耐久性极限状态设计方法 …… 210
第三节　钢筋开始锈蚀极限状态下的耐久性时变设计 …… 212
第四节　盐冻环境混凝土耐久性设计 …… 217
第五节　硫酸盐侵蚀环境混凝土耐久性设计 …… 219
第六节　硫酸盐-氯盐耦合侵蚀环境混凝土耐久性设计 …… 220

第十章　新型合金耐蚀钢筋在实际工程中的应用案例 …… 222
第一节　青连铁路 …… 222
第二节　石衡沧港城际铁路 …… 224
第三节　灌河特大桥 …… 225

参考文献 …… 226

第一章　概论

第一节　概　述

钢筋锈蚀是影响钢筋混凝土耐久性的主要因素之一。世界各国混凝土结构都饱受钢筋锈蚀的困扰，这也是重大工程过早失效和提前退出服役的重要原因。

处于恶劣环境下的混凝土结构，初期施加外加防腐措施是必要的。然而，每种防腐蚀技术所用的材料都有自身的耐久性，在设计时必须慎重考虑，比如硅烷涂层材料的使用年限一般为 15 ~ 20 年，且施工后 6h 内保证不被水浸泡才可能达到理想的效果，因此在钢筋锈蚀较厉害的水位变动区不易被采用；环氧树脂涂层钢筋的环氧涂层使用年限为 20 ~ 30 年，热浸镀锌钢筋的使用也有一定的年限，资料表明经 40 年后其表层镀锌会慢慢销蚀。因此，使用这两类材料时应考虑其达到使用寿命后的保护措施，并且在焊接连接、施工过程中均容易造成表面涂层或镀锌层的破坏，加重了局部点蚀发生的概率。

事实上，要实现钢筋混凝土结构的高耐久性与长寿命，则必须提高混凝土材料的抗渗性、抗裂性和增强钢筋本身的抗腐蚀性能，两者缺一不可。欧美国家为了使建筑物使用寿命达到 100 年的设计要求，开发使用了不锈钢钢筋，因为引起其锈蚀的临界浓度比普通钢筋要提高一个数量级以上，所以能大幅度提高混凝土结构的耐久性。

当前，我国的耐蚀钢筋研发也形成了一个良好开端，钢铁研究总院研制了 Cu-P 系和 Cu-Cr-Ni 系钢筋，其材料成本均比环氧涂层低，并且依据试验室单一因素的试验验证了该钢筋可以满足海洋工程混凝土结构 30 ~ 50 年的设计寿命要求。但是这两种钢筋在实际应用时是受到多种因素耦合作用的，能否真正满足 30 年的使用寿命，还需要进一步的研究。

综上所述，为了促进土木工程的技术进步和可持续发展，调整建筑材料消耗结构，必须研究资源节约型的长寿命耐蚀钢筋来保障重大工程混凝土结构的设计使用寿命，实现节约资源、节能减排、保护环境的要求，这不仅是未来土木工程领域的重要发展方向之一，也是钢筋混凝土结构保持长久生命力的重要保证。

第二节　耐蚀钢筋的发展简史

一、不锈钢钢筋的开发

20 世纪 30 年代，欧美一些发达国家为了使一些关系国计民生的重大工程使用寿命达到百年设计要求，通过钢筋富量添加 Cr、Ni、Mo 等合金元素，开发使用了不锈钢钢筋。适用于混凝土结构中的不锈钢钢筋，按照基体主要组织类型的不同，常用的有单相奥氏体不锈钢钢筋（如 AISI 304、AISI 316、AISI 410 等）及铁素体 - 奥氏体双相不锈钢钢筋（如 AISI 2205、LDX 2101）等。与普通碳素钢筋相比，不锈钢钢筋不仅耐腐蚀性呈数量级提升，腐蚀抗力异常卓越，还具有高强度、高塑性、优良的高温耐火性、低温韧性以及良好的耐疲劳性。近 40 年来，美国及欧洲国家通过模拟试验、海水长期暴露试验和施工现场试验对不锈钢钢筋进行了大量的理论研究和试验研究。Freire 等试验发现，在低 pH、高氯化物环境下不锈钢钢筋能保持钝态，具有极强的耐蚀性能。McDonald 等研究表明，不锈钢钢筋混凝土的抗腐蚀力远远高于普通碳素钢筋混凝土。使用不锈钢钢筋能使混凝土结构长期免于锈蚀病害，同时还可减小混凝土保护层厚度。

美国、日本、欧洲等一些发达国家已将不锈钢钢筋列入混凝土结构用钢之列，并出台了专门的设计手册，而且在一些处于高腐蚀区，设计寿命达 75 ~ 100 年的重大工程中已应用了不锈钢钢筋。应用不锈钢钢筋混凝土最早的墨西哥海港工程 Progresso Pier 大桥建于 1937 ~ 1941 年，其混凝土桩结构使用 AISI 304 不锈钢钢筋抵抗严酷的海水侵蚀，该工程至今已安全服役 80 多年，一直未出现明显锈蚀现象，期间未进行过较大的维修，省去了大量维护费用。美国 Oregon 州 2004 年竣工的代替旧桥的 Haynes Inlet Slough 桥梁，处于海洋环境中，在关键结构使用了 400t AISI 2205 双相不锈钢钢筋，设计寿命 120 年，是旧桥普通碳素钢筋混凝土桥梁寿命的 2.5 倍。该桥梁在设计期间，曾考虑使用环氧涂层钢筋，但因其不具备相应的耐久性，不能长期有效地阻止氯盐侵蚀，故放弃此方案而采用不锈钢钢筋的方案。我国于 2004 年 4 月颁布的《混凝土结构耐久性设计与施工指南》CCES 01—2004 中指出，百年以上使用年限的特殊工程可选用不锈钢钢筋，是提高我国重大工程结构耐久性的重要组成部分和战略举措。我国建设的港珠澳大桥是目前世界最长的跨海桥梁，因其所处海洋环境十分复杂（Cl^- 含量高、温度高、湿度高、台风多），为保证结构百年服役寿命，承台、塔座及墩身等关键结构使用了 AISI 2205 双相不锈钢钢筋。

理论试验和工程实践证实，采用不锈钢钢筋替代普通碳素钢筋，确实可从根本上解决钢筋锈蚀问题，保证结构长期耐久性。然而不锈钢钢筋因加入过多合金元素（Cr 含量 12wt.% 以上，Cr、Ni 总含量 20wt.% 左右），一方面可焊接性差，给现场施工带来极大的困难，有时甚至无法进行施工，另一方面其初期生产成本高昂（为普通碳素钢筋成本的 5 ~ 8 倍），从经济角度考虑，难以大量应用于实际工程。

钢筋自身抵抗氯盐侵蚀的能力与基体的金相结构有关，通过适当的成分设计与组织控制，可以提升钢筋基体的抗腐蚀性。在钢筋所含各主要元素中，碳的分布是最不均匀的，表现为它在铁素体、奥氏体和渗碳体中含量的极大差别。超过铁素体溶解度的过量碳使得钢中多相共存，各相腐蚀电位高低差别易促进腐蚀原电池形成。因此，降低钢中碳含量至铁素体的溶碳限以下，有利于提高钢组织结构与成分分布的均匀性（当然碳含量的过度降低会导致钢的强度降低，必须通过其他强化措施予以弥补），减少样品内部各区域之间的电位差，从而降低腐蚀速率。钢中 S 元素增加会促进硫化锰夹杂物形成，破坏基体的连续性和组织的均匀性，同时硫化锰夹杂物作为钢基体腐蚀诱发场所，最易形成点蚀。降低钢中硫含量，不仅有利于改善钢的力学性能，也能明显提高钢的腐蚀抗力。钢中加入容易钝化的合金元素 Cr、Ni、Mo 可促进阳极钝化，提高钢钝化膜的稳定性，抑制金属的氧化，同时合金元素形成很难溶解的合金碳化物，可强烈阻碍组织晶界的迁移，有助于获得细晶粒的组织，提高钢的耐蚀性能。可以说，合金元素加入对于钢抗腐蚀性的提升作用最为突出。

从调整钢筋基体组成结构入手，通过降低其易蚀成分而提高其耐蚀成分，形成更有利于抵抗氯盐侵蚀的组织结构，开发制备高耐腐蚀钢筋以替代低耐腐蚀的传统普通碳素钢筋，是长期解决钢筋锈蚀问题的有效方法。为此，国内外纷纷开展了一系列高耐腐蚀钢筋的开发研究，包括不锈钢钢筋、合金耐蚀钢筋等。

二、合金耐蚀钢筋的开发

由于不锈钢钢筋合金元素 Cr、Ni 含量过高，价格高昂，使用范围受限，研发具有与不锈钢钢筋相当的耐腐蚀性能，同时成本相对低廉且力学性能又可保证的钢筋材料成为自然选择，这已经成为世界许多国家的共识。

借鉴不锈钢钢筋和大气耐候钢成功研发应用的经验，世界许多国家纷纷致力于开发研究低成本、高性能的较低合金元素含量的耐蚀钢筋。美国 MMFX 钢铁公司于 1998 年首先开发了一种 Cr 含量约为 9wt.%，同时含少量 Mo、Ni 的微合金耐蚀钢筋（以下简称 MMFX）。该耐蚀钢筋具有在原子尺度上与普通碳素钢筋不同的微观结构，在金相组成上包含板条马氏体和板条马氏体之间的片状奥氏体，几乎不含渗碳体，MMFX 钢筋微观结构如图 1-2-1 所示。MMFX 合金耐蚀钢筋的推出，引起许多研究人员的关注。国内外研究者纷纷开展了该耐蚀钢筋腐蚀行为和耐蚀性能的试验探索研究。据报道，MMFX 钢筋耐蚀性能（以钢筋锈蚀临界 Cl^- 浓度大致衡量）为普通碳素钢筋的 5 ~ 6 倍，可以满足海洋工程混凝土结构大约 50 年寿命设计要求。

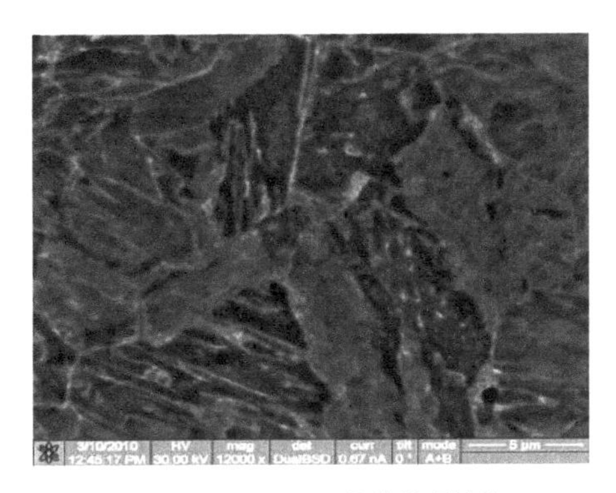

图 1-2-1 MMFX 钢筋微观结构

为打破国外合金耐蚀钢筋开发应用的技术壁垒，我国合金耐蚀钢筋的研发也正在加快步伐，先后有钢铁研究总院研制出的细晶粒 Cu-P 系和 Cu-Cr-Ni 系低合金耐蚀钢筋和武汉钢铁公司研制的 Cr 3 ~ 5wt.% 合金耐蚀钢筋，然而其耐腐蚀性相比 MMFX 耐蚀钢筋存有较大差距。近几年，江苏省（沙钢）钢铁研究院通过合金成分及生产工艺优化设计，开发推出了一种高强度高耐腐蚀钢筋“Cr10Mo1”（约含 Cr 10 wt.% 及 Mo 1 wt.%，金相组成上包含铁素体和贝氏体，不含渗碳体，以下简称 CR），并已申报了多项发明专利。试验室腐蚀试验初步证明，其腐蚀临界 Cl^- 浓度达到普通碳素钢筋 10 倍以上。该钢筋现已初步示范应用于江苏省灌河特大桥工程关键结构，其与国外 MMFX 耐蚀钢筋相比，Cr 等合金元素含量相近，经济成本相当，而耐腐蚀性更加优越，对于保证海洋环境混凝土结构百年服役寿命设计要求具有很大潜力。

总的来说，在组成上，相比不锈钢钢筋，合金耐蚀钢筋包含的主要合金元素种类基本不变，但含量较大幅度减少，同时增加微量合金元素（如 Al、Mo、V 等）总量，以求降低钢筋生产成本的同时保证耐蚀性能不至明显下降。合金耐蚀钢筋的最大特点在于合金成分可控，可根据侵蚀环境的严酷程度以及混凝土结构寿命设计要求，进行合金成分的调整优化，从而实现钢筋的低成本、耐腐蚀目标。相比普通碳素钢筋，合金耐蚀钢筋加入了 Cr、Ni、Al、Mo、V 等耐蚀合金元素，同时尽量降低 C 元素含量，将不锈钢钢筋的优良性能“移植”到碳素钢筋中，避去传统碳素钢筋组织缺陷，从而提高钢筋的耐腐蚀性。合金耐蚀钢筋兼顾协调了生产成本与耐蚀性能的矛盾，在未来广泛用作混凝土结构增强材料以满足重大土木工程高耐久性设计要求前景广阔。

第三节　耐蚀钢筋的研究现状

一、耐蚀钢筋的钝化行为

钝化是混凝土中钢筋腐蚀行为的一个重要环节。根据 Fe-H2O 体系的 Paurbaix 图，在电极电位及溶液 pH 合适范围内，金属铁表面处于钝化状态，超出合适范围，金属铁发生活化腐蚀。通常情况下，在混凝土液相的高碱性（pH>13）、无氯盐（或低氯盐，外界氯盐尚未侵入）环境中，钢筋表面会自发生成一层厚度为 5 ~ 10 nm 的致密氧化物钝化膜。对于普通碳素钢筋而言，这层钝化膜为双层结构：内层以氧化不充分的混合氧化物 Fe_3O_4（FeO）为主，外层主要包含氧化程度较高的 Fe_2O_3、FeOOH 及 $Fe(OH)_3$。

由于普通碳素钢筋钝化膜的稳定性和保护性很大程度依赖于其周围环境碱度，pH 的改变对钢筋表面钝化膜的形成过程和钝化效果的影响及维持钢筋钝态的临界 pH 首先引起了学者们的关注。施锦杰研究了在不同 pH 模拟下混凝土孔溶液中钢筋的钝化效果，结果表明，溶液 pH 在 12.53 以上时，钢筋可良好钝化，溶液 pH 升高则钢筋钝化膜更容易生成，保护作用更强；而溶液 pH 为 11.00 时，钢筋无法生成稳定的钝化膜。唐方苗等测试了模拟混凝土孔隙液不同 pH 对钢筋电化学行为的影响作用，结果表明，在 pH 为 12.50 的溶液中钢筋处于钝化状态，随着溶液 pH 降低，钢筋的腐蚀电位负移，腐蚀电流密度增大，阻抗谱容抗弧逐渐变小，说明钢筋表面钝化膜保护性能降低；当 pH 从 12.50 降低至 11.05 时，腐蚀电流密度急剧升高，约为原来的 7 倍，说明钢筋已处于较不稳定的状态。后续观察钢筋表面状况，在较高 pH 的溶液中，钢筋表面较平整，无明显腐蚀现象；当 pH 降到 11.05 时，钢筋已经发生腐蚀，出现腐蚀坑，表明钝化膜发生局部破坏。因此，可以认为，钢筋表面钝化膜局部破裂而发生腐蚀的临界 pH 为 11.05 ~ 11.12。Huet 等研究了不同 pH 的（12.8、12.5、10.0、9.4、8.3）

碱性溶液中钢筋钝化过程电化学行为，指出钢筋由钝化状态转变为活化状态的临界 pH 为 9.4 ~ 10.0；在 pH 大于 10.0 的溶液中钢筋可形成钝化膜，且钝化膜主要由 Fe_2O_3 和 FeOOH 组成。Ai 及 Albu 等人研究发现，普通碳素钢筋完全钝化后，钝化膜的厚度为 4 ~ 5nm，钝化膜中靠近金属基体界面处（钝化膜内层）Fe^{2+} 含量较高，靠近溶液接触面（钝化膜外层）则 Fe^{3+} 含量偏高。pH 降低，钢筋钝化膜中 Fe^{2+}/Fe^{3+} 比值不断增大，说明碱度降低时，钝化膜 Fe^{2+} 氧化物逐渐氧化变为 Fe^{3+} 氧化物，导致钝化膜对钢筋的保护作用减弱。Lambert 等研究表明，当掺入水泥质量 30% 的硅灰后，混凝土孔溶液的 pH 从 13.9 下降为 11.5 左右，这导致初始期钢筋就无法生成致密稳定的钝化膜。洪乃丰等则认为混凝土中钢筋钝化存在着两个临界 pH，分别为 9.8 和 11.5。pH=9.8 为钢筋开始钝化的临界值，当混凝土环境 pH 低于该值时，钢筋表面不会形成钝化膜；pH=11.5 为钢筋表面完全钝化的临界值，当混凝土液相 pH 大于该值时，钢筋表面才能形成完整密实的钝化膜。总结前人研究结果，关于混凝土 pH 对普通碳素钢筋钝化性能的影响，基本可以概括为：当混凝土孔溶液 pH 下降到一定程度时，钝化膜的氧化物 FeO、FeOOH、Fe_2O_3 开始分解，钝化膜逐渐破坏，引发钢筋脱钝；当 pH>11.5 时，钢筋处于完全钝化状态，锈蚀不会发生；当 pH<11.5 时，钝化膜开始不稳定；当 pH<9.8 时，钝化膜生成困难或已经生成的钝化膜解体破坏，失去对钢筋的保护作用。

另一方面，Cl^- 对钢筋钝化的影响作用及机理也引起了学者们浓厚的兴趣。Saremi 等发现，随着溶液 Cl^- 浓度的增加，钢筋电化学阻抗谱 Nyquist 图的高频段阻抗虚部将逐渐变为负值，认为这是由于 Cl^- 在钢筋表面的竞争吸附，导致完整钝化膜难以形成。Ye 等通过交流阻抗法研究了氯盐含量对模拟混凝土孔溶液中钢筋钝化性能的影响，结果发现，Cl^- 浓度增加则钢筋试样的界面双电层电容逐渐增大，将这一现象归结为钝化膜减薄和膜层孔隙率增加所致。Yazdanfar 等研究了模拟混凝土孔隙液中 Cl^- 浓度对钢筋形成钝化膜组成结构的影响，以拉曼光谱和 XPS 分析钢筋表面钝化膜的物相构成，结果表明其钝化膜主要由 Fe_3O_4、Fe_2O_3、FeOOH 及 $Fe(OH)_3$ 组成。随溶液 Cl^- 浓度增加，钢筋钝化膜层呈现 Fe^{2+} 物相含量

减少而 Fe^{3+} 物相含量增加的趋势。陈雯等研究了钢筋在模拟混凝土孔隙液中表面膜化学组成与其电化学行为的关联。结果表明：在正常模拟混凝土孔隙液中钢筋处于钝化状态；在不同 Cl^- 浓度与 pH 的模拟混凝土孔隙液中，Cl^- 浓度增加或 pH 降低时，钢筋的腐蚀电位负移，电流密度增大，当溶液 Cl^- 浓度达到 0.6mol/L 或 pH 降至 11.31 时，极化曲线没有钝化区，表明钢筋不发生钝化。XPS 全谱和 $Fe2p_{3/2}$ 窄谱分析表明，钢筋钝化膜由 Fe^{2+} 与 Fe^{3+} 的氧化物 / 氢氧化物组成，随着 Cl^- 浓度增加或 pH 降低，钢筋钝化膜 Fe^{2+} 含量增加，Fe^{3+} 含量减少，认为 Cl^- 浓度增加或 pH 降低，阻碍了钢筋溶解生成的 Fe^{2+} 氧化形成钝化膜的进程，使钝化膜不能有效抑制钢筋的继续溶解。

综上所述，钢筋的钝化主要受 pH 和 Cl^- 浓度两大因素影响，OH^- 促进维持钢筋钝化，Cl^- 削弱破坏钢筋钝化，钢筋的钝化效果是这两方面竞争作用的结果。对于普通碳素钢筋而言，OH^- 浓度越低或 Cl^- 浓度越高，则越不利于其钝化，当 OH^- 或 Cl^- 浓度达到一定值时则无法钝化。

二、耐蚀钢筋的破钝与钝化修复行为

研究氯离子与钢筋钝化膜之间的相互作用是揭示钢筋破钝过程与腐蚀诱发机理的关键所在。前人已经提出了许多模型解释氯离子与钝化膜之间的作用方式，主要有：穿刺模型；吸附模型；应力破坏机理；点缺陷模型。

穿刺模型认为，侵蚀性 Cl^- 首先吸附在膜上，然后开始向膜中渗入并污染钝化膜，钝化膜本身存在的诸多缺陷和孔隙，如离子空位、位错及晶界缝隙，为 Cl^- 在膜中的渗入迁移提供了通道。当 Cl^- 渗透过膜层，迁移抵达金属基体时，金属溶解便会发生。被 Cl^- 污染的钝化膜相比原始膜导电性更强、离子运输和传递速率更快，使得金属基体溶解释放的金属离子加速由金属 – 钝化膜界面向钝化膜 – 溶液界面扩散，引起在金属 – 钝化膜界面产生许多空位，当空位数量和尺寸达到一定值时则金属基体和钝化膜“脱离”，“脱离”的钝化膜发生破裂，导致该处点蚀坑萌生。故钢筋抗腐蚀性解释为 Cl^- 渗透过膜所需要的时间。膜厚增加，Cl^- 渗入途径加长，钝

化膜耐 Cl^- 侵蚀性增强。穿刺理论可以解释溶液中引入 Cl^- 后到点蚀发生的持续时间，即腐蚀诱发时间，然而有研究表明按照这一理论计算得到的诱发时间与实际测量值相差好几个数量级。另外，当一个氯离子 Cl^- 占据了氧离子空位（Vo）后，会产生一个带正电荷的复合体（Clo），而钝化膜内的电场作用趋势（钝化膜层中由内向外电位逐渐降低）是将这个带正电的复合体从钝化膜排斥到溶液中，因此从理论上讲，Cl^- 很难通过膜层孔隙进入钝化膜内。有学者利用不同的测试技术在钝化膜层中检测出了 Cl^-，而另外一些研究发现 Cl^- 更像是存在于钝化膜的外层中，而并没有进入钝化膜的内层（具有主要保护作用的阻挡层）。

吸附理论认为 Cl^- 会与 OH^- 在钝化膜表面发生竞争吸附，氯离子（或其他卤素阴离子）优先吸附于钝化膜，并和膜中金属离子形成离子对形式的可溶性氯化物或过渡络合物。它们受到晶格点阵的束缚较小，易溶解进入溶液，从而加速钝化膜溶解，导致钝化膜的减薄。若该过程在膜某局部区域连续进行，则最后导致该区域被整体蚀穿。钝化膜蚀穿处的金属基体露出后，Cl^- 和 OH^- 的竞争吸附会持续，使得该处钝化膜无法形成，点蚀就会形核。需要指出 Cl^- 催化加速钝化膜中金属阳离子溶解的过程并不只是发生在点蚀诱发区域附近，在钝化膜其他完好区域也会发生（只是强度较低）。吸附模型的不足之处在于不能完全解释钝化膜的破坏行为，例如钝化膜表面孔隙或缺陷（如硫化物夹杂和晶界处）附近金属离子发生水解反应导致溶液局部酸化也能引起钝化膜破裂。

应力破坏模型假设在侵蚀性介质溶液中钝化膜发生不停地破裂和修复，钝化膜的破坏是由于缺陷处的局部机械应力超过临界值导致。其中的机械应力可能是由静电荷密度不均匀产生的静电应力或“电致伸缩”压力，或是由于金属氯化物与金属氧化物摩尔体积不同产生的膨胀应力，钝化电流可以看作是很多钝化膜破裂和修复过程电流的总和。然而，在无氯盐或低浓度氯盐环境中，钝化膜破裂处的高电位降易使钝化膜得到修复，而在较高浓度氯盐的攻击性环境中，这种破裂则难以修复，因为 Cl^- 和 OH^- 在金属表面的竞争吸附将阻碍钝化膜破裂处的再钝化，从而提供点蚀形核长大的条件。

Macdonald 等在前人研究的基础上提出了点缺陷模型（PDM 模型），解释了钝化膜的破裂机理。PDM 模型认为在钝化膜的生长过程中，氧离子空位（V_O）产生于金属－膜界面，消耗于膜－溶液界面，而金属离子空位（V_M）产生于膜－溶液界面，消耗于金属－膜界面。氧离子空位的迁移导致钝化膜的生长，而金属离子空位的迁移使得钝化膜发生溶解反应。图 1-3-1 为基于 PDM 理论钝化膜中的物理化学过程，图中，m 为金属基体，M_M 为金属离子，e 为电子，$M^{\delta+}$（aq）为溶液中的金属离子，K_i（i=1 ~ 5）为化学反应平衡常数，$MO_{x/2}$ 为金属氧化物。当钝化膜的生长和溶解最终达到平衡时，其厚度趋于稳定。

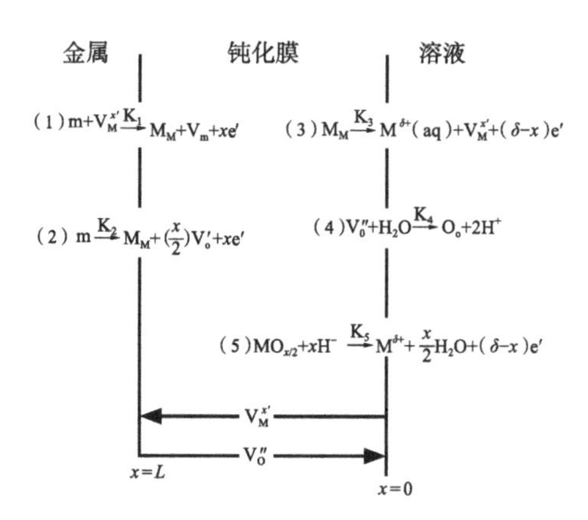

图 1-3-1　基于 PDM 理论钝化膜中的物理化学过程

当攻击性离子 Cl^- 吸附于钝化膜表层的氧离子空位后，会通过 Schottky-pair 反应促进金属离子空位不断产生（自催化过程），从而导致从钝化膜－溶液界面流向金属－钝化膜界面的金属离子空位通量增强。如金属离子空位在金属－钝化膜界面的产生速率大于湮灭速率，则金属离子空位将在金属－钝化膜界面沉积，当沉积的金属离子空位超过一个临界浓度，金属基体与钝化膜发生局部分离，PDM 模型假设的钝化膜破裂机理如图 1-3-2 所示。局部的分离过程继续在阳离子空位沉积区周围发生，使得该区域钝化膜不再向金属内部生长，但钝化膜的外部还在不断溶解。当沉积区表面的钝化膜溶解减薄到一定程度后就会发生崩裂，从而引起钝化膜破裂。所以钝化膜中含有越多的氧离子空位和金属离子空位，钝化膜就越容易受到 Cl^- 侵蚀破坏。然而 PDM 模型假定膜层金属离子空位及氧离子空位一直发生动态迁移，缺乏基本理论依据。另外，PDM 理论不能很好解释点蚀诱发、生长及消亡过程电流波动的随机行为，如果认为点蚀诱发处的再钝化电流与膜层的暂态破坏相关，PDM 模型将变得非常复杂。

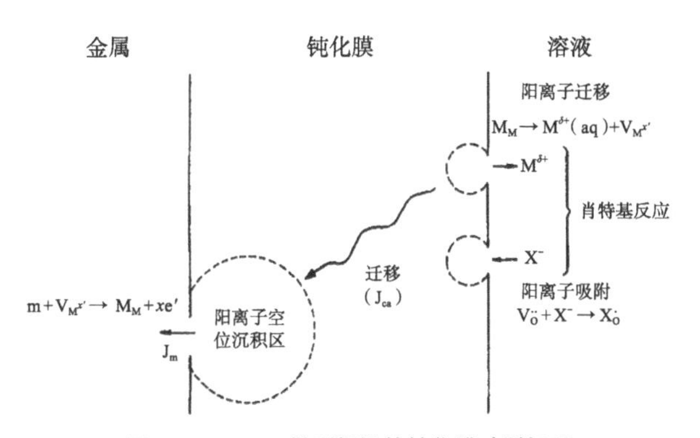

图 1-3-2　PDM 模型假设的钝化膜破裂机理

迄今为止，研究人员仍然没有对钝化膜的破裂机理达成一致意见，有一些学者认为上述几种理论模型是不够完善的，它们并不能解释一切现象，更不能通过已知试验预测钝化膜破裂及局部腐蚀的发展，有些观点也没有得到试验的证实。其中，PDM 模型强调了荷电点缺陷在钝化膜破坏过程中的作用，从原理上详细阐述了钝化膜破裂的物理 - 化学过程，相对而言成为解释金属钝化膜生长及破坏过程电子性能的常用理论依据。总体上看，以上各模型存在一个共同点，即氯离子侵蚀下，钢筋钝性氧化物逐渐解体，钢筋钝化膜厚度逐渐减薄直至膜层某处局部整体“剥落”，因此钝化膜破坏过程归根结底是膜氧化物由表及里的溶解行为。

三、耐蚀钢筋的腐蚀扩展行为

在氯盐侵蚀下，钢筋表面钝化膜发生破坏并形成稳定点蚀后，钢筋腐蚀开始扩展（进入腐蚀扩展期）。在腐蚀扩展期，钢筋以一定速率发生腐蚀，形成的腐蚀产物逐渐对混凝土保护层产生膨胀应力损伤，因此腐蚀速率的大小很大程度上决定着钢筋腐蚀扩展期寿命的长短。研究钢筋腐蚀扩展行为，探明其腐蚀速率时变化规律及影响因素，可有效控制钢筋锈胀导致的混凝土保护层开裂。

钢筋腐蚀扩展阶段的影响因素包括：混凝土孔隙率及孔之间的互相连接性，混凝土保护层，饱水度，水和氧气，混凝土电阻率，腐蚀速率，环境因素，合金特点及化学元素组成。钢筋的腐蚀速率受混凝土电阻限制，混凝土电阻受水胶比、湿度及粉煤灰等火山灰材料掺加控制。通常随着水化时间的增长和火山灰反应的进行，粉煤灰可以降低混凝土孔隙率。半浸泡或全浸泡混凝土的钢筋腐蚀速率低于暴露在空气中的钢筋混凝土腐蚀速率。研究表明，当钢筋混凝土结构处于浸泡状态或高湿度环境中且混凝土保护层较密实、水胶比较低时，氧在混凝土中的扩散是腐蚀的控制因素。

Singh 等研究比较了模拟混凝土孔溶液中含微量 Cr 与 Cu 的低合金钢筋及普通低碳钢筋长期腐蚀行为，发现该低合金钢筋的耐氯盐点蚀能力与普通低碳钢筋相当，但腐蚀后期其耐蚀性表现出高于普通低碳钢筋 2 ~ 3 倍。钢筋表面成分分析发现，腐蚀后期，钢筋的锈层出现分层现象：低合金钢筋的锈层主要包含粘结力强、稳定致密的 γ-Fe_2O_3 与 α-FeOOH，而普通低碳钢筋的锈层则以稳定性较差、疏松多孔的 γ-FeOOH 为主。低合金钢筋表面致密的腐蚀产物阻碍其腐蚀后期腐蚀反应的物质传输，可更好保护钢筋基体。施锦杰考察比较了模拟混凝土孔溶液中不同浓度氯盐下普通低碳钢筋与低合金耐蚀钢筋腐蚀行为，研究表明高浓度氯盐（1.0M，M 为 mol/L）的长期侵蚀作用下，低合金耐蚀钢筋腐蚀速率明显低于普通低碳钢筋。钢筋横截面锈层微观形貌如图 1-3-3 所示。观察发现：普通低碳钢筋腐蚀产物疏松，存在明显缝隙；低合金耐蚀钢筋锈蚀产物出现分层现象，即外层疏松稍薄，裂缝较多，内层致密较厚，未见明显裂缝。钢筋锈层成分线扫描分析发现，在低合金耐蚀钢筋内锈层区域，出现 Cr 富集现象，明显高于钢筋基体的 Cr 含量，而外锈层区域基本不含 Cr。因此得出结论，低合金耐蚀钢筋具有较高耐蚀性的一个重要原因是其 Cr 在内锈层中富集，形成了致密稳定的内锈层，致密且黏附性强的内锈层不仅抑制腐蚀后期钢筋腐蚀速率上升，而且阻滞氯离子进一步侵蚀钢筋基体，含 Cr 的致密内锈层对低合金耐蚀钢筋腐蚀后期的耐蚀性起到了主导作用。Gong 等通过宏电池和现场测试方法研究了 MMFX 耐蚀钢筋、环氧涂层钢筋和普通低碳钢筋在模拟混凝土孔溶液及砂浆中不同浓度 Cl^- 侵蚀下的腐蚀行为。试验发现，在模拟混凝土孔溶液中，相比普通低碳钢筋，耐蚀钢筋表现出明显的高耐蚀性，其腐蚀速率是普通低碳钢筋的 1/3 ~ 1/2 倍。

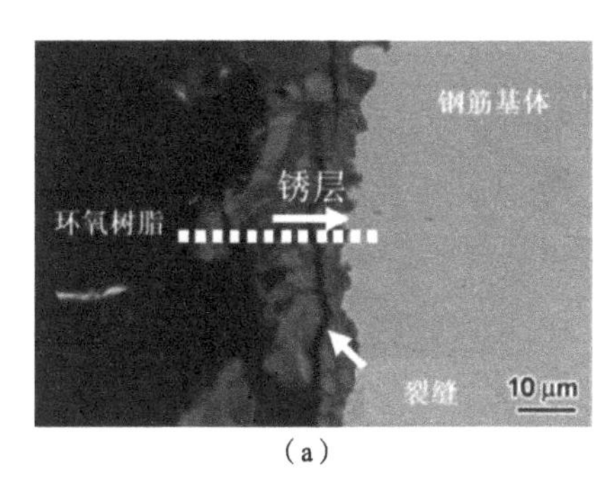

（a）

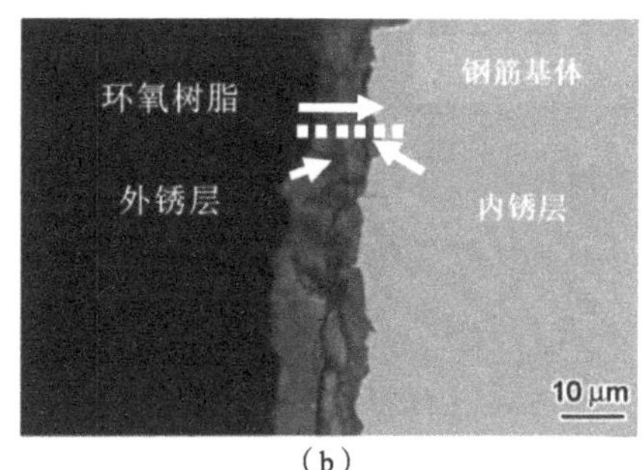

（b）

图 1-3-3 钢筋横截面锈层微观形貌

（a）普通钢筋；（b）低合金耐蚀钢筋

钢筋腐蚀产物力学性能影响混凝土保护层所受膨胀应力。耐蚀钢筋中掺入的 Cr，Mn 及 Ni 等合金元素是否会参与钢筋腐蚀过程，形成合金化腐蚀产物相比普通低碳钢筋，耐蚀钢筋腐蚀产物是否因其特殊组成具有不同的力学性能等问题，众多研究人员的研究结论并不完全一致。施锦杰通过钢筋锈层横截面进行微观形貌观察及选取特征区域进行线扫描元素分析发现，耐蚀钢筋锈蚀产物出现明显分层现象：内层紧密，外层疏松。从钢筋基体向外扫描，在内锈层区域，Cr 含量峰值明显增强，高于钢筋基体的含量，表明在内锈层中出现 Cr 富集现象；继续向外扫描，发现 Fe 含量上升并逐渐稳定，O 含量下降，但有较大波动，Cr 含量明显下降，并低于钢筋基体的含量。因此得出结论，Cr 在内锈层中富集，生成了含 Cr 的腐蚀产物，形成了致密稳定的内锈层。Nachiappan 等研究比较了 MMFX 耐蚀钢筋和普通低碳钢筋腐蚀产物组成的异同，钢筋表面腐蚀产物 XRD 分析结果发现，普通低碳钢筋腐蚀产物以 Fe_3O_4、γ-FeOOH 为主，耐蚀钢筋腐蚀产物以 Fe_2O_3、γ-FeOOH 为主，即耐蚀钢筋和普通低碳钢筋腐蚀产物并无多大差异，均为铁的氧化物或氢氧化物。随后钢筋腐蚀产物经化学溶解、过滤、稀释后，以原子吸收光谱法分析其中金属元素组成，结果发现，普通低碳钢筋腐蚀产物金属元素主要为 Fe，耐蚀钢筋腐蚀产物包含 Fe，Cr 和 Mn 等金属元素，其中 Cr 含量达到 5% 以上，说明钢筋锈蚀时，Cr 发生了部分溶解。然而，耐蚀钢筋腐蚀产物 XRD 分析结果并未发现 Cr 的氧化物或氢氧化物。推测其中原因，耐蚀钢筋锈蚀时，在腐蚀产物最内层形成了含 Cr 氧化物，其黏附性更强，不易刮落且含量少，使得取样腐蚀产物进行 XRD 分析时，其中含 Cr 氧化物相几乎可以忽略；另外，正是腐蚀产物最内层黏附性强的 Cr 氧化物抑制了腐蚀后期 Fe 的继续溶解，因而耐蚀钢筋外层锈蚀产物含有更多氧化程度更高的 Fe_2O_3，这可印证耐蚀钢筋中 Cr 等合金元素参与了钢筋腐蚀过程。Singh 等通过 XRD 与拉曼光谱法研究了模拟混凝土孔溶液中含 Cr 与 Cu 的低合金钢筋及普通低碳钢筋各自腐蚀产物的组成、结构，得到同 Nachiappan 等基本相似的结果，普通低碳钢筋的锈层以稳定性较差、疏松多孔的 γ-FeOOH 为主，低合金钢筋的锈层主要包含稳定致密的 γ-Fe_2O_3 与 α-FeOOH，未见 Cr 与 Cu 的氧化物或氢氧化物。Hurley 通过 XRD 技术分析了添加足够 NaCl 至饱和 $Ca(OH)_2$ 溶液中普通低碳钢筋、耐蚀钢筋、2101 双相不锈钢钢筋、316LN 奥氏体不锈钢钢筋腐蚀产物组成，发现几种钢筋腐蚀产物相基本相同，均以 Fe_2O_3、Fe_3O_4、α-FeOOH、γ-FeOOH 为主，合金钢筋腐蚀产物并未包含 Cr 氧化物或氢氧化物；另外，不论是否去除表面氧化皮，MMFX 耐蚀钢筋腐蚀产物也几乎不变。推测其中原因，钢筋锈蚀时，Fe 优先溶解而 Cr 仍滞留于基体中，添加的耐蚀合金元素并不影响钢筋腐蚀产物组成。由于耐蚀钢筋与普通低碳钢筋腐蚀产物组成基本相似，即使耐蚀钢筋腐蚀产物存在少量 Cr 等的氧化物或氢氧化物，但因其体积膨胀率及比容与 Fe 的相应氧化物或氢氧化物相当，合金钢筋可能存在的腐蚀产物如表 1-3-1 所示。因此 Hurley 认为，耐蚀钢筋与普通低碳钢筋腐蚀产物力学性能无异或接近。综上所述，可以肯定，耐蚀钢筋破钝锈蚀后，其 Cr，Mn 及 Ni 等合金元素参与了腐蚀反应，形成了少量相应的合金氧化物或氢氧化物。由于合金元素腐蚀产物紧密黏附钢筋基体且含量很少，使得腐蚀产物取样易产生偏失，耐蚀钢筋合金元素腐蚀产物难以捕捉发现。另外，耐蚀钢筋 Cr，Mn 及 Ni 等合金元素的氧化物或氢氧化物与 Fe 的氧化物或氢氧化物密度相当，体积膨胀系数接近，因而“耐蚀钢筋腐蚀产物力学性能与普通低碳钢筋无异或接近”，这一结论只是由理论分析得来，还应通过试验数据拟合进行验证。

合金钢筋可能存在的腐蚀产物 **表 1-3-1**

氧化物/氢氧化物	密度（$g \cdot cm^{-3}$）	氧化物/氢氧化物	密度（$g \cdot cm^{-3}$）	氧化物/氢氧化物	密度（$g \cdot cm^{-3}$）	氧化物/氢氧化物	密度（$g \cdot cm^{-3}$）
Fe	7.87	Mn	7.3	Cr	7.15	Ni	8.9
FeO（Ⅱ）	6	MnO（Ⅱ）	5.37	Cr_2O_3（Ⅲ）	6.1	NiO（Ⅱ）	6.72
Fe_2O_3（Ⅱ）	5.25	MnO_2（Ⅳ）	5.08	Cr_3O_4（Ⅱ，Ⅲ）	6.1	$Ni(OH)_2$（Ⅱ）	4.1
Fe_3O_4（Ⅱ，Ⅲ）	5.17	Mn_2O_3（Ⅲ）	5	Cr_2O_3（Ⅲ）	5.22	Mo	10.2
FeO（OH）（Ⅲ）	4.26	Mn_3O_4（Ⅲ）	4.84	CrO_2（Ⅱ）	4.89	MoO_2（Ⅳ）	6.27
$Fe(OH)_2$（Ⅱ）	3.4	MnO（OH）（Ⅲ）	4.3	CrO_3（Ⅲ）	2.7	MoO_3（Ⅵ）	4.7
$Fe(OH)_3$（Ⅲ）	3.12	$Mn(OH)_2$（Ⅲ）	3.26	—	—	—	—

四、混凝土中耐蚀钢筋的腐蚀行为

对海洋工程钢筋混凝土结构的钢筋锈蚀耐久性失效的因素来说，氯离子侵入导致钢筋脱钝锈蚀远比碳化导致钢筋锈蚀的影响严重。一般认为，氯离子环境中混凝土结构从建成使用到耐久性失效要经历两个阶段，即初始阶段和扩展阶段。初始阶段是指氯离子通过扩散或渗透穿过混凝土保护层到达钢筋表面或者裂缝宽度大到足以使氯离子直接进到钢筋表面，并且累积在钢筋表面的氯离子浓度超过某一临界值时，钢筋开始发生锈蚀；扩展阶段是指钢筋开始锈蚀而引起截面积减小或钢筋与混凝土间的粘结损失。

（一）钢筋开始锈蚀的初级阶段

1. 氯离子传输行为

氯离子通过混凝土内部的孔隙和微裂缝体系从周围环境向混凝土内部传递是一个复杂的过程，涉及许多机理。但是在许多情况下，尤其是在海洋环境条件下，扩散被认为是最主要的侵入方式。

对于海洋工程，混凝土中以扩散机制为主的氯离子传输模型，国内外学者大多基于 Fick 第二定律进行修正。对于模型中最重要的参数——有效氯离子扩散系数，目前研究者已经基于宏观、细观和微观三个尺度对其进行了研究。以下是对这三个尺度下的研究现状。

（1）宏观尺度：多数基于宏观层次，把混凝土看作均匀介质的复合材料，从单一尺度模型来对混凝土材料的扩散性能进行分析和预测。研究者大多通过浸泡腐蚀试验、电迁移试验等获得饱和状态下混凝土的氯离子扩散系数，这方面的研究很多且已经成熟；而对非饱和状态下的氯离子扩散行为研究相对较少，Caliment 和 Guimar 分别采用气态 HCl、固态 NaCl 对不同湿度的混凝土进行氯离子扩散试验，从而建立非饱和状态氯离子扩散系数与混凝土相对湿度的关系，但是得到的试验和分析结果往往不具有一般性，也缺乏相应的理论支撑。

（2）细观尺度：国内外学者也做了一些探索。在这一尺度下，混凝土通常被认为是包括水泥浆体、集料、界面过渡区、裂纹的“理论均质”材料。Delagrave 通过一系列砂浆试验，发现集料改变了砂浆的微观结构和传输性能，氯离子扩散系数随着集料体积率的增加而减小。郑建军依据复合材料理论等建立了氯离子扩散系数与集料体积率、混凝土界面区的关系，Ishida 等则将裂缝视为大孔并引入到氯离子扩散系数中。另外，J. C. Nadeau 提出利用多尺度模型来准确地模拟通过界面的水灰比呈梯度变化趋势，水灰比的梯度变化反过来又影响界面的其他力学性能和耐久性。

（3）微观尺度：具有代表性的是 Bary B 认为硬化水泥浆体由未水化水

泥颗粒、毛细孔和水化产物组成，水化产物包括内部水化的 C-S-H 凝胶、氢氧化钙和铝酸盐相，其中内外 C-S-H 水化产物体积的计算基于 Jennings 模型，考虑逾渗阈值。G.Ye 通过试验和计算机模拟分析了水泥石孔隙的一些基本特征，并定性分析了有效孔隙率与总孔隙率之间的关系，发现水泥石中有效孔隙率是影响氯离子扩散系数的关键因素。事实上，扩散系数的大小依赖于水泥石的孔隙率、孔径分布、曲折度以及孔溶液黏度等因素，而这些因素又与混凝土的 C-S-H 凝胶、水化反应程度密切相关。因此，急需运用多尺度理论与技术更深层次地来研究结构混凝土传输机制和扩散机理。

当前研究存在的问题：

（1）宏观上研究氯离子扩散系数，多数是基于试验回归。由于材料差异以及试验误差，所以结果相差很大，未能建立有效的氯离子扩散系数的预测模型。

（2）鉴于结构混凝土多尺度、结构极不均匀、典型复合材料的特点，研究其传输性能必须逐步将其他水化产物、宏观孔、界面、砂、石的影响与作用，逐尺度引入进来，以最终确定微结构与宏观传输性能之间的联系。

2. 临界氯离子浓度

临界氯离子浓度是考虑氯盐环境下钢筋混凝土结构服役寿命的一个非常重要的参数。它的定义主要有两种，第一种是从科学的观点出发，认为临界氯离子浓度就是钢筋脱钝所需达到的最低的氯离子浓度；另一种从实际工程角度考虑，认为临界氯离子浓度就是钢筋混凝土结构开始产生可见的劣化或“可以接受的”损伤的氯离子浓度。值得注意的是，两种定义与混凝土劣化的不同阶段相联系。第一种定义考虑的是初始阶段，第二种定义包含初始阶段和扩展阶段。显然，第一种定义更加精确，因为将氯离子临界浓度直接与钢筋的脱钝联系在了一起。第二种定义则缺少理论背景，即此时测得的氯离子浓度与腐蚀程度和腐蚀速率无法建立联系，并且所谓的“可以接受的”程度不够精确。

通过检测点蚀电位发现，不同种类钢筋的耐氯离子腐蚀性为铁素体和双相不锈钢最高，其次才是铁素体不锈钢。这主要与其中的Cr等合金元素的含量有关。普通钢筋的临界氯离子浓度一般为0.4%（占水泥质量百分比）。一些研究者发现，不锈钢钢筋的临界氯离子浓度至少是普通碳钢的10倍，Cr-Ni-Mo合金不锈钢钢筋的临界氯离子浓度比Cr-Ni合金不锈钢大得多。Magdy等人研究发现，不锈钢钢筋中Mo或者Cr元素含量的提高能够增强其耐蚀性，并且NaCl浓度的提高或者溶液温度的上升都会将点蚀电位向更负的方向移动，也就是降低了不锈钢的耐蚀性，但是其与普通碳钢相比，耐氯离子腐蚀性还是很高的。

当前研究存在的问题：

（1）混用了临界氯离子浓度（CTL）定义：有科学上与工程上的两个定义。其中，科学上CTL实际是钢筋"脱钝化"所对应的氯离子浓度值，从电化学的角度来说，"脱钝化"应由电位值及其变化趋势来反映的，而工程上的CTL实际是从腐蚀速率的角度来定义的，应由腐蚀电流密度及其变化趋势来确定。在同种情况下，这两个不同角度定义的CTL有可能导致不一致的CTL。

（2）采用了多种的CTL表示形式：CTL常用的表示形式有3～4种，不一致的表达形式已被认为是导致现有的CTL值离散性高的一个重要原因。事实上，采用何种CTL表示形式都依赖于对混凝土中钢筋腐蚀机理的认识和理解，这其中就包括：其一，胶凝材料水化物结合的氯离子到底有没有参与钢筋腐蚀；其二，钢筋表面包裹的水化产物层有没有起到主要的抵制钢筋腐蚀的作用。

（3）研究方法的多样性：由于混凝土中钢筋腐蚀本质上是电化学腐蚀，因此，电化学方法是CTL最适宜的研究手段。但是，各种电化学方法，如半电池电位、宏电池、线性极化、电化学阻抗谱等是基于不同的电化学原理，并使用了不同的电化学参数（如自腐蚀电位、点蚀电位和腐蚀电流密度等）来研究混凝土中钢筋腐蚀过程，并最终确定CTL。这种基于不同的电化学原理和参数的CTL研究方法有可能导致所得CTL结果的差异。此外，日本学者Mohammed认为在计算氯离子临界值时也需要考虑宏电池腐蚀的影响，因为氯离子引起的钢筋锈蚀多数情况下是局部锈蚀（点蚀）。

因此，选择正确的研究方法对获得可靠的 CTL 是至关重要的。

（4）没有建立起关键因素与 CTL 之间的量化关系：目前，虽然已有不少研究人员已开展了 CTL 的研究，但是，多数的研究仅是从单一的影响因素出发，使得从这些工作的研究结果只能定性地看出影响趋势，尚不足以显示出具体的变化规律。由于影响 CTL 关键因素的规律还没有被掌握，且各研究者也无法保证各因素在各自工作中完全一致，也是造成 CTL 的高离散性的一个重要原因。

氯离子临界浓度值在理论上不是一个确定性指标，而应该是一个随机变量，需要从概率论和可靠度的角度进行深入研究。

（二）钢筋锈蚀的扩展阶段

钢筋混凝土结构的锈蚀损伤过程可以描述为：钢筋锈蚀开始、锈胀力产生、混凝土保护层开裂和耐久性失效 4 个阶段。混凝土保护层一旦开裂，侵蚀性物质及氧气便很容易达到钢筋表面，进而加速了腐蚀过程。一般认为，混凝土保护层从开裂到耐久性失效所需的时间很短，因此将保护层开裂作为破坏的标志。为此，如何认识锈胀裂缝的扩展过程，建立保护层混凝土锈胀裂缝扩展的程度与钢筋锈蚀率的关系，对评估混凝土结构耐久性劣化程度至关重要。

钢筋锈蚀状态的信息一般通过三种测试参数来表达，即半电池电位、混凝土电阻率和腐蚀电流密度。比较理想的是不仅可以判别出钢筋锈蚀是否发生，还要能够检测出锈蚀的程度和损伤发生的速率。然而，每种测试方法，都有自己的不足。因此，单一的电化学测试方法存在其局限性，但也有其优势的地方，如果将三种电化学方法加以整合，就能弥补各自的局限性，更充分地发挥各自的优势，对于钢筋锈蚀进程也能做出更准确的评价。

当前研究存在的问题：

（1）虽然有众多的临界锈蚀率模型出现，但是因考虑因素及出发点的差异，计算所得的保护层混凝土起裂的临界锈蚀率（或临界锈蚀深度）分布范围离散很大。

（2）目前对钢筋锈蚀的研究更多的是从材料的层面入手，很少考虑实际结构中不同钢筋（纵筋、箍筋）之间的相互影响，而这种影响恰恰会改变钢筋锈蚀的电化学过程。

（3）目前钢筋锈蚀的检测技术存在着精度低、受外界气候影响大、测试工作量大等缺点。因此需要发展锈蚀层及锈蚀率的无损检测方法，建立自然环境与加速锈蚀二者间的相似关系，直接评价混凝土结构的耐久性。

第二章　新型合金耐蚀钢筋合金化设计方法

第一节　概述

混凝土结构是基础设施建设中应用最为广泛的结构形式。随着跨江跨海大型桥梁和海港码头等基础设施建设的逐渐开展，混凝土结构的耐久性问题日益凸显。钢筋混凝土结构的服役寿命主要由钢筋开始发生锈蚀（钢筋的脱钝状态）所需要的时间和混凝土表面发生轻微损伤（钢筋表面在脱钝后锈蚀达到适量水平）所需要的时间之和来控制。其中，前一时间段，主要由腐蚀介质在混凝土材料的传输性能来控制，后一时间段由钢筋材料自身的抗腐蚀性能来控制。因此，要实现钢筋混凝土结构的高耐久性与长寿命，在提高混凝土材料的抗渗性、抗裂性的同时，增强钢筋本身的抗腐蚀能力至关重要。

添加合金元素进行耐蚀合金化成分设计和基体组织耐蚀控制是提高钢筋基体耐蚀性最行之有效的方法，但势必会提高钢筋的生产成本。因此，钢筋的耐蚀合金化必须合理解决耐蚀性提升与生产成本增加这一固有矛盾。根据添加的耐蚀合金元素总量及钢筋耐蚀等级，可将耐蚀合金化所得的钢筋大致分为不锈钢钢筋和中低合金含量的合金耐蚀钢筋。

一、高合金化不锈钢钢筋

不锈钢钢筋是指采用高耐蚀的不锈钢所制备的钢筋。相对于普通的碳素钢，不锈钢的化学成分主要增加了铬（Cr，含量≥ 10.5%）、镍（Ni）、锰（Mn）和钼（Mo）等合金元素，同时严格控制碳含量（≤ 1.2%），使二者的材料特性存在很大的不同。与普通低碳钢筋相比，不锈钢钢筋不仅具有异常卓越的耐腐蚀性，还具有高强度、高塑性、优良的高温耐火性、低温韧性以及良好的耐疲劳性。鉴于上述优点，不锈钢钢筋混凝土已经在严酷环境下的混凝土结构中取得了部分应用。最典型的工程实例是建于20世纪40年代的墨西哥Progreso Pier大桥，使用AISI 304级不锈钢钢筋，至今尚未显示出锈蚀现象。不锈钢钢筋的耐蚀原理在于通过大量的Cr、Ni耐蚀合金元素促使钢筋在氧化环境中表面形成以Cr_2O_3为主要成分的钝化膜，以此在氯盐和碳化作用下的混凝土环境中获得优异的钝化性能和抗氯离子侵蚀能力。此外，不锈钢钢筋基体组织多为耐蚀性的单相奥氏体、铁素体以及奥氏体/铁素体复相组织。与普通碳素钢筋相比，不锈钢钢筋的脱钝氯离子浓度可提高10倍以上。现阶段常用的不锈钢钢筋有304不锈钢钢筋、2205双相不锈钢钢筋等。其中2205双相不锈钢钢筋具有最佳的耐蚀性和力学性能。我国已建成的港珠澳大桥中部分关键结构使用了2205双相不锈钢钢筋，以提升结构耐久性和服役寿命。

但由于不锈钢钢筋中含有大量贵重的Cr、Ni、Mo等合金元素，使其生产成本明显高于普通碳素钢筋，使用不锈钢钢筋的工程一次性投入成本为相同级别普通碳素钢筋的4～6倍，很大程度上限制了不锈钢钢筋在混凝土结构中的应用。除高昂的价格外，以下几方面的不利因素也在一定程度上限制了不锈钢钢筋的应用：①不锈钢钢筋在氯离子侵蚀环境下，具有较为明显的点蚀倾向；②不锈钢钢筋的连接方式不宜采用焊接，一般采用套筒连接；③不锈钢钢筋与混凝土的粘结强度偏低，需更长的锚固长度；④与碳素钢筋偶接时，易产生宏电池腐蚀。

二、中低合金含量的合金化耐蚀钢筋

在开发不锈钢及不锈钢涂层钢筋的同时，世界许多国家纷纷致力于开发研究低成本、高性能的较低合金元素含量的耐蚀钢筋。Cr量低于10%的合金耐蚀钢筋MMFX的出现，引起许多研究人员的关注。美国的高Cr产品经过多年的开发及推广，形成了美国标准ASTMA1035，主要用于海湾、沼泽地等对耐蚀性要求高的建筑及公路、桥梁等建设。日本开发的耐蚀钢为 Cu-Cr-Mo-Si 系，对于飞溅区和全浸区海水均有良好的耐蚀性，腐蚀速率约为碳钢的 1/3。法国的 Cr-Al 系低合金钢 APS20A 兼具良好的耐大气和耐海水腐蚀性能，在全浸区海水中的耐蚀性比碳钢提高 1 倍以上。智利钢铁集团 CAP 旗下的 Huachipato 钢厂，首次成功生产高强度耐腐蚀螺纹钢。据称，该螺纹钢的耐腐蚀性能是普通标准螺纹钢的 5 倍多。

为了保证钢筋耐蚀性又明显降低成本，国内近些年开发了较低合金含量的耐蚀钢筋。2004 年，山东大学王钧研究了耐腐蚀钢筋的成分优化及耐蚀机理，并提出了在低合金钢基础上进行耐蚀钢筋的成分优化设计思路。研究表明，耐腐蚀钢筋的较优成分控制为：0.40 ~ 0.70wt.% Cr 和 0.30 ~ 0.50wt.% Ni 组合的耐腐蚀钢筋性能较好。研究结果进一步表明，在氯盐腐蚀环境下，钢筋中 Cr 对耐腐蚀性的影响确实远大于 Ni 和 V，而 Mo 对耐氯盐腐蚀性的影响不大。钢筋的表面状态对钢筋的腐蚀特征有重要影响。研究认为，Mo 与 Ni 同时加入可改善强度；V 具有细晶强化的作用。由于当时国内耐腐蚀钢筋的研究处于起步阶段，在本次研究过程中，虽然通过成分设计与优化，并通过锈层分析对耐蚀机理进行探讨，但未能最终确定成分最优化的耐腐蚀钢筋。

2006 年，马钢开始研发低成本稀土元素高强度耐蚀钢筋并取得成功，郭湛等人在普通 20MnSi 热轧带肋钢筋基础成分上添加适量的稀土，设计了 2 种含稀土的高强度耐腐蚀钢筋，一种为钒氮微合金化钢筋，另一种为铌微合金化钢筋。结果表明，添加稀土元素的钢筋不仅符合国家标准中力学性能的相关要求，而且耐腐蚀性能得到了显著提高。

近几年，江苏省（沙钢）钢铁研究院通过合金成分及生产工艺优化设计，开发推出了一种高强度高耐腐蚀钢筋 CR（约含 10wt.% Cr 及 1wt.% Mo，金相组成上包含铁素体和贝氏体，不含渗碳体），并已申报了多项发明专利。试验室腐蚀试验初步证明，其腐蚀临界 Cr 浓度达到普通碳素钢筋的 10 倍以上。该钢筋现已初步示范应用于江苏省灌河特大桥工程关键结构、青连铁路的承台与墩身。江苏省（沙钢）钢铁研究院随后相继开发了 20MnSiCrV、00Cr10MoV 等一系列合金化耐腐蚀钢筋，耐腐蚀性能优良。如 20MnSiCrV 耐蚀钢筋的耐氯离子腐蚀性能为普通钢筋的 1.5 倍，产品取得了一系列的应用。

大体上说，目前国内外对合金耐蚀钢筋腐蚀过程相关问题的研究主要集中于模拟孔溶液中，真实混凝土环境中并不多见，合金耐蚀钢筋锈蚀研究仍处于试验探索阶段，工程应用实例报道较少，尚未形成系统的理论成果，使得低合金耐蚀钢筋钝化行为和腐蚀行为研究缺乏翔实的科学事实数据。在耐蚀机理、耐蚀性评估及其混凝土结构寿命预测等领域，也尚需进行深入细致的研究。

三、Cu-P 系耐蚀钢筋和 Cu-Cr-Ni 系耐蚀钢筋

提高钢材在氯离子环境下的耐腐蚀性能是世界性难题。国家钢铁研究总院在不增加工序的前提下进行成分优化调控、细化晶粒，微量添加耐蚀性合金元素，研发出 Cu-P 系合金和 Cu-Cr-Ni 系合金，能够使海洋工程混凝土的使用寿命由目前的 15 ~ 20 年的实际寿命提高到 30 年以上。尽管研究者仅在试验室验证了耐蚀性能在 30 ~ 50 年，但也是我国的耐蚀钢筋研发的良好开端。目前，50 ~ 100 年寿命的耐蚀钢筋还需要进一步研发。同时也需要对钢筋耐腐蚀性能进行等级划分，建立不同合金体系钢筋与环境参数的对应关系，使耐腐蚀钢筋的产品多样化、系列化和规范化，为实际推广应用提供更加充足的数据基础。

综上所述，为了促进土木工程的技术进步和可持续发展，调整建筑材料消耗结构，必须研究资源节约型的长寿命耐蚀钢筋来保障重大工程混凝土结构的设计使用寿命，实现节约资源、节能减排、保护环境的要求，这不仅是未来土木工程领域的重要发展方向之一，也是钢筋混凝土结构保持长久生命力的重要保证。

第二节　高强耐蚀钢筋研发

通过对海洋腐蚀环境和国内外耐海水腐蚀钢成分的分析，结合生产条件，经过不断筛选优化，先后分 9 批次设计了 30 余种试验钢化学成分系：Cr-Cu-P 系、Cr-Ni-Mo 系、Cu-Ni-Al 系、Cr-Mo 系、Cr-Mo-Al 系、Cr-Mo-Sn 系、Cr-W 系、Cr-Ti-RE 系等，设计合金成分（wt.%）如表 2-2-1 所示。

设计合金成分（wt.%） 表 2-2-1

钢筋试样编号	化学成分（wt.%）																
	C	Si	z	Cr	Cu	Al	V	W	Mo	P	S	Ni	Ti	Nb	RE	Sn	N
1-3	0.06 ~ 0.10	0.9 ~ 1.0	0.5 ~ 0.9	1.9 ~ 2.2	0.3 ~ 0.4	0.09 ~ 0.11	0.02 ~ 0.04		0.2 ~ 0.3	≤ 0.03	≤ 0.01						
1-4	0.02 ~ 0.05	0.4 ~ 0.6	0.45 ~ 0.55	5.5 ~ 6.5	0.3 ~ 0.4		0.02 ~ 0.04			0.10 ~ 0.15		0.4 ~ 0.6					
1-5	0.06 ~ 0.10	0.7 ~ 0.8	0.45 ~ 0.55	3.0 ~ 3.2		0.8 ~ 0.9	0.02 ~ 0.04		0.4 ~ 0.5	≤ 0.03	≤ 0.01	0.7 ~ 0.8					
2-1	0.08 ~ 0.12	0.6 ~ 0.7	0.45 ~ 0.55	11.5 ~ 12.5	0.4 ~ 0.5		0.04 ~ 0.06		0.15 ~ 0.25	≤ 0.03	≤ 0.01						
2-2	0.02 ~ 0.05	0.4 ~ 0.6	0.45 ~ 0.55	7.0 ~ 9.0		1.5 ~ 2.0	0.02 ~ 0.04			≤ 0.03	≤ 0.01	3.0 ~ 4.0					
3-1	0.03 ~ 0.05	0.4 ~ 0.6	0.4 ~ 0.6	5.5 ~ 6.5			0.02 ~ 0.04			≤ 0.03	≤ 0.01	1.9 ~ 2.1					
3-2	0.03 ~ 0.05	0.4 ~ 0.6	0.4 ~ 0.6	3.5 ~ 4.5			0.02 ~ 0.04			≤ 0.03	≤ 0.01	1.4 ~ 1.6					
3-3	0.03 ~ 0.05	0.4 ~ 0.6	0.4 ~ 0.6	0.9 ~ 1.1						≤ 0.03	≤ 0.01	2.8 ~ 3.2					
4-1	0.03 ~ 0.05	0.4 ~ 0.6	0.4 ~ 0.6	7.8 ~ 8.2		1.6 ~ 2.0	0.02 ~ 0.04			≤ 0.03	≤ 0.01						
4-2	0.03 ~ 0.05	0.4 ~ 0.6	0.4 ~ 0.6	6.8 ~ 7.2			0.02 ~ 0.04			≤ 0.03	≤ 0.01						

续表

钢筋试样编号	化学成分（wt.%）																
	C	Si	z	Cr	Cu	Al	V	W	Mo	P	S	Ni	Ti	Nb	RE	Sn	N
4-3	0.03 ~ 0.05	0.4 ~ 0.6	0.4 ~ 0.6	7.8 ~ 8.2			0.02 ~ 0.04			≤ 0.03	≤ 0.01						
4-4	0.03 ~ 0.05	0.4 ~ 0.6	0.4 ~ 0.6	6.8 ~ 7.2			0.02 ~ 0.04			≤ 0.03	≤ 0.01	2.4 ~ 2.6					
5-1	0.005 ~ 0.015	0.4 ~ 0.6	0.4 ~ 0.6	7.9 ~ 8.2			0.02 ~ 0.04			≤ 0.03	≤ 0.01	2.9 ~ 3.1					
5-2	0.005 ~ 0.015	0.4 ~ 0.6	0.4 ~ 0.6	8.9 ~ 9.2			0.05 ~ 0.07			≤ 0.03	≤ 0.01	2.4 ~ 2.6					
6-1	0.005 ~ 0.015	0.4 ~ 0.6	0.4 ~ 0.6	8.9 ~ 9.2					0.9 ~ 1.1	0.01 ~ 0.03	≤ 0.01						
6-2	0.005 ~ 0.015	0.4 ~ 0.6	0.4 ~ 0.6	8.9 ~ 9.2			0.05 ~ 0.07			0.01 ~ 0.03	≤ 0.01		0.01 ~ 0.02		0.02 ~ 0.04		
6-3	0.005 ~ 0.015	2.0 ~ 2.5	0.4 ~ 0.6	8.9 ~ 9.2		0.8 ~ 1.2				≤ 0.01	≤ 0.01						
6-4	0.005 ~ 0.015	0.4 ~ 0.6	0.4 ~ 0.6	8.9 ~ 9.2				1.4 ~ 1.6		≤ 0.03	≤ 0.01						
7-1	0.005 ~ 0.015	0.4 ~ 0.6	1.4 ~ 1.6	8.9 ~ 9.2			0.05 ~ 0.07		0.95 ~ 1.05	0.01 ~ 0.03	≤ 0.01						
7-2	0.005 ~ 0.015	0.4 ~ 0.6	0.4 ~ 0.6	7.9 ~ 8.2		0.7 ~ 0.9	0.05 ~ 0.07			0.01 ~ 0.03	≤ 0.01	2.4 ~ 2.6					

续表

钢筋试样编号	化学成分（wt.%）															
	C	Si	z	Cr	Cu	Al	V	W	Mo	P	S	Ni	Ti	Nb	RE	Sn	N
7-3	0.005 ~ 0.015	0.4 ~ 0.6	0.4 ~ 0.6	8.9 ~ 9.2			0.05 ~ 0.07	0.95 ~ 1.05		≤ 0.03	≤ 0.01						
8-1	0.005 ~ 0.015	0.4 ~ 0.6	1.4 ~ 1.6	9.9 ~ 10.1			0.05 ~ 0.07		0.95 ~ 1.05	≤ 0.03	≤ 0.01						
8-2	0.005 ~ 0.015	0.4 ~ 0.6	1.4 ~ 1.6	8.9 ~ 9.2			0.05 ~ 0.07		1.95 ~ 2.05	0.01 ~ 0.03	≤ 0.01						
8-3	0.005 ~ 0.015	0.4 ~ 0.6	1.4 ~ 1.6	8.9 ~ 9.2	0.45 ~ 0.55		0.05 ~ 0.07		0.95 ~ 1.05	0.01 ~ 0.03	≤ 0.01						
8-4	0.005 ~ 0.015	0.4 ~ 0.6	1.4 ~ 1.6	8.9 ~ 9.2			0.05 ~ 0.07		0.95 ~ 1.05	0.01 ~ 0.03	≤ 0.01			0.09 ~ 0.11			
8-5	0.005 ~ 0.015	0.4 ~ 0.6	0.4 ~ 0.6	8.9 ~ 9.2			0.05 ~ 0.07			0.01 ~ 0.03	≤ 0.01						
9-1	0.005 ~ 0.015	0.4 ~ 0.6	1.4 ~ 1.6	8.9 ~ 9.2			0.05 ~ 0.07		1.10 ~ 1.20	0.01 ~ 0.03	≤ 0.01					0.25 ~ 0.35	
9-2	0.005 ~ 0.015	0.4 ~ 0.6	1.4 ~ 1.6	8.9 ~ 9.2			0.05 ~ 0.07		1.10 ~ 1.20	0.01 ~ 0.03	≤ 0.01						0.015 ~ 0.02

样品制备工艺路线按如下步骤进行：150kg 真空炉冶炼→ 80kg 小钢锭→中试轧机轧制 20mm 厚钢板→取样性能检测→成分筛选→ 4.5t 真空炉冶炼→ 2.2t 圆坯制做→锻造 140mm × 140mm 方坯→车间轧制螺纹钢→取样性能检测→工业试制。

一、小钢锭试验

按照设计成分，利用 150kg 真空炉冶炼小钢锭，经中试轧机轧制成 20mm 厚钢板，之后取样分别加工成盐雾腐蚀试样（图 2-2-1）、周浸腐蚀试样（图 2-2-2）和标准拉伸试样（图 2-2-3）。其中盐雾腐蚀试样尺寸为 20mm × 40mm × 3mm，周浸腐蚀试样尺寸为 ϕ18 × 50mm。盐雾试验按现行国家标准《人造气氛腐蚀试验 盐雾试验》GB/T 10125 进行，溶液为 5.0±0.05（wt.%）NaCl，pH 为 6.5 ~ 7.2，溶液温度为 35℃±2℃。周浸试验按现行行业标准《钢筋在氯离子环境中腐蚀试验方法》YB/T 4367 进行，溶液为 2.0±0.05（wt.%）NaCl，pH 为 6.5 ~ 7.2，溶液温度为 45℃±2℃，烘干温度为 70℃±10℃。腐蚀试验均分为 72h、168h 和 360h 三个周期。

图 2-2-1　盐雾腐蚀试样

图 2-2-2　周浸腐蚀试样

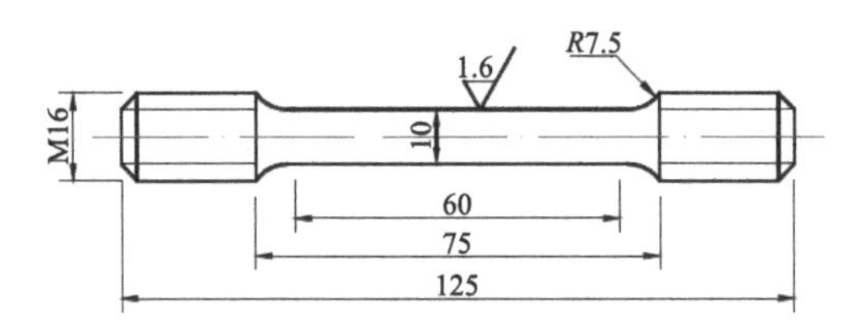

图 2-2-3　标准拉伸试样

（一）耐蚀性评价

各试验钢与普通螺纹钢 HRB400 制得的样品，同时按上述试验方法进行耐蚀性试验，试验后采用失重法计算各样品的腐蚀速率，其中 HRB400 样品各试验周期的腐蚀速率如表 2-2-2 所示，按公式（2-2-1）计算的各试验钢较 HRB400 耐蚀性能提高倍数如表 2-2-3 所示。可以看出，试验钢 2-2、7-1、7-2、8-1、8-2、9-1 在两种腐蚀试验条件下，几个周期的耐蚀性能较 HRB400 均可提高 5 倍以上，尤其 2-2 和 8-1 耐蚀性提升最为明显，均达到 10 倍以上，说明 Cr-Ni-Al 系、Cr-Mo 系合金成分体系结合超低碳成分设计，可较好地满足耐蚀性能要求。

图 2-2-4 和图 2-2-5 为上述试验钢分别在周浸腐蚀试验和盐雾腐蚀试验 360h 后，与普通螺纹钢 HRB400 样品的宏观腐蚀形貌对比。可以看到两种试验后，HRB400 样品表面均已完全被较厚的红褐色覆盖，且有黑色鼓包出现，而清洗锈层后可看到试样表面布满腐蚀孔洞，失去金属光泽，且在局部出现较大腐蚀坑；而各种试验钢试样的表面虽出现不同程度的锈蚀和鼓泡，但锈层明显较 HRB400 薄，且有点试样表面未完全被锈层覆盖，尤其 2-2、8-1 和 9-1 样品仅在表面出现较薄的红褐色浮锈，清洗锈层后发现 7-1、7-2 和 8-2 试样表面腐蚀孔洞较多，而 2-2、8-1 和 9-1 样品表面仍很平整光滑，且有金属光泽，绝大部分面积未发生腐蚀，仅在局部出现条状或碟状轻微腐蚀。形貌对比结果与腐蚀速率计算结果基本一致，但发现筛选出的几个成分试验钢中，7-1、7-2 和 8-2 试验钢耐点蚀性能明显较 2-2、8-1 和 9-1 试验钢差。

$$N=\frac{V_0^- - V^-}{V^-} \tag{2-2-1}$$

式中：N——耐蚀性能提高倍数；

V_0^-——HRB400 腐蚀速率（$g/m^2\cdot h$）；

V^-——试验钢腐蚀速率（$g/m^2\cdot h$）。

HRB400 样品各试验周期的腐蚀速率　　表 2-2-2

试验时间（h）	72	168	360
周浸腐蚀速率（$g/m^2 \cdot h$）	4.566	4.651	3.278
盐雾腐蚀速率（$g/m^2 \cdot h$）	3.316	2.959	3.150

按式（2-2-1）计算的各试验钢较 HRB400 耐蚀性能提高倍数　　表 2-2-3

钢筋试样编号	周浸腐蚀			盐雾腐蚀		
	72h	168h	360h	72h	168h	360h
1-3	0.075	0.163	−0.001	0.375	0.293	0.848
1-4	3.165	2.644	1.260	0.823	0.583	0.411
1-5	0.770	0.924	0.362	0.947	0.700	0.827
2-1	10.036	7.781	7.023	3.314	2.383	3.106
2-2	32.423	40.757	37.021	7.012	12.781	14.643
3-1	2.601	1.277	0.400	0.191	0.431	0.581
3-2	1.034	0.729	0.403	1.671	0.206	0.608
3-3	0.276	0.352	0.327	0.149	0.420	0.889
4-1	6.005	2.638	0.979	−0.071	0.129	0.593
4-2	2.433	1.497	0.593	0.071	0.003	0.245
4-3	6.784	3.708	1.893	0.275	0.287	0.423
4-4	7.689	4.041	1.584	0.632	0.541	0.609
5-1	13.949	8.796	2.647	3.137	2.770	2.636
5-2	14.156	16.105	5.168	5.367	4.995	4.078
6-1	10.601	7.671	2.656	2.833	2.079	1.662
6-3	6.640	5.514	1.939	2.911	2.957	3.190
6-4	11.974	10.658	4.590	5.475	3.362	2.836
6-2	9.375	6.597	2.634	3.835	2.356	2.537
7-1	14.368	11.857	6.950	13.506	8.004	6.721
7-2	20.218	14.985	5.674	10.576	9.605	10.756
7-3	11.822	8.539	3.478	4.406	3.435	2.950
8-1	30.624	39.086	24.012	190.002	46.723	33.892
8-2	11.069	11.339	7.190	11.192	9.558	5.796
8-3	8.876	7.647	3.060	6.163	6.102	5.089

续表

钢筋试样编号	周浸腐蚀			盐雾腐蚀		
	72h	168h	360h	72h	168h	360h
8-4	7.022	6.817	2.660	4.510	4.350	4.778
8-5	5.983	4.365	1.994	1.684	1.483	2.194
9-1	15.161	9.730	8.191	9.324	6.575	8.655
9-2	11.872	8.213	6.683	4.563	4.764	4.702

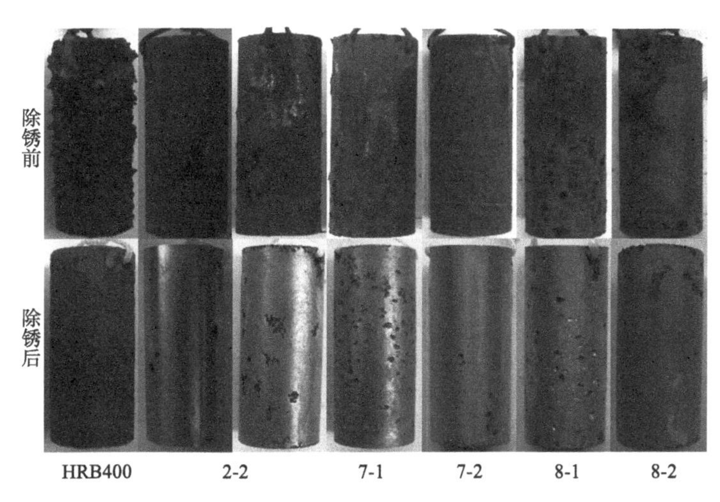

图 2-2-4　试验钢周浸腐蚀试验 360h 后宏观形貌

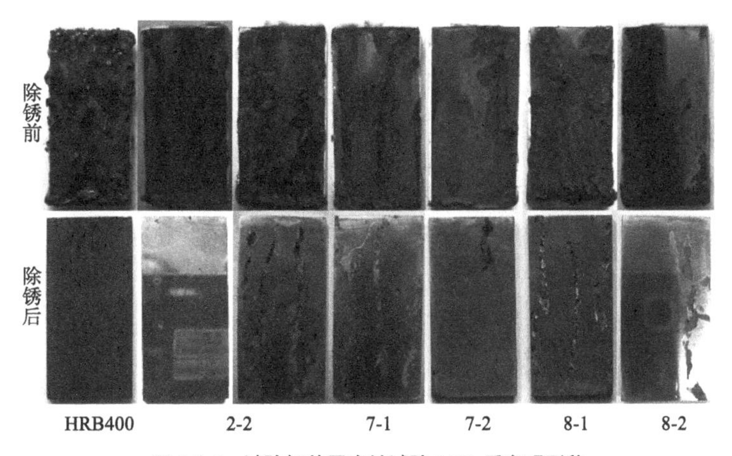

图 2-2-5　试验钢盐雾腐蚀试验 360h 后宏观形貌

（二）力学性能测试

各试验钢力学性能对比如表 2-2-4 所示，除 1-4 试验钢发生脆断外，其他钢均测得力学性能。而现行国家标准《钢筋混凝土用钢 第 2 部分：热轧带肋钢筋》GB/T 1499.2 对 HRB400 的力学性能要求为屈服强度 R_{eL} ≥ 400MPa，极限抗拉强度 R_m ≥ 540MPa，延伸率 A ≥ 16%，对 HRB500 的力学性能要求为屈服强度 R_{eL} ≥ 500MPa，极限抗拉强度 R_m ≥ 630MPa，延伸率 A ≥ 15%，对 HRB500 的力学性能要求为屈服强度 R_{eL} ≥ 600MPa，极限抗拉强度 R_m ≥ 730MPa，延伸率 A ≥ 14%。

对比发现，表 2-2-4 中试验钢 1-5、2-1、3-2、5-1、7-1、7-2、8-1、8-3、8-4、9-1、9-2 可满足国家标准要求。但其中 1-5 和 7-1 强度富余量不足，3-2、5-1 和 7-2 强度偏高，断后延伸率富余量不足，2-1、8-1、8-3、8-4、9-1、9-2 几种试验钢综合力学性能较好。

各试验钢力学性能对比　　表 2-2-4

钢筋编号	屈服强度（MPa）	极限抗拉强度（MPa）	延伸率（%）	钢筋编号	屈服强度（MPa）	极限抗拉强度（MPa）	延伸率（%）
1-3	361	613	26.0	6-1	315	566	31.1
1-4	脆断			6-2	236	405	40.1
1-5	406	695	16.0	6-3	401	509	16.2
2-1	428	731	19.0	6-4	381	643	23.8
2-2	739	1026	10.0	7-1	407	670	25.8
3-1	778	1092	13.0	7-2	761	916	14.9
3-2	665	990	15.0	7-3	224	436	37.9
3-3	347	566	30.0	8-1	516	736	21.8
4-1	270	411	29.0	8-2	302	466	30.5
4-2	560	874	12.2	8-3	619	811	18.3
4-3	730	1061	12.0	8-4	544	722	20.1
4-4	809	1085	12.8	8-5	244	478	35.7
5-1	761	927	14.5	9-1	438	657	26.9
5-2	751	880	13.8	9-2	421	670	26.3

（三）小结

初步试验室研究结果显示，Cr-Mo 系和 Cr-Ni-Al 系试验钢的耐腐蚀性能有大幅提高。采用失重法和腐蚀形貌综合评估，2-2、8-1 和 9-1 试验钢的耐腐蚀性能尤为突出，可较 HRB400 提高 5 倍以上，且耐点蚀性能较好，满足设计要求。而力学性能方面，2-1、8-1、8-3、8-4、9-1、9-2 试验钢综合性能较好，可分别满足 400MPa、500MPa 和 600MPa 级钢筋的要求。综合考虑耐蚀性能、力学性能、生产成本、工艺难度和现在生产条件，初步选定 8-1 作为中试原型钢。

二、中试试验

结合小钢锭试验结果，选定试验钢 8-1 作为中试原型钢。

（一）组织及力学性能

中试试验钢的热轧态组织如图 2-2-6 所示，各规格钢筋的组织均为铁素体 + 贝氏体组织，由于不同规格散热速度不同，导致成材冷速不同，从图中可以看到冷速较快的 10mm 规格的钢筋组织中贝氏体比例最大，而冷速较慢的 20mm 规格的钢筋组织中最小，其余两个规格贝氏体含量居于两

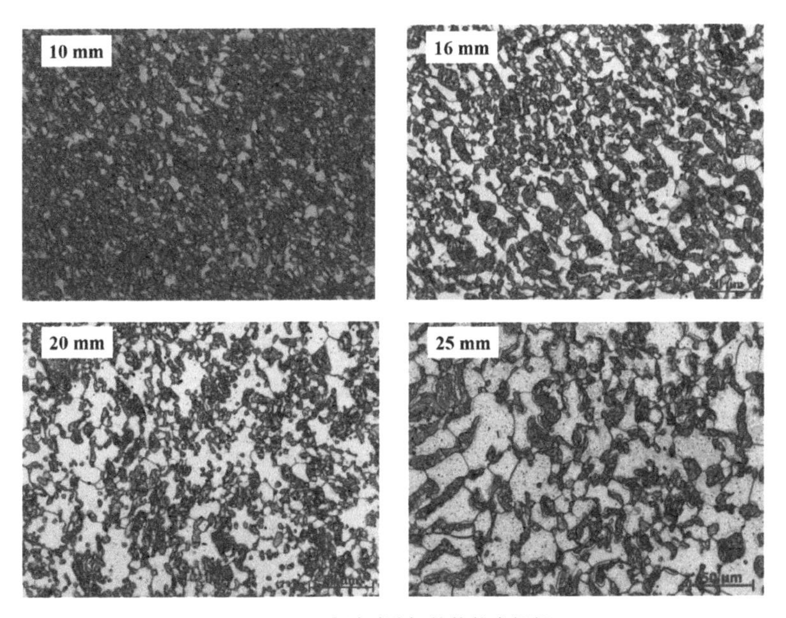

图 2-2-6　中试试验钢的热轧态组织

者之间，这与 CCT 曲线测定的结果一致。而晶粒尺寸也随规格增大而增大，尤其 25mm 规格钢筋的生产工艺中加热温度较其他规格高，所以其晶粒尺寸显得尤为粗大。

表 2-2-5 为各规格的中试试验钢力学性能。

中试试验钢力学性能 **表 2-2-5**

规格（mm）	屈服强度（MPa）	极限抗拉强度（MPa）	延伸率（%）	最大力总伸长率（%）	强屈比
10	475	692	24.6	8.2	1.46
16	485	708	23.4	8.8	1.46
20	465	696	25.1	13.0	1.50
25	453	654	24.6	11.0	1.44

可以看到随着规格的增大，其屈服呈下降趋势，这与不同规格的硬相组织贝氏体所占比例的变化呈相同趋势，说明显微组织中两相的比例对材料力学性能有很大影响，而其两相比例又可通过冷速调控，所以控制冷却是后续调整试验钢力学性能的有效手段。中试结果还显示，各规格试验钢断后延长率为 23%～26%，较为稳定，满足设计要求，而最大力总伸长率随规格增大也有所改善，其强屈比也在 1.4 以上。对试验钢筋进行冷弯和反弯试验，试验标准均参照 HRB400 要求进行，冷弯试验结果如图 2-2-7 所示，反弯试验结果如图 2-2-8 所示，试验后样品表面无裂纹，冷弯及反弯性能合格。

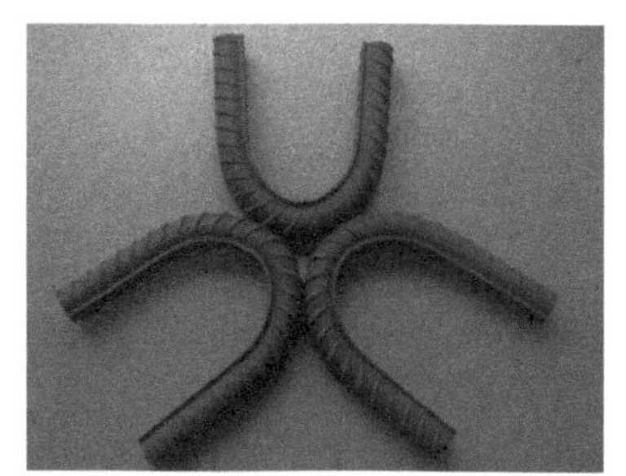
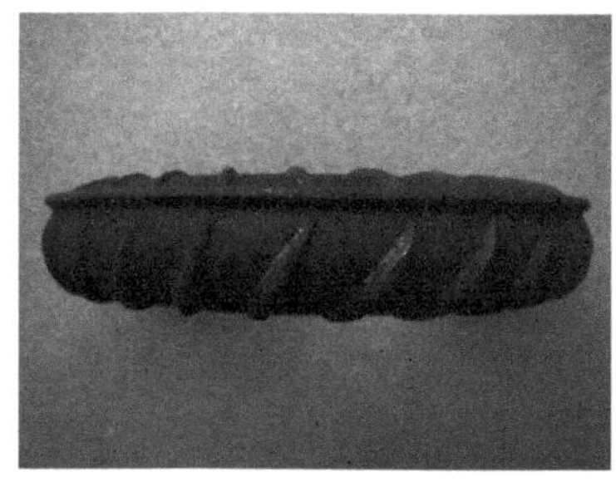

图 2-2-7 冷弯试验结果

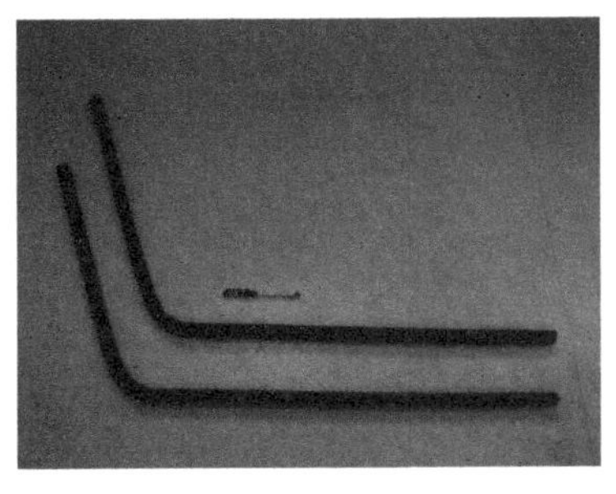
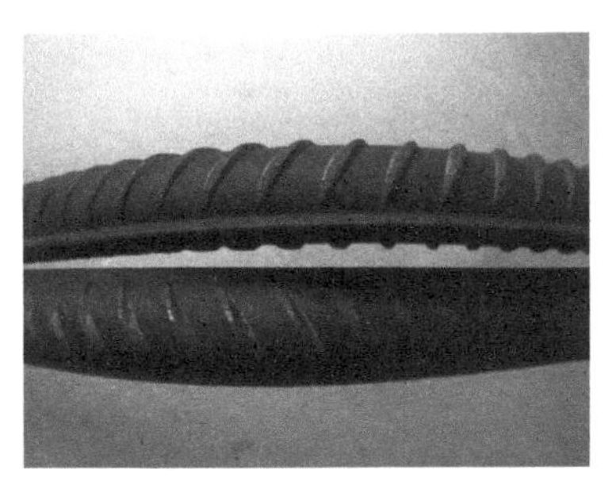

图 2-2-8　反弯试验结果

（二）耐蚀性能评价

1. 周浸腐蚀试验

将 25mm 规格的中试试验钢进行周浸腐蚀试验，测得其试验 3d 后的腐蚀速率为 0.143g/（m^2·h），按式（2-2-1）进行计算得到其耐蚀性能较 HRB400 提高约 31 倍，与小钢锭试验结果相当，图 2-2-9 为中试试验钢周浸腐蚀后形貌，可以看到样品经 3d 腐蚀试验后表面仅出现局部浮锈，后清除锈层后表面仍光滑平整。

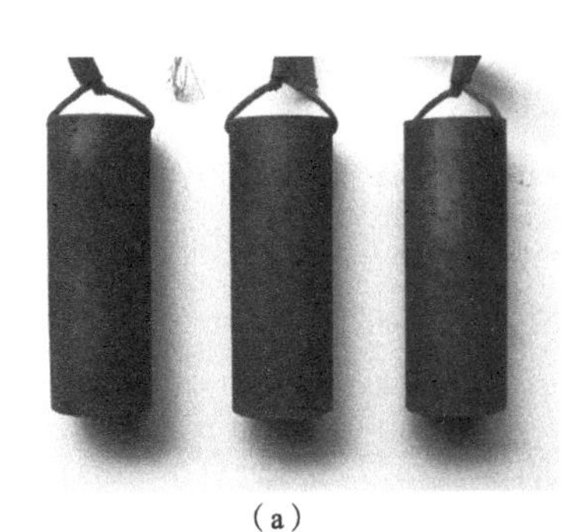
（a）
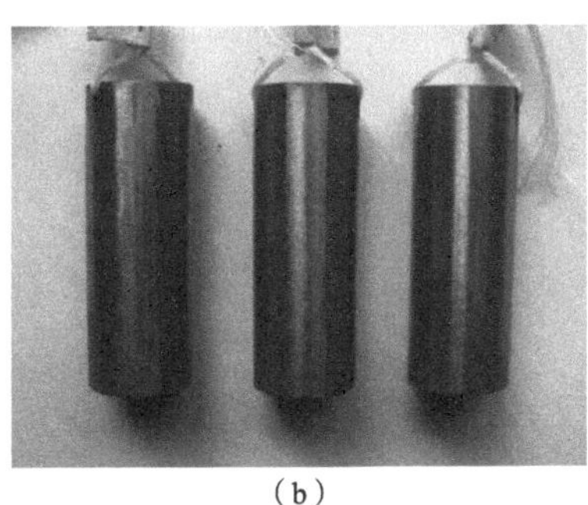
（b）

图 2-2-9　中试试验钢周浸腐蚀试验后形貌

（a）除锈前;（b）除锈后

2. 电化学特性测试

电化学测试在 Reference 600 型电化学工作站上进行，采用三电极体系，参比电极为饱和甘汞电极，辅助电极为 Pt 片，测试溶液为 3.5%（质量分数）的 NaCl 中性水溶液。极化曲线测试扫描范围为相对于试样自腐蚀电位为 300 ~ 600mV，扫描频率为 1mV/s。电化学阻抗测试扫描频率为 10^{-2} ~ 10^{5}Hz，交流激励信号幅值为 ±5mV。

首先对试验钢样品进行极化曲线测试，图 2-2-10 为两种试样在 3.5% 的 NaCl 中性水溶液中浸泡 0.5h 后测得的动电位极化曲线（其中横坐标 log$i$ 为电流密度值的对数，纵坐标 E 为相对参比电极电势）。

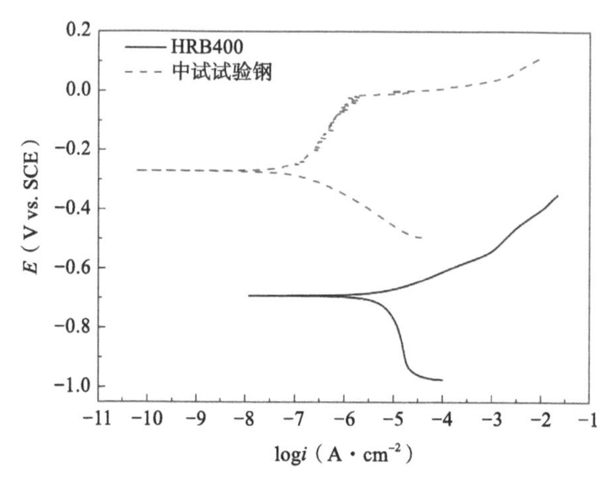

图 2-2-10　试验钢的动电位极化曲线

可以看到，试验钢试样在试验溶液中的腐蚀电位为 −0.27V，从极化曲线的阳极部分可以看出，试验钢在 3.5% 的 NaCl 中性水溶液中存在约 0.2V 的钝化区，而自腐蚀电流密度约为 0.13μA/cm^2，点蚀电位为 0.02V。在同样的试验条件下，HRB400 试样的腐蚀电位为 −0.69V，比试验钢试样的腐蚀电位负约 0.4V,其极化曲线的阳极行为只有单一的活化区，未出现钝化区，而自腐蚀电流密度约为 7.10μA/cm^2，为试验钢试样的 50 多倍。

试验钢中添加的 Cr 和 Mo 合金元素使其自腐蚀电位发生正移，减小了材料的腐蚀倾向。此外，Cr 的存在会明显加速电化学腐蚀产物向热力学稳定状态发展，张全成等在近海耐候钢的锈层分析中发现，Cr 能明显加速 $Fe_xH_yO_z$ → γ-FeOOH → α-FeOOH → α-Fe_2O_3 的转化过程，得到热力学上更稳定的 α-FeOOH 和 α-Fe_2O_3；同时，Cr 能部分取代 Fe 而形成铬铁羟基氧

化物 $Cr_xFe\text{-}xOOH$，使 α-FeOOH 锈层具有离子选择性，阻止 Cl^- 和 SO_4^{2-} 向基体表面渗透而使锈层具有保护作用，一定程度上减小了材料的阳极腐蚀电流密度。

为了进一步研究两种试样的耐蚀性能，试样在 3.5% 的 NaCl 中性水溶液中浸泡 0.5h 后分别进行了 EIS 测试，试验钢试样的阻抗图及其拟合结果如图 2-2-11 所示。从图中可以看到试验钢的 Nyquist 图呈现为单一的容抗半圆弧，其半径越大表征电荷转移电阻越大，表明试样表面的阴、阳极反应越不易进行；而 Bode 图中显示其低频段阻抗模值达到 $10^5\Omega\cdot cm^2$ 以上，相位角在整个频率区间只有一个峰值，表明其钝化膜完好。在相同条件下，HRB400 的 Nyquist 图由中高频段的容抗弧和低频段的感抗弧组成，其容抗弧半径远小于试验钢的，感抗弧的产生可能是腐蚀产物的吸附过程或点蚀形核导致的，或者两个过程同时存在，低频感抗弧多是由点蚀形核造成；

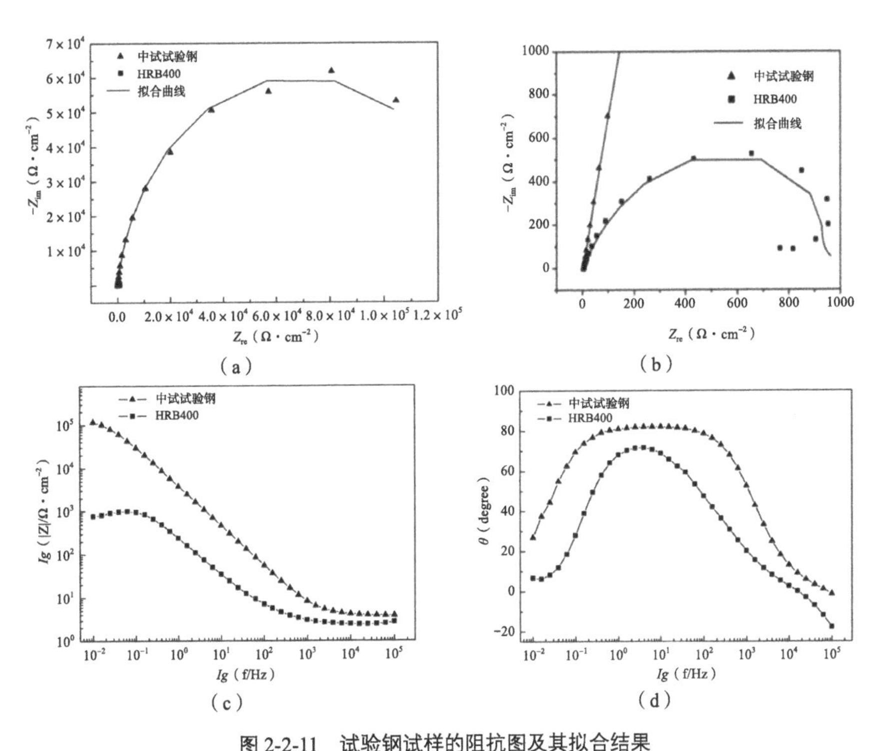

图 2-2-11　试验钢试样的阻抗图及其拟合结果

（a）Nyquist 图；（b）Nyquist 放大图；（c）Bode- 模量图；（d）Bode- 相位角图

而Bode图中其低频段阻抗模值也仅为$10^3\Omega\cdot cm^2$，同时其相位角在低频段出现一个波谷，一般认为相位角与频率曲线的波峰代表了电容反应，波谷代表了电感反应，这与Nyquist图测试结果相对应。

图2-2-12为阻抗等效电路，表2-2-6为电化学阻抗谱拟合参数。

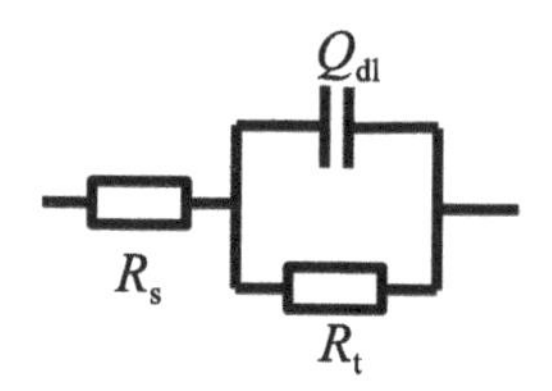

图2-2-12　阻抗等效电路

电化学阻抗谱拟合参数　　表2-2-6

试样	R_s（$\Omega\cdot cm^2$）	Q_{dl}-Y_o（$S\cdot s^n\cdot cm^{-2}$）	Q_{dl}-n（0 ~ 1）	R_t（$\Omega\cdot cm^2$）
中试试验钢	3.981	4.84×10^{-5}	0.9164	1.37×10^5
HRB400	2.633	8.36×10^{-4}	0.835	1.11×10^3

阻抗模型为R_s（$Q_{dl}R_t$），其中，R_s为溶液电阻，R_t为电荷转移电阻，Q_{dl}为常相位角元件，等效于电极与溶液之间界面的双电层电容。由拟合结果可以发现，试验钢试样的R_t值为$1.37\times10^5\Omega\cdot cm^2$，HRB400钢筋试样的$R_t$值为$1.11\times10^3\Omega\cdot cm^2$。由于材料表面存在的缺陷导致材质成分、钝化膜的不均匀性，在发生点蚀的临界状态，活性阴离子优先吸附在其表面上，在一定条件下与膜作用导致了膜的破坏。因此R_t越大，腐蚀速率越小，试验钢的R_t值为HRB400的100多倍。

3. 钝化膜检测分析

为了进一步研究试验钢的耐蚀机理，通过XPS试验对试验钢的钝化膜进行分析。XPS试验样品分别在不含Cl^-和含0.6M（3.5%）NaCl的模拟混凝土孔隙液中（23℃，pH为12.8）浸泡240h，试样取出后使用PHI Quantera SXM进行XPS测试，采用深度剖析的方法对试样的钝化膜进行分析。为防止表面污染物的影响，每个样品测试前均溅射10nm以除去表面污染物的影响。图 2-2-13 为试样在不含 Cl^- 的模拟混凝土孔隙液中浸泡 240h 后，XPS 测试溅射不同深度的全谱。可以看到，此条件下的钝化膜中主要有 Fe、O 和 Cr，随着溅射深度的增加，O 的信号强度逐渐减弱，Fe 和 Cr 的信号强度逐渐增强。

为进一步分析 Fe 和 Cr 元素的存在形式，分别对 Fe 和 Cr 在不同溅射深度收集窄谱，其中图 2-2-14（a）和 2-2-14（b）分别为 Fe 和 Cr 在试样溅射 10nm 后的窄谱。可以看到，Fe 的结合能峰可分解为 706.8eV，709.4eV 和 711.3eV 三个主峰，分别与单质 Fe、FeO 和 γ-FeOOH 的标准峰相对应，其中三者的比例为 3.5∶1.4∶1；而 Cr 的结合能峰分解为 574.4eV、576.8eV 和 577eV 三个主峰，分别与单质 Cr、Cr_2O_3 和 CrOOH 的标准峰相对应，其中三者的比例为 2∶1∶2。

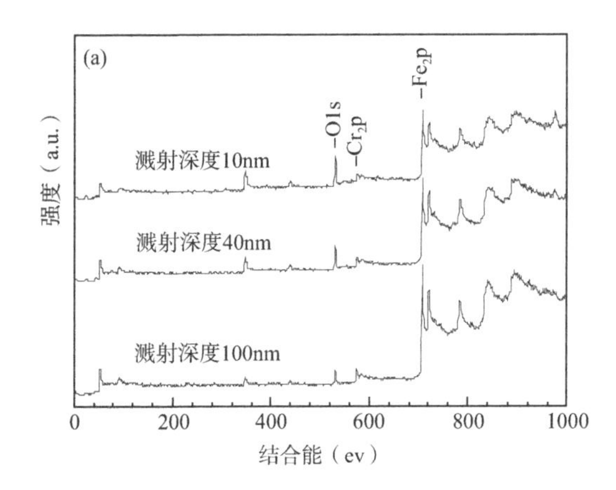

图 2-2-13　试样在不含 Cl^- 的模拟混凝土孔隙液中浸泡 240h 后，XPS 测试测射不同深度的全谱

去除基体的影响，可认为钝化膜表层主要由 FeO、γ-FeOOH、Cr_2O_3 和 CrOOH 组成，其中 FeO 和 CrOOH 所占比例相对较大。随着溅射深度的增加，钝化膜组成在逐渐变化，当溅射深度为 40 nm 时，其主要组成为 FeO 和 Cr_2O_3，γ-FeOOH 和 CrOOH 消失，如图 2-2-14（c）和图 2-2-14（d）所示；当溅射深度为 100 nm 时，两元素的 XPS 谱已与标准谱一致，如图 2-2-14（e）和图 2-2-14（f）所示，即不再含有氧化物，溅射深度已达到基体位置。

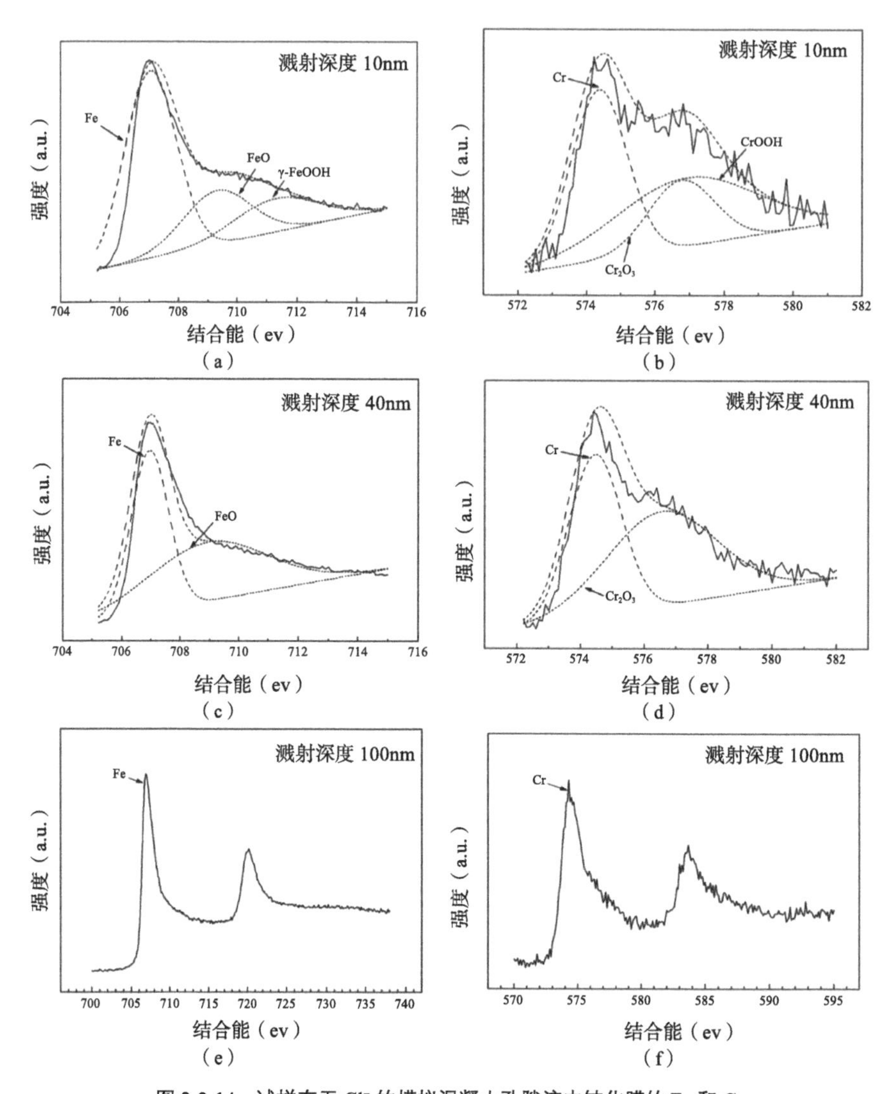

图 2-2-14　试样在无 Cl^- 的模拟混凝土孔隙液中钝化膜的 Fe 和 Cr

（a）、（c）、（e）分别为 Fe 在 10nm、40nm、100nm 的溅射窄谱；（b）、（d）、（f）分别为 Cr 在 10nm、40nm、100nm 的溅射窄谱

试样在含 0.6M NaCl 的模拟混凝土孔隙液中浸泡 240h 后，其钝化膜组成与不含 Cl^- 的模拟混凝土孔隙液中浸泡后相似，主要有 Fe、O 和 Cr。在溅射 10nm 后，XPS 测试结果显示其钝化膜表层同样由 FeO、γ-FeOOH、

Cr_2O_3 和 CrOOH 组成。不同的是，当溅射到 40nm 时，其钝化膜中只有 Cr_2O_3 一种氧化物存在，而当溅射到 55 nm 时两元素的 XPS 谱已与标准谱一致，不再含有氧化物。两种试验钢筋钝化膜元素组成如图 2-2-15 所示，可以看到随溅射深度的增加，两种条件下钝化膜中 Fe 和 Cr 的含量都呈上升趋势，而 O 含量呈下降趋势，在不含 Cl^- 的模拟混凝土孔隙液中，当溅射 100nm 时 O 含量降至约 20%，而在含 0.6M NaCl 的模拟混凝土孔隙液中，溅射到 55nm 时 O 含量降至这一水平。说明有 Cl^- 存在的条件下，虽然溶液碱性环境未发生变化，但试样钝化膜的形成受到一定程度影响，其内部组成发生一定的变化，且钝化膜的厚度明显减薄。

一般金属表面的钝化膜并非完全均匀致密的，往往在出现缺陷的地方钝化膜性能最差，这将导致钝化膜的破坏，环境中存在的 Cl^- 是对钝化膜破坏最严重的阴离子。因为表面最外层的金属离子表现出进入溶液的趋势而具有较强的成键能力，故将 Cl^- 吸附在表面上形成了“双电层”结构，则在钝化膜较差的区域，金属离子将具有很强的成键能力从而吸附很多的 Cl^-，导致钝化膜某些区域快速腐蚀溶解，生成可溶性氯化物或复盐。一般情况下钝化膜是可以自我修复的，但是如果环境中的 Cl^- 含量较高，将导致某些钝化膜区域被破坏而使得表面金属基底直接暴露在腐蚀介质中而快速腐蚀。Cheng 等研究人员的研究结果表明，合金元素 Cr 能够促进钢的钝化，明显提高金属钝化膜的自修复能力，并且随着 Cr 含量的增加，趋于稳定的钝化膜会显著降低钢筋的腐蚀速率，提高钢的耐蚀性。Sikora 等的研究发现，含 Cr 的钝化膜具有双极性 n-p 型半导体膜的结构，因此既能阻止阳离子从基体中迁移，也能防止溶液中的阴离子（如 Cl^-）侵蚀基体。此外，这种钝化膜结构还可以降低阳极腐蚀电流，从而具有优良的耐蚀性能。相关文献也指出不锈钢的钝化膜中也主要由 Cr_2O_3 和 CrO_3 或 CrO^{3-} 和 $Cr_2O_7^{2-}$ 组成，还含有少量的 CrOOH 和 γ-FeOOH，正是这些物质组成的钝化膜为不锈钢提供了优良的耐蚀性能。所以可认为试验钢试样钝化膜中 FeO，γ-FeOOH，Cr_2O_3 和 CrOOH 的组成降低了 $C1^-$ 对其钝化膜的侵蚀，提高了其耐蚀性能。

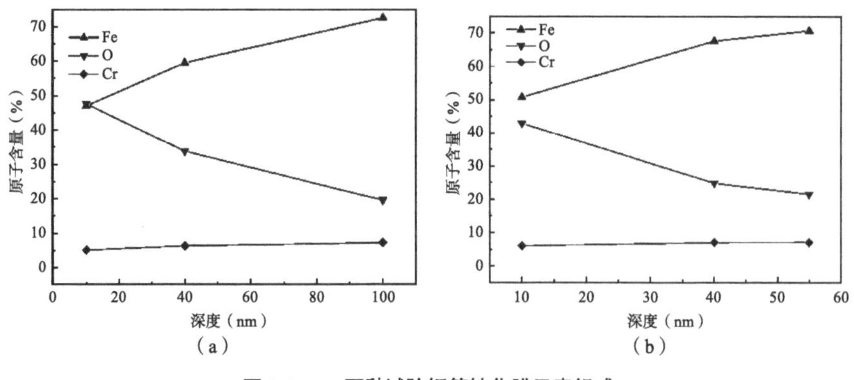

图 2-2-15　两种试验钢筋钝化膜元素组成

（a）无 Cl^-;（b）0.6M Cl^-

（三）小结

中试试验研究结果显示，制定的轧制工艺符合生产要求，试验钢组织均为铁素体 + 贝氏体，随规格减小贝氏体比例增大，其力学性能、耐蚀性能满足设计要求，屈服强度达到 450MPa 以上，断后延伸率大于 23%，腐蚀速率与小钢锭试验结果基本一致，Cr、Mo 等元素的添加提高了试验钢的腐蚀电位和极化电阻，而钝化膜中 FeO，γ-FeOOH，Cr_2O_3 和 CrOOH 的组成降低了 $C1^-$ 对其钝化膜的侵蚀，降低其自腐蚀电流密度，提高了其耐蚀性能。

三、工厂试制

（一）第一次试制

1. 金相组织

图 2-2-16 为各规格试轧产品的金相组织，主要为铁素体和贝氏体，贝氏体占比均在 60% 以上，其中 10mm 和 12mm 规格晶粒尺寸相当，而 20mm 规格由于冷速较慢，晶粒明显较为粗大。

2. 力学性能

第一次工厂试轧产品力学性能如图 2-2-17 所示，各规格 HRB400M 的屈服强度均在 530 MPa 以上，抗拉强度均在 730 MPa 以上，而其断后延伸率均在 20% 以上，最大力总延伸率均在 6% 以上。综合来看，第一次工厂试制产品的强度富余量较大，而最大力总延伸率稍显不足。

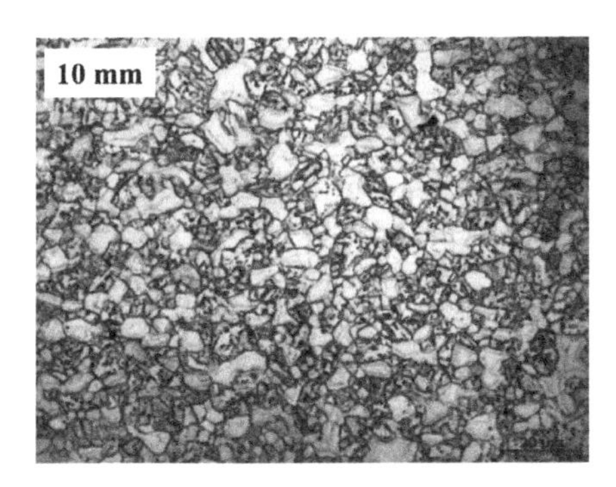

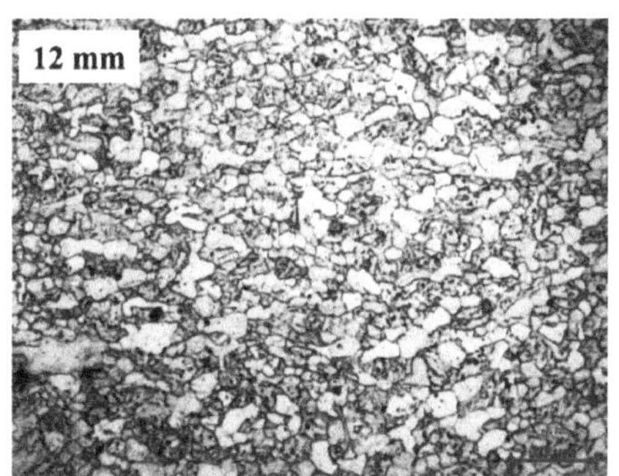

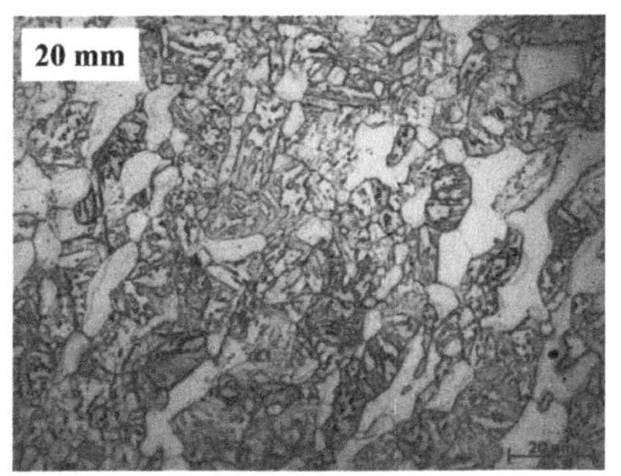

图 2-2-16 各规格试轧产品的金相组织

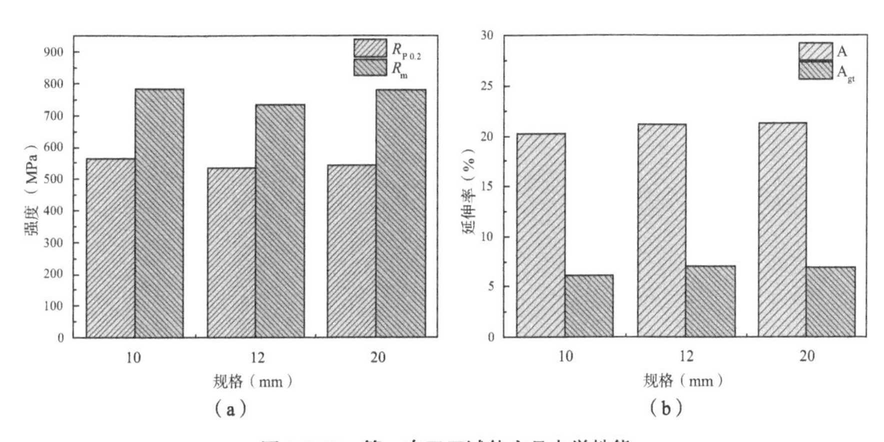

图 2-2-17 第一次工厂试轧产品力学性能

（a）不同规格的屈服强度（$R_{p0.2}$）和极限抗拉强度（R_m）的强度；（b）不同规格的延伸率（A）和最大力延伸率（A_{gt}）的延伸率

相比较中试试验钢，第一次工厂试轧产品强度有一定幅度上升，断后延伸率略有下降，而最大力总延伸率下降明显。试制产品实测成分中强化元素 C、Mn 和 V 都有所上升，这一方面会直接导致产品强度上升，另一方面也会造成产品淬透性增加，组织中贝氏体比例上升，间接导致产品强度上升，而工厂连铸坯产品晶粒尺寸较试验室小钢锭产品细小，也对强度上升、延伸率下降产生一定影响。

（二）第二次试制

1. 金相组织

图 2-2-18 为第二次试轧产品的金相组织，可以看到成分调整后，组织中贝氏体占比明显减少，各规格均在 50% 左右。

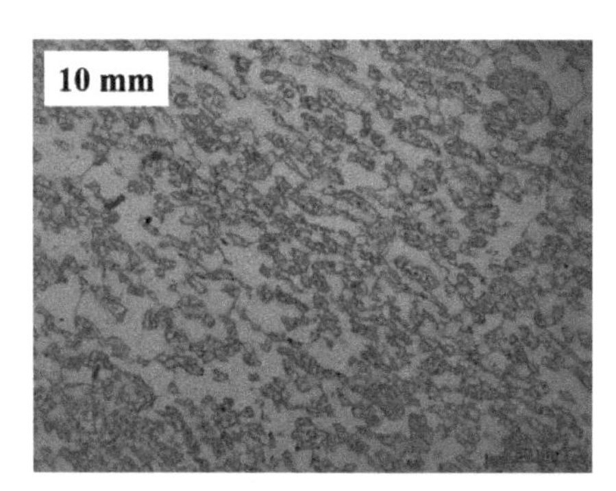

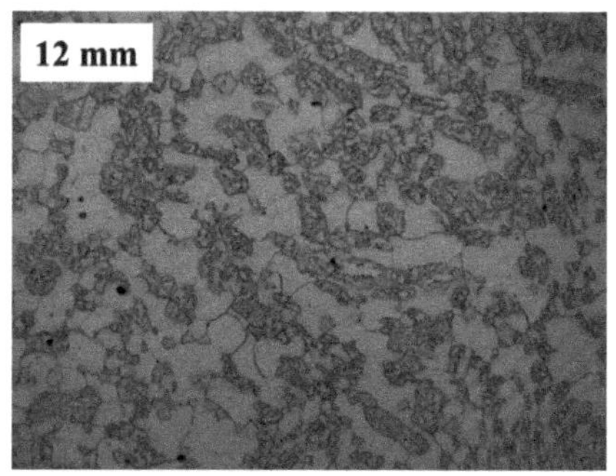

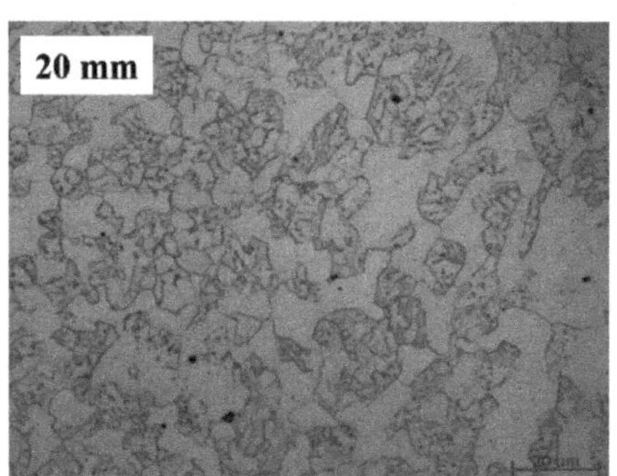

图 2-2-18　第二次工厂试轧产品金相组织

2. 力学性能

第二次工厂试轧产品力学性能如图 2-2-19 所示，成分调整后各规格 HRB400M 的强度均不同程度地下降，其中 10mm 规格的屈服强度和抗拉强度均下降约 40MPa，12mm 规格的屈服强度和抗拉强度均下降约 65MPa，20mm 规格的屈服强度和抗拉强度均下降约 50MPa，各规格断后延伸率变化不大，仍保持在 20% 以上，但最大力总延伸率得到一定改善，均上升至 7% 以上。从测试结果来看，通过成分调整，第二次工厂试制产品的力学性能达到设计要求，降低成本的同时，改善了其综合力学性能。

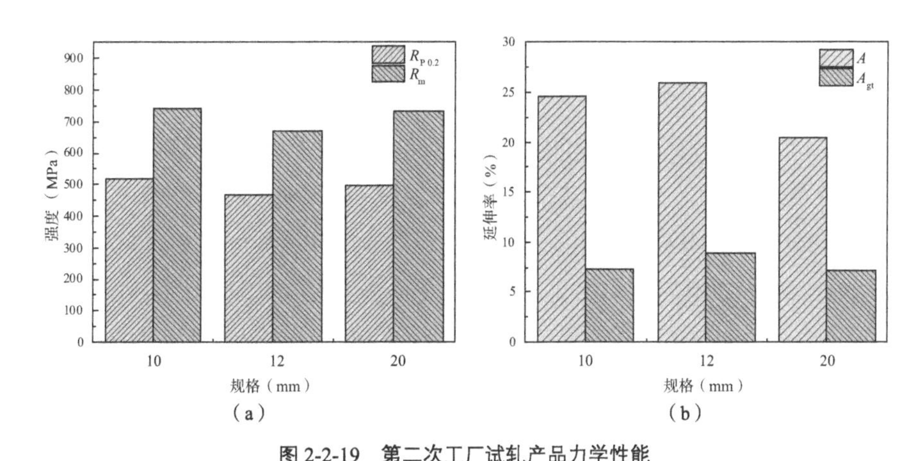

图 2-2-19　第二次工厂试轧产品力学性能

（a）不同规格的屈服强度和极限抗拉强度；（b）不同规格的延伸率

四、小结

通过两次工厂试制，对产品的化学成分及轧制工艺进行优化，最终生产出综合力学性能较好的产品，10mm 规格产品屈服强度和抗拉强度分别达到 510MPa 和 730MPa 以上，断后延伸率和最大力总延伸率分别达到 24% 和 7% 以上；12mm 规格产品屈服强度和抗拉强度分别达到 460MPa 和 660MPa 以上，断后延伸率和最大力总延伸率分别达到 25% 和 8% 以上；20mm 规格产品屈服强度和抗拉强度分别达到 490MPa 和 720MPa 以上，断后延伸率和最大力总延伸率分别达到 20% 和 7% 以上。同时结果显示，成分中 C 含量以及合金元素 Mn、V 含量的下调，可有效降低成品强度，改善其塑性，降低组织中贝氏体比例。

第三节　显微组织

以“超低碳 +Cr/Mo/Ni 多元微量复合耐蚀”为耐蚀钢筋合金设计基本原则，以“复合钝化膜 + 复相基体组织”为耐蚀钢筋特殊微结构，优化钢筋凝固、轧制和冷却工艺，获得多等级合金耐蚀钢筋，综合考量“力学性能、耐蚀性和经济性”等指标，优选定型 Cr10Mo1 新型合金耐蚀钢筋。

组织观察及硬度测试。沿试验钢径向截取金相试样，抛光表面浸入侵蚀液（3.5g 偏重亚硫酸钠 +500ml 盐酸 +500ml 蒸馏水混合组成）约 30s 后，拿出用酒精清洗、吹干，在 Zeiss 光学显微镜（OM）和 EVO18 扫描电镜（SEM）下观察显微组织。不同组成相的显微硬度测试在 keysight 公司 G200 型纳米压痕仪上进行；采用 Berkovich 金刚石压头和连续刚度测量方法（CSM），测定不同压痕深度的纳米硬度；测试时共振频率为 75Hz，最大压痕深度设定为 400nm，测量过程中热漂移率小于 0.05nm/s，泊松比为 0.25；各相组织连续进行 20 次测试，利用仪器自带软件进行数据分析。

耐蚀螺纹钢筋 CR 显微组织如图 2-3-1 所示。其中：图 2-3-1（a）为钢筋横截面中心处的显微组织，由铁素体和贝氏体组成，两相呈不均匀分布，铁素体晶粒较为粗大，贝氏体晶粒明显细小很多，贝氏体所占比例为 49%；图 2-3-1（b）为钢筋横截面上距表面 1/4 半径处的显微组织，与中心处组织类似，均由大尺寸铁素体和细小贝氏体组成，两个位置组织晶粒尺寸相当，但从图中可发现贝氏体比例较中心处增大，约为 55%，且分布较为集中，这是由于距表面距离较近，冷速较快导致。

对图中两相组织进行显微维氏硬度测试，中心处和距表面 1/4 半径处同一组织硬度相当，其中白色的铁素体平均硬度为 190HV，灰色的贝氏体平均硬度为 284HV。从组织上看，硬而细小的贝氏体组织为钢筋提供了较高的强度，而晶粒粗大，硬度偏小的铁素体组织有利于提高钢筋的塑性，通过合理调控两相比例，可保证钢筋优良的力学性能。

为了研究合金元素在组织中的分布，利用电子探针显微分析仪对样品进行测试，钢筋显微组织中的合金元素分布如图 2-3-2 所示。从图 2-3-2

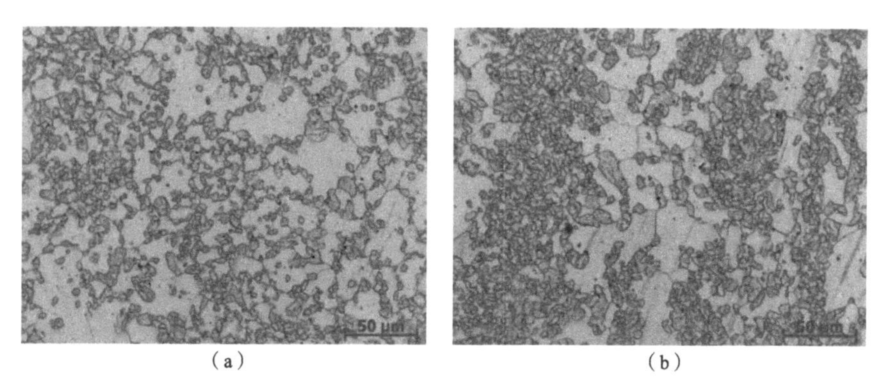

（a）　　（b）

图 2-3-1　耐蚀螺纹钢筋 CR 显微组织

（a）中心处；（b）距表面 1/4 半径处

中可以看到 Cr、Mo 元素在铁素体中分布相对集中，而 Mn 元素则较多地分布在贝氏体中，说明钢筋中添加的 Cr、Mo 等耐蚀合金元素在铁素体中固溶度大于贝氏体，而更多地起到固溶强化作用的 Mn 元素在贝氏体中的固溶度较大些。Y.F.Cheng 的研究结果表明，合金元素 Cr 能够促进钢的钝化，并且随着 Cr 含量的增加，趋于稳定的钝化膜会显著降低钢的腐蚀速率，提高钢的耐蚀性。与此同时添加一定量的合金元素 Mo 可以在改善钢耐蚀

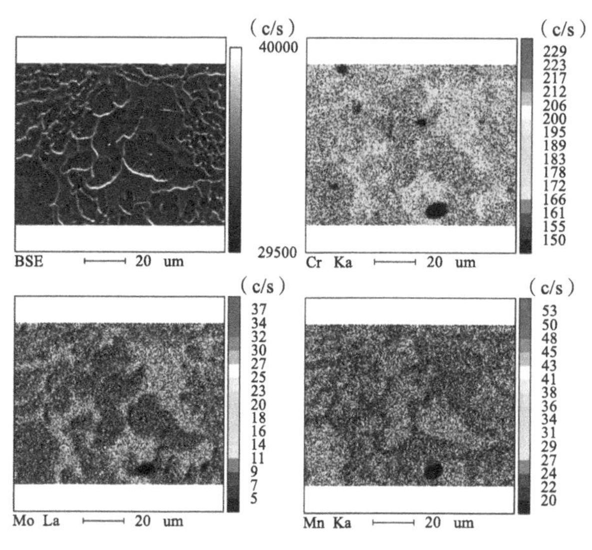

图 2-3-2　钢筋显微组织中的合金元素分布

性的前提下抑制钢发生点蚀的倾向。因此，要得到耐蚀性能好，强度等级高的钢筋，需综合考虑各合金元素在钢中的作用，合理地调控组织两相比例。

图 2-3-3 为试验钢各组成相典型纳米压痕硬度－压痕深度曲线，当压痕深度小于 100nm 时，硬度值波动较大，主要是因为载荷较小，压痕接触面积较小，影响测量的准确性，同时样品表面可能存在硬化层或氧化层；随着压痕深度的增加，硬度值趋于稳定，此时的测试值可作为各组成相的硬度值。试验钢铁素体相的平均纳米压痕硬度值为 1.9 ~ 2.5GPa，贝氏体相的平均纳米压痕硬度值为 3.0 ~ 3.8GPa。

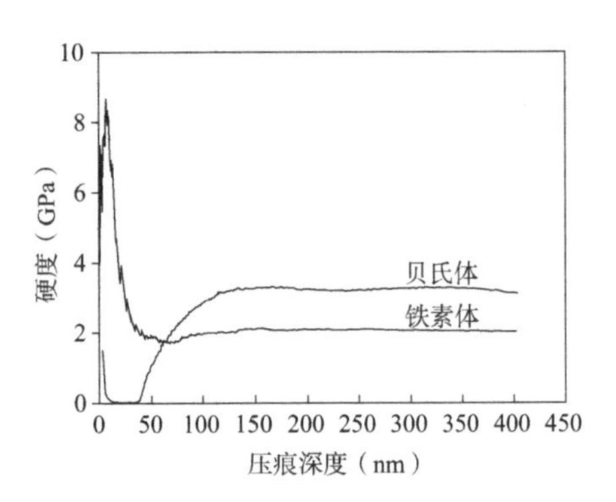

图 2-3-3　试验钢各组成相典型纳米压痕硬度 - 压痕深度曲线

第四节　力学性能

性能测试和断口分析。沿试验钢纵向取样，长度为 175mm，加工成标准拉伸试样。根据国家标准《金属材料 拉伸试验 第 3 部分：低温试验方法》GB/T 228.3—2019，采用 Instron 电伺服万能拉伸试验机和低温试验箱进行不同温度下的拉伸试验，试验温度分别为：20℃、0℃、−20℃、−40℃和 −60℃，保温时间为 20min，拉伸速率为 3mm/min；试验过程中的数据采集由引伸计完成，利用修正后的 C-J 方法，分析试验钢不同温度下的应变硬化行为，并用 SEM 观察拉伸断口形貌。

一、拉伸性能

试验钢在拉伸应力作用下表现出连续屈服的特征，不同温度对应的试验钢真应力－真应变曲线如图 2-4-1 所示。试验钢屈服强度、抗拉强度和断后延伸率均随着试验温度的降低而增大，但数值变化幅度不大，试验钢低温拉伸性能如图 2-4-2 所示；当试验温度从 20℃降低至 −60℃时，屈服强度从 514MPa 升高至 549MPa，抗拉强度从 752MPa 升高至 793MPa，断后延伸率从 25.3% 升高至 29%。通常情况下，随着温度降低，铁素体合金钢会出现脆化倾向，即屈服强度随温度的变化幅度要强于抗拉强度，屈强比升高。但观察图 2-4-2 可以发现，试验钢屈服强度随温度的变化幅度要

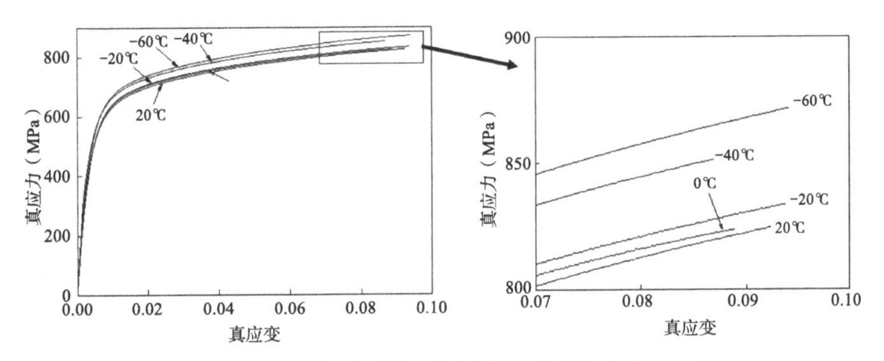

图 2-4-1　不同温度对应的试验钢真应力－真应变曲线

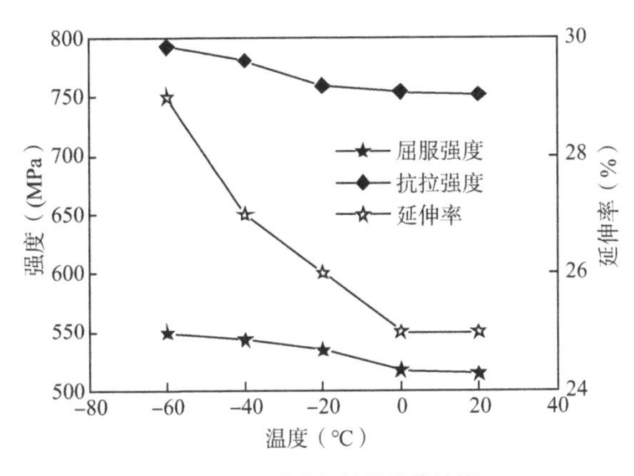

图 2-4-2　试验钢低温拉伸性能

弱于抗拉强度，在试验温度小于 −20℃时尤其明显，表明试验钢在低温服役时出现脆化倾向的可能性较小，具有良好的低温性能。

二、应变硬化行为

试验钢在拉伸应力作用下的变形机制主要为位错的滑移，随着温度降低，原子的热振动减小，自由位错运动所需驱动力增大，位错的滑移受阻，试验钢的强度增大，表现出一定程度的应变硬化趋势。研究表明，铁素体 / 贝氏体双相钢的应变硬化行为可以采用基于 Switch 方程修正后的 C-J 方法进行分析，其表达式为：

$$\ln\left(\frac{d\sigma}{d\varepsilon}\right)=(1-m)\ln\sigma-\ln(Cm) \qquad (2\text{-}4\text{-}1)$$

式中：σ——真应力（MPa）；

ε——真应变（MPa）；

m——应力指数；

C——常数。

可见，应变硬化指数的对数与真应力的对数呈线性关系，斜率为 $1-m$；应力指数 m 越小，硬化率越大；图 2-4-3 为试验钢应变硬化行为改进 C-J 方法分析结果（本次试验结果之一），整个过程分为 3 个线性阶段，第一阶段为铁素体塑性变形、贝氏体弹性变形阶段（$1-m$）；第二阶段为受贝氏体变形约束的铁素体变形、贝氏体仍为弹性变形阶段（$1-m^2$）；第三阶段为铁素体 / 贝氏体共同塑性变形阶段（$1-m^3$）。表 2-4-1 为试验钢不同硬化阶段的应力指数；应力指数 m、m^2 和 m^3 均随着温度降低而减小，但变化幅度都不大，即温度对试验钢硬化行为的影响不明显，试验钢具有良好的低温拉伸性能；从表 2-4-1 中可以看到 m^3 随温度变化的幅度最大，表明试验钢铁素体 / 贝氏体共同塑性变形导致不同温度下强度出现差异；同一试验温度下，$m^2 > m^3 > m$，第一阶段加工硬化率最高，即试验钢初始加工硬化率最高，这与试验钢的组织及各组成相所占比例有关。

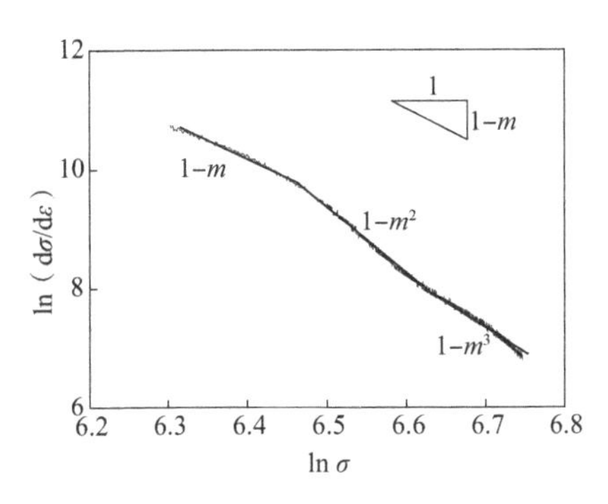

图 2-4-3　试验钢应变硬化行为改进 C-J 方法分析结果

试验钢不同硬化阶段应力指数　　　　表 2-4-1

试验温度（℃）	$1-m$	m	$1-m^2$	m^2	$1-m^3$	m^3
20	−6.96	7.96	−11.83	12.83	−10.36	11.36
0	−6.93	7.93	−11.74	12.74	−10.08	11.08
−20	−6.73	7.73	−11.68	12.68	−9.46	10.46
−40	−5.82	6.82	−11.62	12.62	−8.95	9.95
−60	−5.71	6.71	−11.55	12.55	−8.69	9.69

三、断口分析

试验钢不同温度下拉伸断口宏观形貌如图 2-4-4 所示，图 2-4-5 为试验钢 20℃和 −60℃拉伸断口高倍形貌。不同温度下的拉伸断口均有明显颈缩，断口上全部分布着尺寸、大小和深度不等的韧窝，属于典型的韧性断裂 [图 2-4-5（b）、图 2-4-5（d）]。20℃拉伸断口有部分分层 [图 2-4-5（a）]，其余断口在中心处附近均出现贯穿式分层现象（图 2-4-4）。沿试验钢轴向剖开，在远离断口处制取金相试样，试样钢中心附近纵断面金相组织如图 2-4-6 所示。在试验钢中心附近可以观察到明显的带状组织，铁素体条带与贝氏体条带在外力作用下产生的变形程度不一致，导致拉伸断口出现分层。另有学者研究表明，厚度中心处出现的夹杂与成分偏析，也是造成拉伸断口出现分层的重要原因。

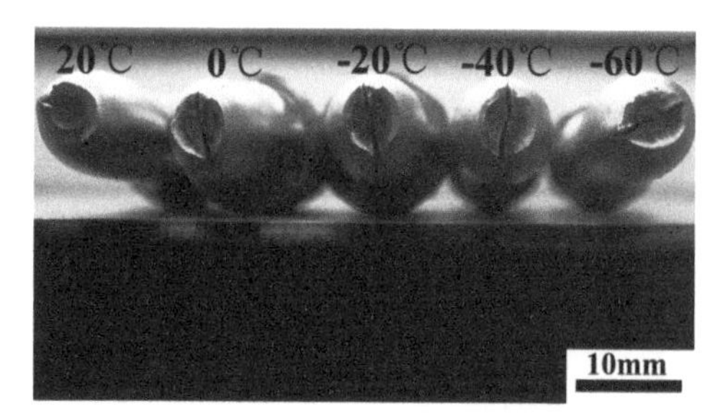

图 2-4-4　试验钢不同温度下拉伸断口宏观形貌

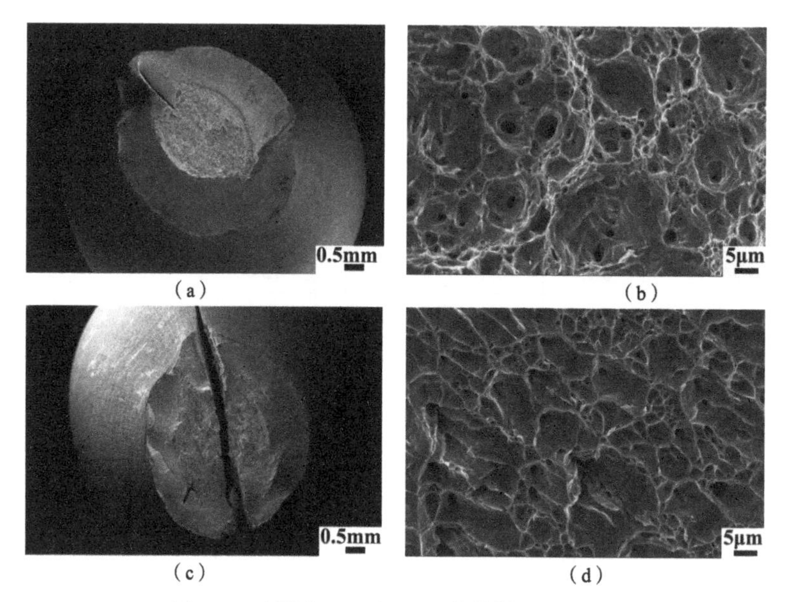

图 2-4-5　试验钢 20℃和 -60℃拉伸断口高倍形貌

(a) 20℃、(b) 20℃;(c) -60℃、(d) -60℃

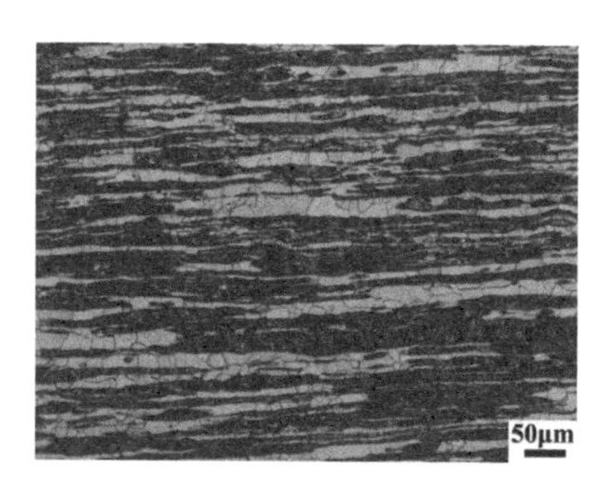

图 2-4-6　试样钢中心附近纵截面金相组织

温度对合金钢强度的影响是通过位错的热活化性能来实现；位错的滑移离不开原子的振动，温度降低，晶核热振动能减小，位错的滑移变得困难，导致位错塞积，引起硬化。试验钢由体心立方结构的铁素体和贝氏体组成，软硬相比例接近 1∶1，在室温情况下，自由位错运动所需驱动大，材料具有高的强韧性；随着试验温度降低，点缺陷形成过程产生的阻力增大，流变阻力增加，强度提高。同时随着温度降低，铁素体中碳含量溶解度减小，析出少量碳化物；在轴向拉伸应力作用下，铁素体发生变形，体积收缩，促进碳化物的析出，增强了固溶强化的作用，使试验钢的强度增加。

试验钢大量铬和钼元素的加入可以起到细晶强化的作用，使试验钢的组织均匀性更好，保证了良好的强韧匹配性。试验钢断后延伸率随温度的降低而增大，主要是因为：相对贝氏体而言，铁素体为软相组织，且铁素体体积分数较高；在外力作用下，铁素体先发生变形，位错塞积到一定程度后，引发临近贝氏体变形，铁素体与贝氏体均发生塑性变形时，拉伸试样才出现颈缩；随着温度降低，位错运动受阻，延缓了铁素体和贝氏体的变形，推迟颈缩产生，断后延伸率增大。

铁素体 / 贝氏体双相钢在单向拉伸应力作用下的变形行为与铁素体体积分数、铁素体形态、晶粒大小密切相关，铁素体体积分数对初始硬化率具有重要影响。铁素体体积分数较小时，铁素体初始变形受贝氏体弹性变形影响，不存在均匀塑性变形；而塑性变形对材料的断裂行为有着重要影响。试验钢铁素体占比 57%，从修正后 C-J 分析结果可以看出，试验钢具有较高的初始应变硬化率，表明铁素体初始变形为塑性变形；当拉伸进行到一定程度时，铁素体、贝氏体均发生塑性变形，较大尺寸夹杂物或第二相粒子优先形成孔洞；随着应变的继续进行，较小尺寸的夹杂物或第二相粒子也形成显微孔洞，并与原先的显微孔洞连接，形成裂纹，进而扩展，导致断裂及断口分层，试验钢拉伸断口形貌如图 2-4-7 所示。

综上，合金元素 Cr、Mo 的添加，轧制时温度及冷速的控制，保证试验钢得到均匀的铁素体 / 贝氏体组织，从而保证了试验钢的耐腐蚀性能；系列温度拉伸试验表明，温度对试验钢拉伸性能影响不大；耐蚀钢筋HRB400M具有良好的低温拉伸性能。

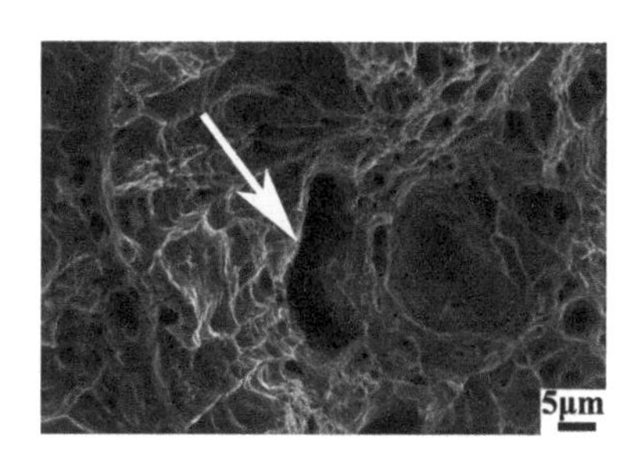

图 2-4-7 试验钢拉伸断口形貌

第三章　新型合金耐蚀钢筋的钝化行为

第一节　概述

Haupt 等研究了在 1M NaOH 溶液中外加电压及钝化时间对于铁氧化膜的影响。结果表明，钝化膜的厚度随外加电压的上升而线性上升，随钝化时间呈指数型上升。并且，构成内层钝化膜的 Fe^{2+} 先随着外加电压的增大而增大，但达到某个临界值后开始下降，尽管如此，Fe^{2+}/Fe^{3+} 随着钝化时间的延长不断上升。Alonso 等提出了碱性介质中钢筋钝化膜的生长过程模型，包括两种中间反应物 Fe_3O_4 和 Fe（Ⅲ）氧化物。Aberu 等应用 EIS 及 XPS 等研究了元素 Mo 在 SAF 2205 及 AISI 304L 不锈钢钢筋碱性溶液中钝化膜生长的作用，结果表明 Mo 在钝化膜中富集，起到稳定作用，促进 SAF 2205 不锈钢钝化膜中的 Cr/Fe 值在膜生长过程中的提高。Ghods 等研究了普通低碳钢筋在饱和氢氧化钙溶液中的钝化膜性质。结果发现，钝化膜厚度大约为 4nm 且不受浸泡时间影响。在靠近膜 / 基体界面处 Fe^{2+} 浓度高于 Fe^{3+}，在接近表面处膜中几乎为 Fe^{3+}。通过测试钢筋的腐蚀电位得到，在钝化最初 4h 内，钢筋表面钝化膜会增厚。随着溶液 pH 和温度的增高，钝化膜厚度的增长速率会加大。

可以看到，普通低碳钢筋的钝化机理研究较多，并形成了较为统一的结论。不同种类不锈钢钢筋的耐蚀机理也有学者进行研究，但对于中高合金耐蚀钢筋的钝化过程及耐蚀机理则鲜有研究。而钢筋基体的元素成分及组织结构是钝化膜的生长及性能的重要影响因素，因此，有必要针对耐蚀钢筋的钝化膜生长及耐蚀机理进行系统研究。

第二节 钝化膜电化学方法表征

一、电化学阻抗谱法

图 3-2-1 和图 3-2-2 为不同 pH 模拟混凝土孔溶液中 CR 和 LC 钢筋浸泡不同时间的电化学阻抗谱。电化学阻抗谱一般用 Nyquist 图和 Bode 图两种形式表示。Nyquist 图容抗弧半径和 Bode 图阻抗模量大体上反映钢筋腐蚀反应进行的阻力，容抗弧半径和阻抗模量越大，则钢筋越耐腐蚀。当钢筋表面平整时，Bode 图最大相角绝对值接近 90°，最大相角绝对值越小则表面平整度越低，可以认为钢筋表面膜层越粗糙，防护作用越差。

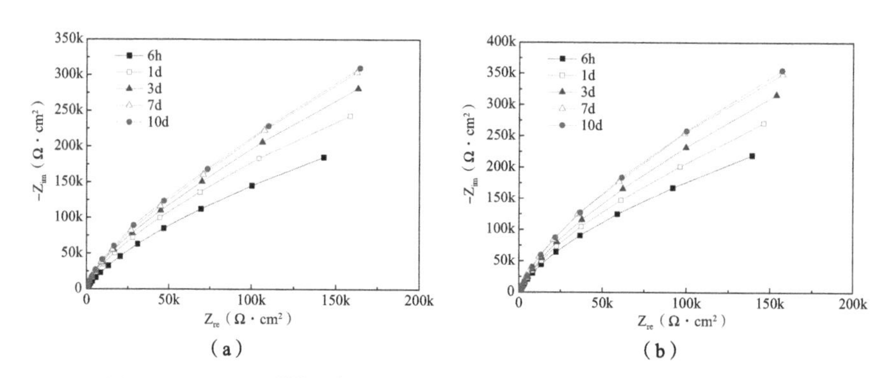

图 3-2-1 不同 pH 模拟混凝土孔溶液中 CR 钢筋浸泡不同时间电化学阻抗谱

（a）pH=13.3；（b）pH=9.0

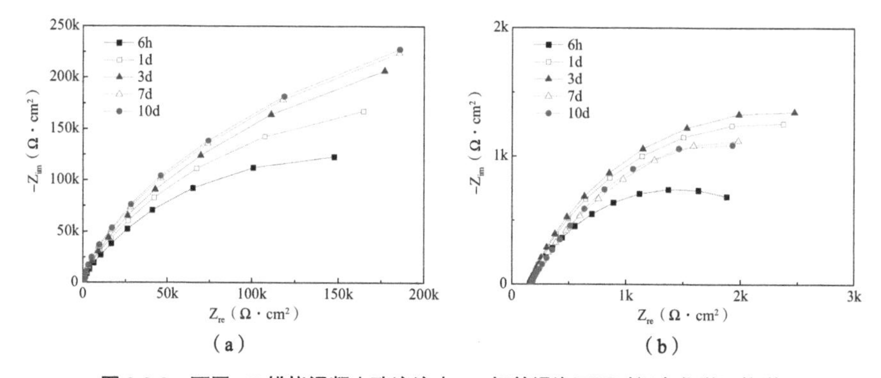

图 3-2-2 不同 pH 模拟混凝土孔溶液中 LC 钢筋浸泡不同时间电化学阻抗谱

（a）pH=13.3；（b）pH=9.0

图 3-2-1 显示，在 pH=13.3、pH=9.0 模拟混凝土孔溶液中，随浸泡时间延长，CR 钢筋 Nyquist 图容抗弧曲线不断上扬，说明钢筋表面钝化膜层逐渐生长并增厚密实（对于 pH 为 12.0、10.5 模拟混凝土孔溶液也是同样情况，其数据未列出）。浸泡 7d 后，其 Nyquist 图容抗弧半径变化微小趋于稳定，表明在 pH 为 9.0 ~ 13.3 模拟混凝土孔溶液中浸泡 7d 后，CR 钢筋钝化膜已充分形成。图 3-2-2 显示，在 pH=13.3 模拟混凝土孔溶液中，随浸泡时间延长，LC 钢筋钝化逐渐增强（对于 pH=12.0 模拟混凝土孔溶液也是同样情况，其数据未列出），当浸泡 7d 后，钝化增长缓慢，预示此时 LC 钢筋钝化基本完成，这与已有文献研究的普通碳素钢筋形成稳定钝化膜所需时间相近。而在 pH=9.0 模拟混凝土孔溶液中，随浸泡时间延长，LC 钢筋 Nyquist 图容抗弧半径呈现微弱增加，甚至浸泡 3 d 后开始收缩（对于 pH=10.5 模拟混凝土孔溶液也是同样情况，其数据未列出），表明在低碱度环境中 LC 钢筋难以钝化，浸泡一定时间后发生活化腐蚀。

图 3-2-3 为不同 pH 模拟混凝土孔溶液中 CR 钢筋浸泡 7d 电化学阻抗谱，图 3-2-3 可见，在相同浸泡钝化时间（7d），溶液 pH 减小时，CR 钢筋电化学阻抗谱 Nyquist 图容抗弧半径有所增大，同时其 Bode 图阻抗模量一直递增，表明 pH 降低并未弱化 CR 钢筋钝化效果，反而更有利于其钝化增强。图 3-2-4 为不同 pH 模拟混凝土孔溶液中 LC 钢筋浸泡 7d 电化学阻抗谱，由图可知 LC 钢筋电化学阻抗谱 Nyquist 图容抗弧半径随溶液 pH 降低显著

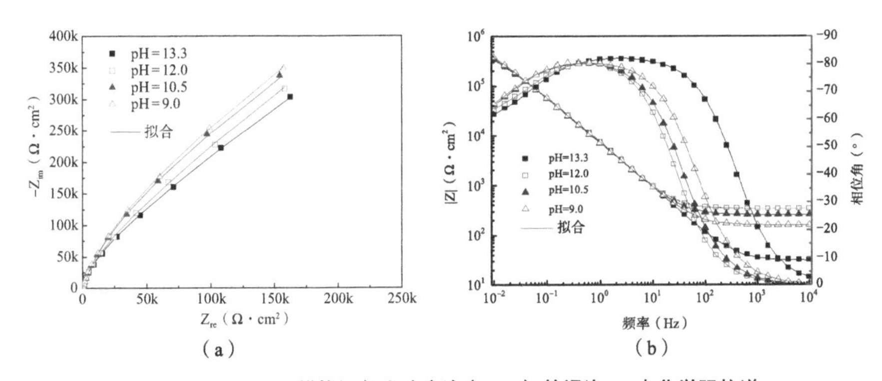

图 3-2-3 不同 pH 模拟混凝土孔溶液中 CR 钢筋浸泡 7d 电化学阻抗谱

（a）Nyquist 图；（b）Bode 图

减小，当 pH 降至 10.5 以下时，其 Bode 图阻抗模量相比 pH=13.3 时减小将近两个数量级，最大相角绝对值降至 45° 以下，表明 LC 钢筋钝化强烈依赖于较高碱度，pH 降低弱化了其钝化效果。

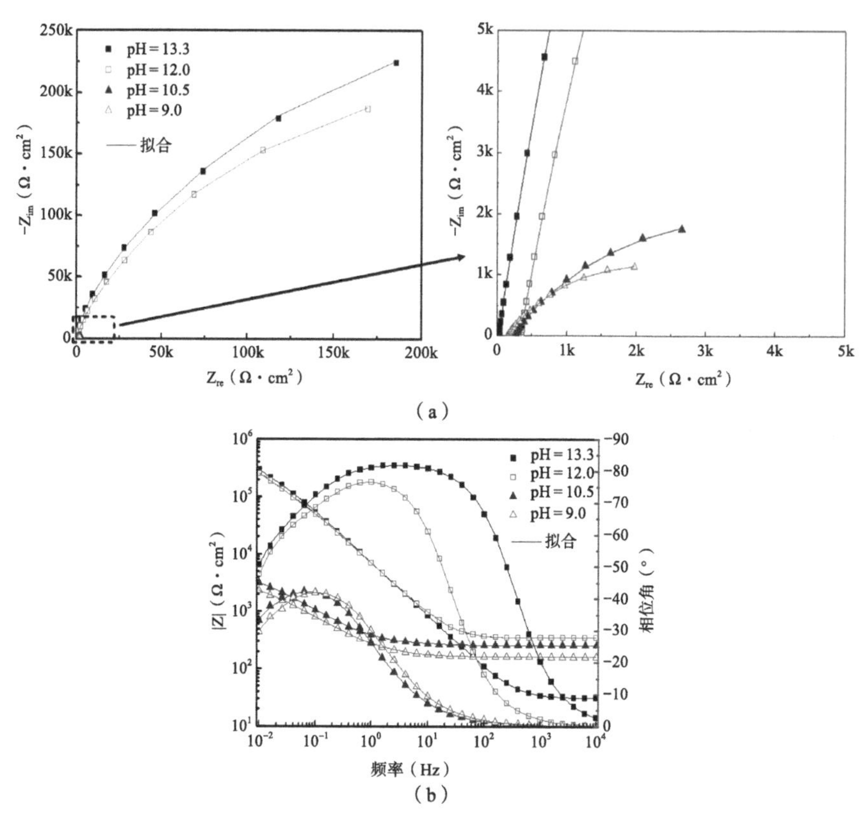

图 3-2-4　不同 pH 模拟混凝土孔溶液中 LC 钢筋浸泡 7d 电化学阻抗谱

（a）Nyquist 图；（b）Bode 图

模拟混凝土孔溶液中钢筋的电化学阻抗谱采用如图 3-2-5 所示的钢筋电化学阻抗谱等效电路图。其中 R_{sol} 表示模拟混凝土孔溶液电阻，CPE_1 表示钢筋 / 电解质溶液之间双电层电容的常相位角元件，R_1 表示腐蚀反应过程离子电荷转移电阻，CPE_2 代表钢筋钝化膜层电容的常相位角元件，R_2 代表钢筋钝化膜层电阻（阻碍电极反应的电子传递）。

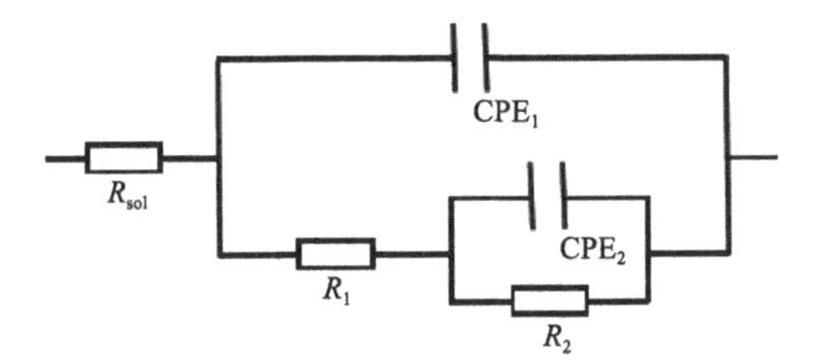

图 3-2-5 钢筋电化学阻抗谱等效电路图

常相位角元件表示一个非理想的电容行为（考虑到钢筋表面膜非平整性），常相位角元件 CPE 的阻抗值 Z_{CPE} 可用式（3-2-1）表示：

$$Z_{CPE}=\frac{1}{Y_0(j\omega)^n} \tag{3-2-1}$$

式中：Y_0 基本导纳，n 为弥散系数（$0<n<1$，n 值越接近 1 表明体系越接近理想电容），j 为虚数单位，ω 为角频率。不同 pH 模拟混凝土孔溶液中两种钢筋浸泡 7d 电化学阻抗谱（其中，常相位角元件 CPE 用 Y_0 和 n 表征）拟合结果如表 3-2-1 所示。

不同 pH 模拟混凝土孔溶液中两种钢筋浸泡 7d 电化学阻抗谱拟合结果 表 3-2-1

钢筋试样	pH	R_{sol} (Ω·cm²)	R_1 (Ω·cm²)	CPE_1		R_2 (Ω·cm²)	CPE_2	
				Y_0	n		Y_0	n
CR	13.3	31.8	3.76×10^5	2.43×10^{-5}	0.92	13.86×10^5	1.77×10^{-5}	0.84
	12.0	346.4	4.48×10^5	2.50×10^{-5}	0.92	14.29×10^5	1.72×10^{-5}	0.83
	10.5	260.9	7.19×10^5	2.63×10^{-5}	0.91	17.21×10^5	1.64×10^{-5}	0.81
	9.0	160.6	8.38×10^5	2.67×10^{-5}	0.91	20.42×10^5	1.61×10^{-5}	0.81
LC	13.3	30.9	2.34×10^5	2.59×10^{-5}	0.92	4.17×10^5	1.99×10^{-5}	0.82
	12.0	345.8	1.52×10^5	2.69×10^{-5}	0.90	3.58×10^5	1.92×10^{-5}	0.82
	10.5	258.4	2.82×10^3	1.31×10^{-3}	0.72	3.70×10^3	1.16×10^{-3}	0.62
	9.0	161.1	1.53×10^3	1.57×10^{-3}	0.70	2.45×10^3	1.23×10^{-3}	0.61

由表 3-2-1 可见，溶液 pH 由 13.3 降至 9.0 时，CR 钢筋电荷转移电阻和钝化膜电阻均提高了 1 ~ 2 倍，表明低碱度环境中 CR 钢筋形成钝化膜有着更大的电化学腐蚀反应阻力。结合 XPS 分析结果可知，这是因为 pH 降低，CR 钢筋钝化膜 Cr 物相含量增加且膜层厚度变厚，高 Cr 钝化膜维持着 CR 钢筋的钝化，并具有更强抗腐蚀性。另外，pH 降低时，CR 钢筋双电层电容常相位角元件基本导纳不断增大，逐渐偏离理想电容行为，说明钢筋表面钝化膜平整度有所下降，其原因是低 pH 环境下 CR 钢筋钝化膜外层区域 Fe 物相不断溶解，使钝化膜层表面变得粗糙。

在 pH 为 12.0 ~ 13.3 模拟混凝土孔溶液中，LC 钢筋电荷转移电阻和钝化膜电阻均在 $1.0\times10^5\Omega\cdot cm^2$ 以上，表明 LC 钢筋有着完好钝化膜，阻碍电化学腐蚀反应；当 pH 降为 9.0 ~ 10.5 时，LC 钢筋电荷转移电阻和钝化膜电阻锐减至 $10^3\Omega\cdot cm^2$ 范围，同时双电层电容和钝化膜电容的常相位角元件基本导纳增至 $10^{-3}\Omega^{-1}\cdot cm^{-2}\cdot s^n$ 数量级，n 值也大幅减小，说明此时 LC 钢筋表面未能形成良好保护作用的钝化膜。

二、电容 – 电位法

图 3-2-6 为不同 pH 模拟混凝土孔溶液中浸泡 7d 后两种钢筋钝化膜的 Mott-Schottky（M-S）曲线。M-S 曲线分为两个区域：Ⅰ区（极化电位

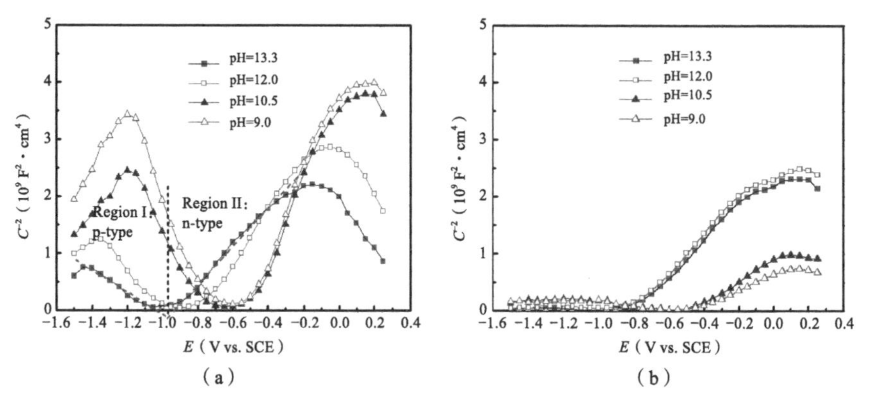

图 3-2-6 不同 pH 模拟混凝土孔溶液中浸泡 7d 后两种钢筋钝化膜的 Mott-Schottky（M-S）曲线

（a）CR；（b）LC

小于 EFB 区域）和Ⅱ区（极化电位大于 EFB 区域）。在Ⅰ区，对于 CR 钢筋，M-S 曲线的直线斜率为负，表明在此电位范围其钝化膜为 p 型半导体，而对于 LC 钢筋，M-S 曲线的直线斜率趋于零，表明在此电位范围其钝化膜为良导体。在Ⅱ区，CR 和 LC 钢筋 M-S 曲线的直线斜率均为正，表明在此电位范围其钝化膜均为 n 型半导体。钢筋钝化膜的半导体性与其组成结构有关，研究指出 Cr_2O_3 和 CrOOH/Cr（OH）$_3$ 为 p 型半导体，Fe_3O_4、Fe_2O_3 及 FeOOH/Fe（OH）$_3$ 为 n 型半导体。M-S 曲线分析表明，CR 钢筋钝化膜同时含有 Fe 和 Cr 的物相，且它们以分相形式存在，而 LC 钢筋钝化膜仅含 Fe 的物相，这印证了钢筋钝化膜组成结构 XPS 分析结果。

通过上述 M-S 曲线的分析拟合，获得不同 pH 模拟混凝土孔溶液中浸泡 7 d 两种钢筋钝化膜半导体的平带电位和载流子密度，列于表 3-2-2。可以看出，随 pH 降低，CR 和 LC 钢筋钝化膜平带电位逐渐正移，表明钝化膜半导体费米能级升高，电化学反应过程膜层表面电子活化，反映了溶液 pH 降低时，钝化膜中 Fe 的物相不断溶解，保护性 Fe 氧化物减少，钝化膜层自身的阴极极化能力下降。钝化膜层电阻与其半导体特性有关。电化学阴极还原反应所需电子虽然来源于阳极金属溶解，但阳极释放的电子必须经历钝化膜层传导出来。钝化膜电子传导性能取决于膜层的载流子密度，

不同模拟混凝土孔溶液中浸泡 7d 两种钢筋钝化膜半导体的平带电位和载流子密度　　**表 3-2-2**

钢筋试样	CR				LC			
pH	pH=13.3	pH=12.0	pH=10.5	pH=9.0	pH=13.3	pH=12.0	pH=10.5	pH=9.0
N_d（$1\times10^{20}cm^{-3}$）	25.72	18.89	10.96	9.93	47.19	38.34	74.08	100.63
N_a（$1\times10^{20}cm^{-3}$）	38.12	26.27	14.97	13.70	—	—	—	—
$N_{总}=N_a+N_q$（$1\times10^{20}cm^{-3}$）	63.84	45.16	25.93	23.63	—	—	—	—
E_{FB}（V）	−0.97	−0.85	−0.60	−0.56	−0.95	−0.85	−0.57	−0.55

载流子密度越大，电子越易于在其中传导。表 3-2-2 可见，随溶液 pH 降低，CR 钢筋钝化膜受主电荷密度和施主电荷密度均显著减小，pH=13.3 时 CR 钢筋钝化膜总体载流子密度约为 pH=9.0 时其总体载流子密度的 2.5 倍，表明低 pH 下 CR 钢筋形成钝化膜阻碍电子传导的能力更强，钝化膜电阻更大，印证了电化学阻抗谱分析结果。对于 LC 钢筋，溶液 pH 由 13.3 降至 9.0 时，其钝化膜载流子密度变为原来 2 倍有余，证明低 pH 下 LC 钢筋形成钝化膜阻碍电子传导的能力大幅降低，低碱度明显减弱了 LC 钢筋的钝化。

按照钝化膜“PDM”理论，钝化膜由金属氧化物组成，从半导体晶体学角度讲，钝化膜氧化物并非完美晶体，总是存在一定数量的点缺陷，包括阴离子空位和阳离子空位，这些缺陷使得钝化膜呈现出半导体导电行为。阴离子空位可成为钝化膜半导体的电子施主，阴离子空位浓度越高则施主电荷密度越大；而阳离子空位则成为钝化膜半导体的电子受主，阳离子空位浓度越高则受主电荷密度越大。对比 pH 变化下两种钢筋钝化膜载流子密度变化情况，可以推测，在低碱度（pH=10.5、pH=9.0）环境中，LC 钢筋钝化膜 Fe 物相大量解体，钝化膜层形成大量阴离子缺陷，因而其受主电荷密度呈倍数增加，而 CR 钢筋钝化膜外层 Fe 物相虽然也发生分解（其受主电荷密度未随着降低，可能源于 CR 钢筋双层结构的钝化膜半导体具有 p-n 结特性），但内层 Cr 物相不断增长富集，使得钝化膜层阳离子空位不断减少，其仍作为一道密实屏障覆盖钢筋基体，阻碍电化学反应的电子在其中传导。

三、动电位极化法

图 3-2-7 为不同 pH 模拟混凝土孔溶液中浸泡 3d 后两种钢筋的动电位极化曲线。对于 CR 钢筋，各 pH 环境中其动电位极化曲线有着相似的形状（均存在稳定钝化区间、点蚀电位），说明其阳极活化溶解过程本质上有着相同的动力学行为；对于 LC 钢筋，这一情况在 pH 为 12.0 ~ 13.3 时也同样存在，但当 pH 降至 9.0 ~ 10.5 时，不再出现上述特征。

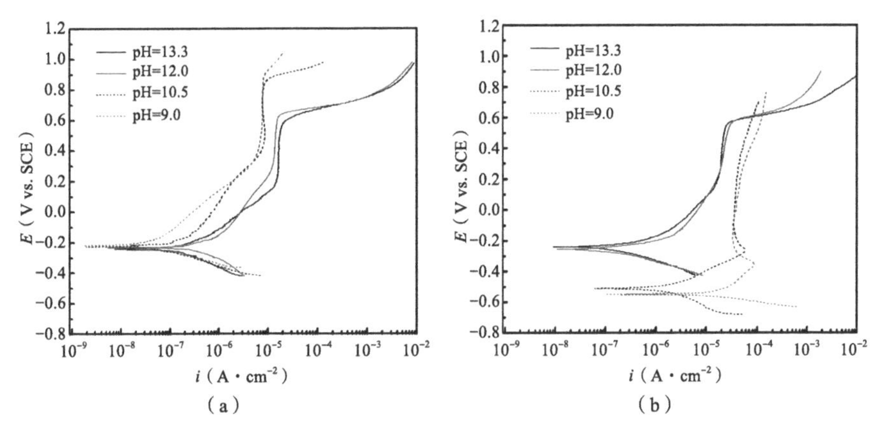

图 3-2-7　不同模拟混凝土孔溶液中浸泡 3d 后两种钢筋的动电位极化曲线
（a）CR；（b）LC

表 3-2-3 为不同 pH 模拟混凝土孔溶液中浸泡 3d 后钢筋动电位极化曲线的电化学参数。

不同 pH 模拟混凝土孔溶液中浸泡 3d 后钢筋动电位极化曲线的电化学参数　　**表 3-2-3**

钢筋	pH	E_{corr}（mV vs. SCE）	i_{corr}（A・cm^{-2}）	i_p（A・cm^{-2}）	E_{cp}（mV vs. SCE）	E_{pit}（mV vs. SCE）
CR	13.3	−247.8	1.34×10^{-7}	1.63×10^{-5}	150.8	576.1
	12.0	−231.2	1.08×10^{-7}	1.40×10^{-5}	229.7	633.9
	10.5	−227.6	5.31×10^{-8}	8.18×10^{-6}	388.1	862.0
	9.0	−218.1	2.53×10^{-8}	7.42×10^{-6}	398.5	878.6
LC	13.3	−240.6	1.51×10^{-7}	1.95×10^{-5}	146.7	563.7
	12.0	−258.4	1.67×10^{-7}	2.16×10^{-5}	206.8	568.2
	10.5	−512.3	1.24×10^{-6}	—	—	—
	9.0	−549.2	5.23×10^{-6}	—	—	—

表 3-2-2 中 E_{corr} 为腐蚀电位，i_{corr} 为腐蚀电流密度，i_p 为维钝电流密度，E_{cp} 为致钝电位，E_{pit} 为点蚀电位。由表可见，各 pH 环境中，CR 钢筋

腐蚀电位均在 -250mV 以上、腐蚀电流密度均在 $2\times10^{-7}A\cdot cm^{-2}$ 以下，表明 CR 钢筋均处于良好钝化状态。在金属阳极极化过程中，阳极活化溶解产生的金属阳离子在电场作用下向电解质溶液迁移。依据高电场理论，钢筋表面钝化膜作为一道屏障可阻碍阳极反应产生的 Fe^{2+} 迁移出去，维钝电流密度反映了金属阳离子在钝化膜层中迁移运动的阻力。相同阳极极化电位下，维钝电流密度越小，金属阳离子在钝化膜层中迁移传输的速率越小，膜层阻力越大。当溶液 pH 从 13.3 降至 9.0 时，CR 钢筋维钝电流密度减小，意味着其钝化膜更为厚实阻滞了进一步腐蚀。另外 pH 降低时，CR 钢筋点蚀电位也明显提升，所有这些均表明低 pH 下 CR 钢筋形成钝化膜有着更强抑制阳极腐蚀的性能。对于 LC 钢筋，溶液 pH 降低时，腐蚀电位逐渐负移，腐蚀电流密度也随之递增，当 pH 降至 10.5 时，腐蚀电位达 -500mV 以下，腐蚀电流密度在 $5\times10^{-7}A\cdot cm^{-2}$ 以上，表明低 pH 下钢筋已处于活化腐蚀状态。需要指出，随着模拟混凝土孔溶液 pH 降低，CR 钢筋和 LC 钢筋的致钝电位不断升高，说明低 pH 下两种钢筋易致钝性均减弱，这应是自然，因为 pH 降低时钢筋表面初始钝性氧化物相更难沉淀形成，钝化过程所需的基体金属原子溶解量增大。

动电位极化曲线分析表明，相比 LC 钢筋，CR 钢筋钝化行为呈现与之不同的特征：在低 pH、无氯盐的混凝土液相环境中，CR 钢筋仍能具有很强钝化效果，其钝化强度并不随 pH 降低而变差，反而明显增强，这与电化学阻抗谱及电容 - 电位法分析结果一致。

第三节　钝化膜组成结构与半导体性能

一、XPS 深度剖析

形成钝化膜组成结构的差异决定了钢筋钝化行为的变化。XPS 测试不同 pH 模拟混凝土孔溶液中 CR 和 LC 钢筋浸泡 7d 后表面钝化膜组成结构，图 3-3-1 为 pH=13.3 模拟混凝土孔溶液中钢筋表面形成钝化膜化学组成全扫描图谱。

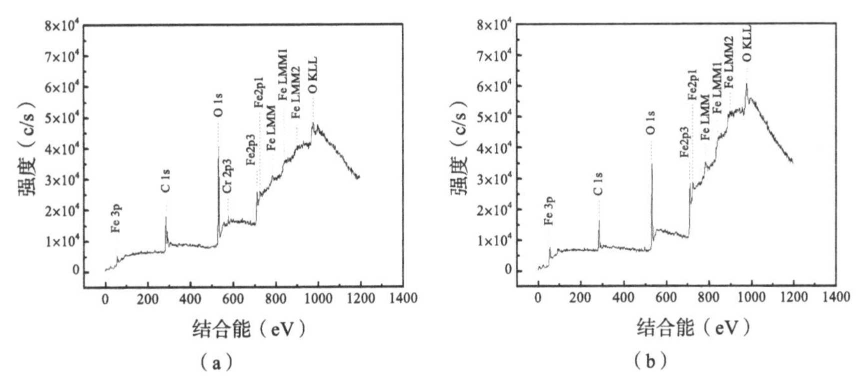

图 3-3-1　pH=13.3 模拟混凝土孔溶液中钢筋表面形成钝化膜化学组成全扫描图谱

（a）CR;（b）LC

从图 3-3-1 可看出 CR 钢筋钝化膜图谱同时出现 Fe、Cr 及 O 的元素峰，而 LC 钢筋钝化膜图谱仅出现 Fe 和 O 的元素峰，说明 CR 钢筋钝化膜同时包含 Fe 和 Cr 的氧化物，而 LC 钢筋仅由 Fe 的氧化物组成（当然两种钢筋钝化膜均出现较强的来自酒精污染的 C 元素峰）。从 XPS 测试结果看，CR 钢筋钝化膜未发现 Mo 元素，这可能是因为 CR 钢筋基体 Mo 含量少，未在钢筋表面钝化膜单独成相，基本上以“溶质原子”进入 Cr 氧化物和羟基氧化物“溶剂晶格”，取代部分 Cr。关于 Mo 元素对 CR 钢筋钝化膜耐腐蚀性影响作用，在此不予以讨论。

图 3-3-2 为 pH=13.3 模拟混凝土孔溶液中浸泡 7d 钢筋钝化膜不同深度 Fe $2p_{3/2}$、Cr $2p_{3/2}$ 和 O 1s 图谱消卷拟合，钝化膜中 Fe、Cr 和 O 元素不同化合形态结合能如表 3-3-1 所示。各图谱的 Fe、Cr、O 元素峰进行分峰拟合。结果表明，钝化膜中 Fe 以 FeO（实际情况以 Fe_3O_4 形式存在）、Fe_2O_3 及 FeOOH/Fe（OH）$_3$ 形式存在，Cr 以 Cr_2O_3 和 CrOOH/Cr（OH）$_3$ 形式存在。从图 3-3-2 可见，两种钢筋的 FeOOH/Fe（OH）$_3$ 与 Fe_2O_3 含量均随着溅射深度增加而不断减小，直至趋于消失，同时 Fe 单质及 FeO 的含量均随着溅射深度增加而逐渐增大（金属态 Fe_{met} 信号来源于钢筋基体，不属于钝化膜组成成分），说明 Fe 物相在钝化膜层中按照深度不同以分相形式存在：靠近金属 – 钝化膜界面处以氧化不充分的 FeO 为主，靠近钝化膜 – 溶液界面处则主要为氧化充分的 Fe_2O_3、FeOOH/Fe（OH）$_3$，这与已有文

献研究结果一致。CR 钢筋 Cr 物相在钝化膜层中按照深度不同也以分相形式存在，溅射深度增加，Cr_2O_3 含量不断增大，同时 CrOOH/Cr（OH）$_3$ 含量逐渐减小至零。从 O 元素峰拟合结果看，随着溅射深度增加，两种钢筋钝化膜层中 O^{2-} 含量逐渐增大而 OH^- 含量明显减小，印证了钝化膜 Fe 与 Cr 物相随深度不同的主要存在形式。

钝化膜中 Fe、Cr 和 O 元素不同化合形态结合能 **表 3-3-1**

元素	元素峰	化合形态	结合能（eV）
Cr	$2p_{3/2}$	Cr-metal	574.1
		Cr_2O_3	576.3
		CrOOH/Cr（OH）$_3$	577.1
Fe	$2p_{3/2}$	Fe-metal	707.0
		FeO	709.5
		Fe_2O_3	710.6
		FeOOH/Fe（OH）$_3$	712.0
O	1s	O_2^-	530.2
		OH^-	531.8

图 3-3-3 和图 3-3-4 为不同 pH 模拟混凝土孔溶液中 CR 和 LC 钢筋表面钝化膜组成深度分布。由图可见，钢筋钝化膜组成深度分布曲线呈现相似的特征，即：随着溅射深度增加，金属自由态 Fe-metal/Cr-metal 含量均不断递增，最终大致接近其在钢筋基体的元素含量，同时 O 元素含量逐渐递减，最终保持在 13% 左右（O 元素不可能趋于零，因为钢筋钝化膜表面固有的含碳氧污染物会随着溅射进行而向里扩展）；钝化膜表面 C 含量均较高（C 来自样品表面的碳氧化合物污染），当表面被溅射后，其含量急剧降低，随后保持在一个较低的稳定值（5% 左右）；随着溅射深度增加，Fe-oxidation（Fe 的氧化物）/Cr-oxidation（Cr 的氧化物）含量总体上呈现先增后减的变化，直至趋于零。当 Fe-oxidation/Cr-oxidation 趋于零时，意味着钝化膜已完全被蚀刻掉，此时的溅射深度可认为就是钝化膜层的厚度。因此，在 pH 为 13.3、12.0、10.5、9.0 模拟混凝土孔溶液中，CR 钢筋钝化膜厚度分别为 5nm、5nm、6nm、6nm，LC 钢筋钝化膜厚度分别为

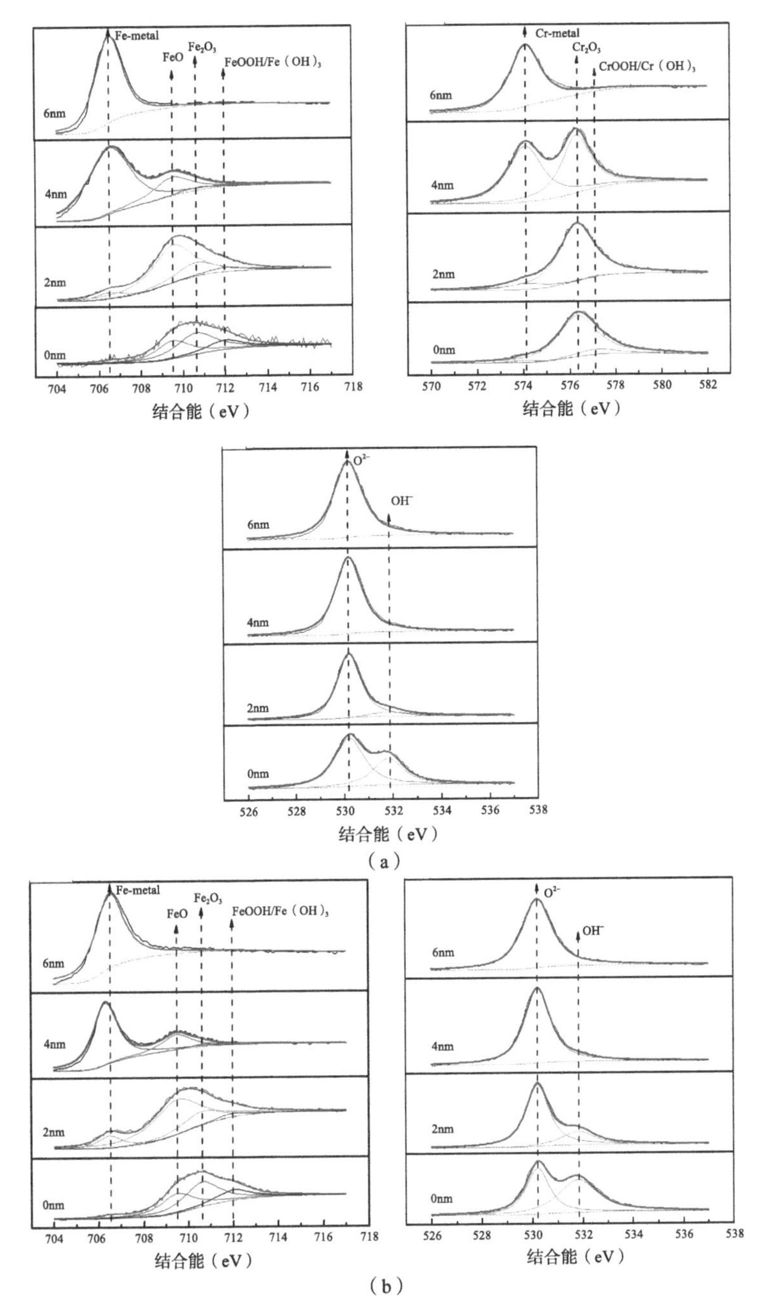

图 3-3-2　pH=13.3 模拟混凝土孔溶液中浸泡 7d 钢筋钝化膜不同深度 Fe $2p_{3/2}$、Cr $2p_{3/2}$ 和 O 1s 图谱消卷拟合

（a）CR；（b）LC

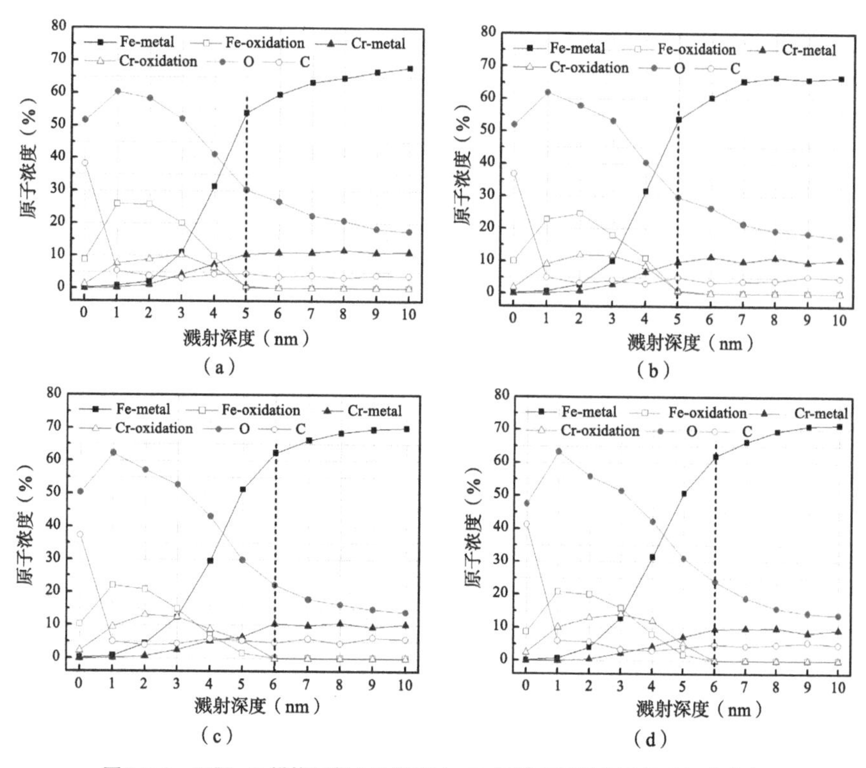

图 3-3-3　不同 pH 模拟混凝土孔溶液中 CR 钢筋表面钝化膜组成深度分布

（a）13.3;（b）12.0;（c）10.0;（d）9.0

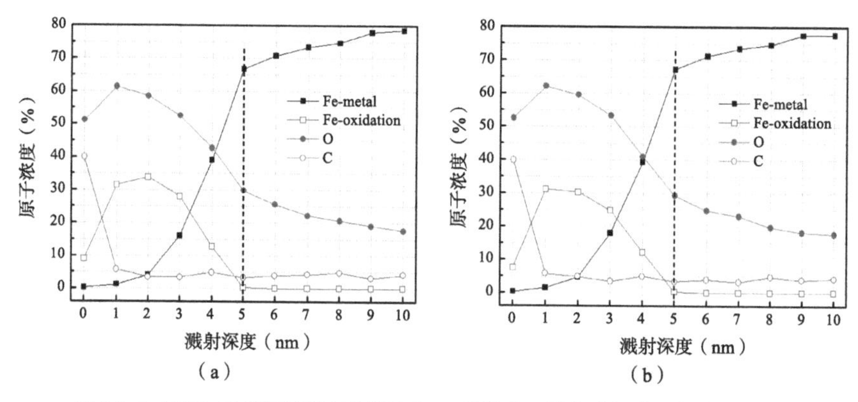

图 3-3-4　不同 pH 模拟混凝土孔溶液中 LC 钢筋表面钝化膜组成深度分布（一）

（a）pH=13.3;（b）pH=12.0

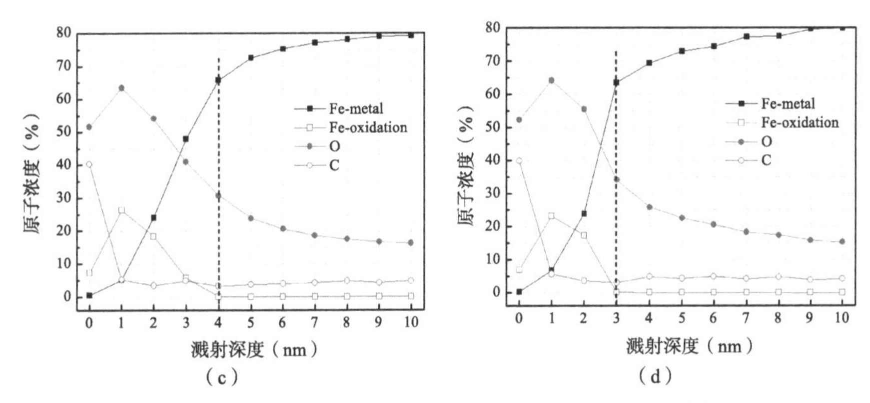

图 3-3-4 不同 pH 模拟混凝土孔溶液中 LC 钢筋表面钝化膜组成深度分布（二）

（c）pH=10.5；（d）pH=9.0

5nm、5nm、4nm、3nm。pH 降低，CR 钢筋钝化膜厚度有所增厚，而 LC 钢筋钝化膜厚度不断减薄。

值得注意的是，对于 CR 钢筋而言，Fe-oxidation 和 Cr-oxidation 各自最大含量对应溅射深度不同，前者在 1 ~ 2 nm 处，后者在 3 nm 处，这表明 CR 钢筋钝化膜中 Fe、Cr 的物相出现分层，内层主要为 Cr 的氧化物即 Cr_2O_3 和 CrOOH/Cr（OH）$_3$，外层主要为 Fe 的氧化物即 FeO、Fe_2O_3 及 FeOOH/Fe（OH）$_3$，这与 MMFX 耐蚀钢筋钝化膜的双层结构相似。溶液 pH 从 13.3 降至 9.0，CR 钢筋钝化膜中 Fe-oxidation 最大含量由约 27% 减至约 21%（LC 钢筋钝化膜中 Fe-oxidation 最大含量也呈现类似变化趋势），而 Cr-oxidation 最大含量由约 10% 增至约 15%，说明 pH 降低，CR 钢筋钝化膜中 Cr 物相逐渐富集。关于这一现象的解释，可能因为 Fe 物相必须依赖于较高 pH 才能稳定存在，溶液 pH 降低，钝化膜中 Fe 物相逐渐溶解，而 Cr 物相在较低 pH 下并不溶解仍可保持稳定，然而也可能因为溶液 pH 降低时钢筋钝化过程基体金属原子溶解量增大，更多的 Fe 和 Cr 金属离子释放出来，使得内层更多的 Cr 物相得以生长形成使钝化膜增厚，正如图 3-3-3 中 CR 钢筋钝化膜组成 XPS 深度剖析结果所示。尽管更多的 Fe 金属离子也被释放出来，但 Fe 物相在低碱度条件下难以形成，因此 LC 钢筋主含 Fe 物相的钝化膜层厚度并不增加，而是明显减薄，正如图 3-3-4 中 LC 钢筋钝化膜组成 XPS 深度剖析结果所示。

图 3-3-5 及图 3-3-6 为不同 pH 模拟混凝土孔溶液中浸泡 7d 后 CR 和 LC 钢筋表面钝化膜组成阳离子数量比值深度分布。由图可知，随着钝化膜厚度增加，CR 和 LC 钢筋钝化膜 Fe^{2+}/Fe^{3+} 数量比率均显著增大，表明在钝化膜层中越靠近金属 - 钝化膜界面，Fe 物相氧化越不充分。另外，随着溶液 pH 降低，两种钢筋钝化膜特定深度的 Fe^{2+}/Fe^{3+} 数量比率均递减，这证明碱度降低引起钝化膜 Fe 物相逐渐溶解，钝化膜深层区域的 Fe^{2+} 被进一步氧化为 Fe^{3+}，膜中具有主要保护作用的 FeO 数量减少。从图 3-3-5（b）可看出，随溶液 pH 降低，一方面 CR 钢筋钝化膜特定深度的 Cr/Fe 比值不断增大，另一方面其钝化膜整体厚度并未减薄反而有所增加，表明低碱

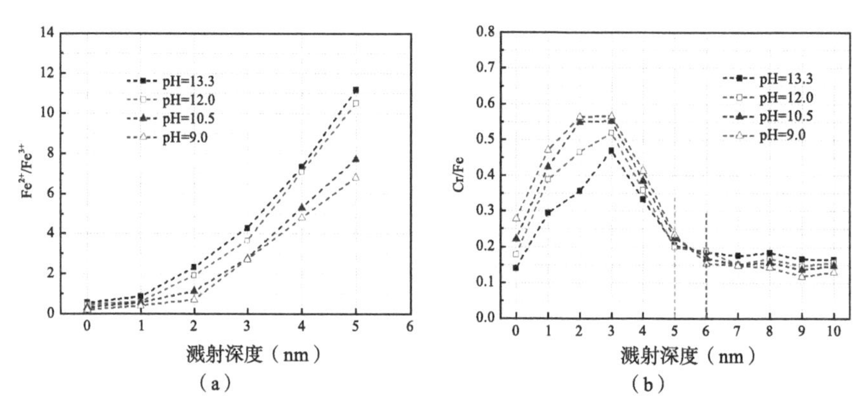

图 3-3-5　不同 pH 模拟混凝土孔溶液中浸泡 7d 后 CR 钢筋表面钝化膜组成阳离子数量比值的深度分布

（a）Fe^{2+}/Fe^{3+}；（b）Cr/Fe

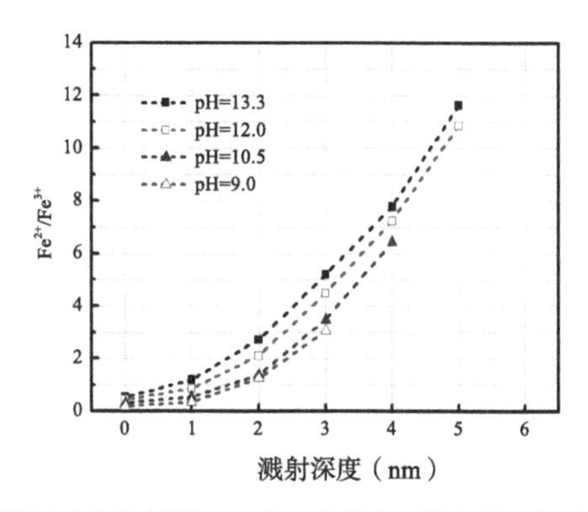

图 3-3-6　不同 pH 模拟混凝土孔溶液中浸泡 7d 后 LC 钢筋表面钝化膜组成阳离子数量比值的深度分布

度下 CR 钢筋钝化膜中 Cr 物相更加富集，维持了其钝化膜层稳定性和保护性。

二、TEM 观察

图 3-3-7 和图 3-3-8 为不同 pH 模拟混凝土孔溶液中浸泡 7d 后 CR 和 LC 钢筋钝化膜截面 TEM 形貌图。由图可见钢筋基体、有机胶粘剂及两者之间一层纳米尺度的钝化膜，然而这层钝化膜并非是完全均匀、平整的“条带”，这是因为钝化膜在生长形成过程中受钢筋基体表面形貌及结构成分的影响，不同位置膜层厚度不完全一致。大致看，两种钢筋钝化膜厚度在

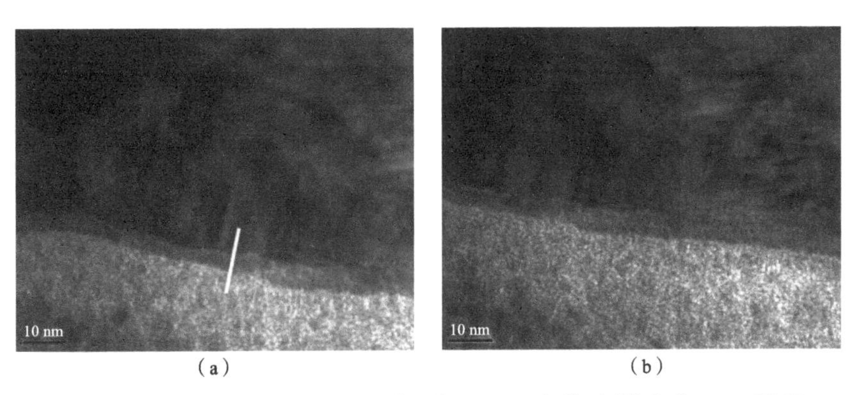

（a）　　（b）

图 3-3-7　不同 pH 模拟混凝土孔溶液中浸泡 7d 后 CR 钢筋形成钝化膜 TEM 形貌图

（a）pH=13.3；（b）pH=9.0

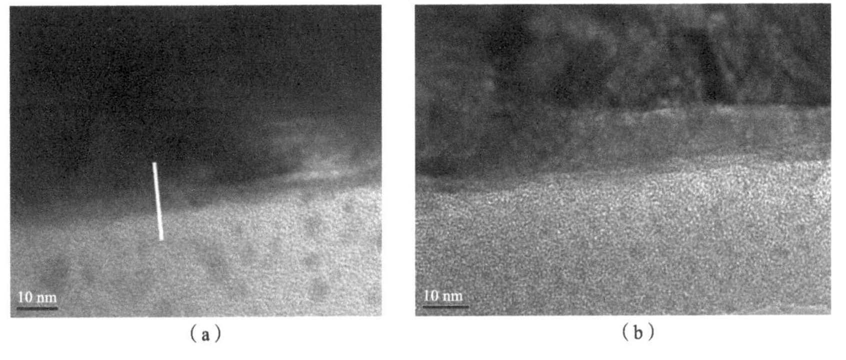

（a）　　（b）

图 3-3-8　不同 pH 模拟混凝土孔溶液中浸泡 7d 后 LC 钢筋形成钝化膜 TEM 形貌图

（a）pH=13.3；（b）pH=9.0

10 nm 以内，与许多文献报道结果一致。然而不同 pH 环境中 CR 和 LC 钢筋形成钝化膜厚度存在差异：pH 为 13.3 时，CR 和 LC 钢筋钝化膜厚度大约为 5 nm；pH 降为 9.0 时，CR 钢筋钝化膜有所增厚，变为 6nm 左右，而 LC 钢筋钝化膜明显减薄，变为 2 ~ 3nm（某些位置厚度甚至更薄），这进一步证实 pH 降低时，CR 钢筋钝化膜厚度有所增厚，而 LC 钢筋钝化膜厚度不断减薄。

图 3-3-9 为 pH=13.3 混凝土孔溶液中浸泡 7d 后两种钢筋钝化膜沿膜层纵向主要元素的原子浓度分布结果。由图可见，对于 CR 和 LC 钢筋，随着离钢筋基体距离增加，Fe 元素含量呈现降低变化，而 O 元素含量不断增大，即膜层内靠近钢筋基体区域 Fe/O 原子数量比值偏高，这也证实了在钝化膜内层存在更高含量氧化不充分的 Fe 氧化物。对于 CR 钢筋，膜层内侧区域 Cr 含量明显高于膜层表面区域，可见 CR 钢筋钝化膜内层 Cr 元素相对富集，这佐证了钝化膜组成 XPS 分析结果。

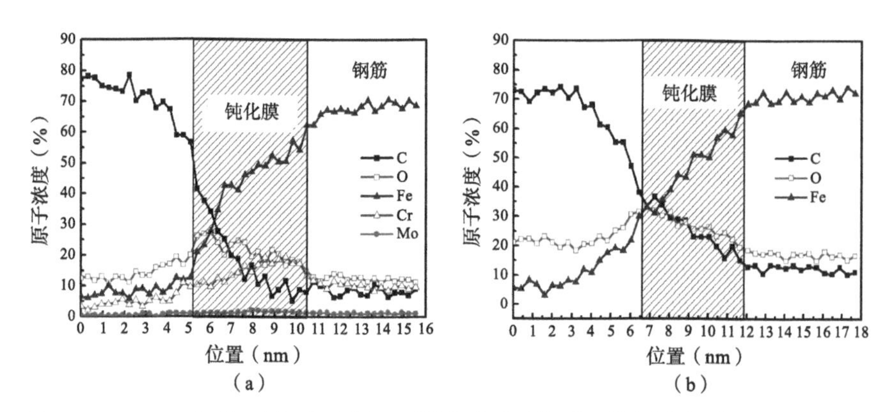

图 3-3-9　pH=13.3 混凝土孔溶液中浸泡 7d 后两种钢筋钝化膜沿膜层纵向主要元素的原子浓度分布结果

（a）CR;（b）LC

图 3-3-10 为 pH=13.3 模拟混凝土孔溶液中浸泡 7d 钢筋形成钝化膜层内外不同区域的电子衍射图像。图中区域 A、B 及 C 分别表示钢筋基体、钝化膜层及有机胶粘剂。由图 3-3-10 可见，两种钢筋基体图像呈点状方向性排列，表现为良好晶体结构，有机胶粘剂图像呈晕圈状，呈现非晶结构。

CR 和 LC 钢筋钝化膜均存在多个晶面取向，表现为多晶结构，说明钢筋钝化膜是多晶粒组成的氧化物。

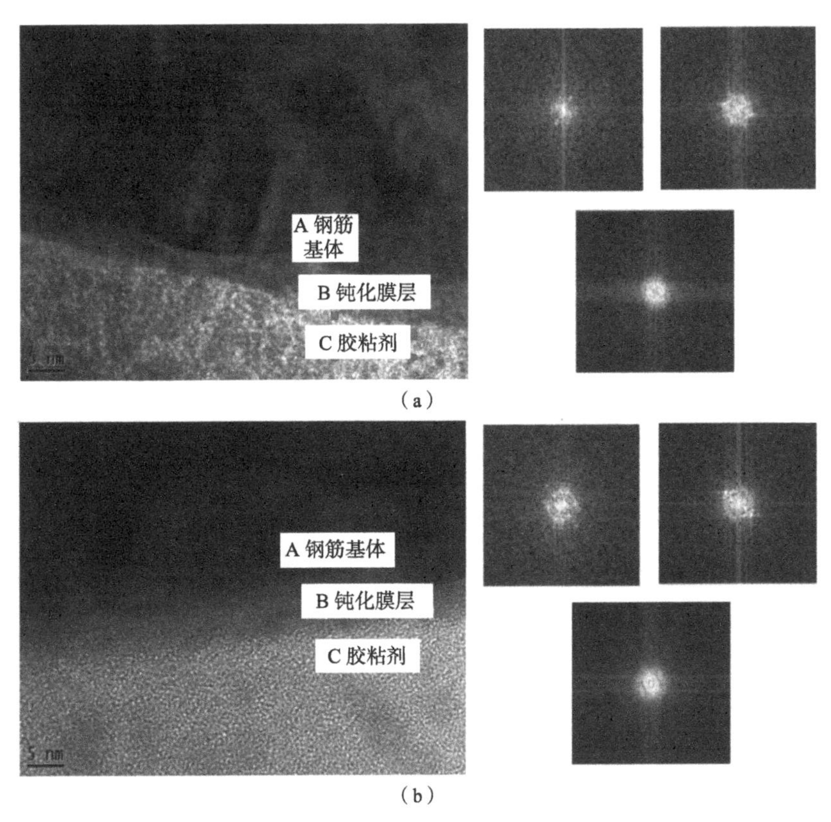

图 3-3-10　pH=13.3 模拟混凝土孔溶液中浸泡 7d 钢筋形成钝化膜层内外不同区域的电子衍射图像
（a）CR；（b）PC

第四节　钝化膜形成生长过程

一、不同钝化时间钝化膜 M-S 分析

在钢筋钝化 1h、3h、6h、9h、12h、1d、4d、7d、10d 后进行 Mott-Schottky 测试。图 3-4-1 为两种钢筋在模拟混凝土孔溶液中不同钝化时间的 M-S 结果。

从图 3-4-1 可看出，钢筋浸泡 1h 及 3h 后的电容行为截然不同：LC 钢

筋钝化膜仅在 −0.5 ~ 0.5V 范围内出现 n 型半导体特征；CR 钢筋钝化膜后同样表现为 n 型半导体特征，并未明显出现 p 型半导体特征。但注意到，与 LC 钢筋不同的是，在 0.2 ~ 0.6V 范围内，CR 钢筋的 M-S 曲线斜率变小，出现另一个施主载流子阶段，这是由于在外加电压作用下，Fe^{2+} 进入八面体晶格位置，使得施主载流子浓度增大，M-S 曲线斜率减小；根据电子能带理论，当氧化物导带的电子数量大于价带中的空穴数量时，氧化物表现为 n 型半导体，反之为 p 型半导体。

钝化 1 ~ 10d 后与钝化 1h 相比，CR 钢筋出现斜率为负阶段，在约 0V、0.5V 及 0.7V 处有三个拐点，其 M-S 曲线分为四个部分：在低于 0 区域曲线斜率为正，表现为 n 型半导体特性；在 0 ~ 0.5V 区域，斜率变为正，钝化膜表现为 p 型半导体特性；在 0.5 ~ 0.7V 电压范围内，其 M-S 曲线斜率为正，呈现 n 型半导体行为特性；在高于 0.7V 电压下其斜率为负，呈现 p 型半导体特性。这表明 CR 钢筋钝化 1 ~ 10d，其钝化膜发生变化，随着钝化膜中 Cr 含量逐步增加，内层钝化膜逐渐变为尖晶石结构，主要载流子逐渐从阳离子间隙变为阳离子空位，成为 p 型半导体。而 LC 钢筋在钝化 10 d 仍然仅有 n 型半导体特性。

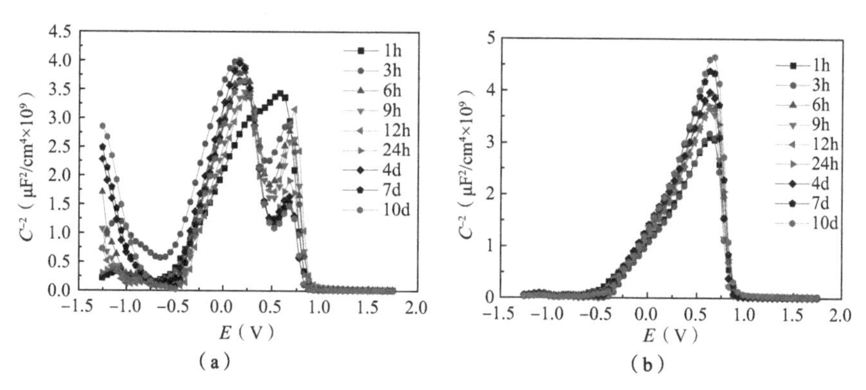

图 3-4-1 两种钢筋在模拟混凝土孔溶液中不同钝化时间的 M-S 结果

（a）CR；（b）LC

二、不同钝化时间膜层形貌 AFM 分析

钝化膜形成过程形貌由原子力显微镜（AFM）得到，试样大小为

4mm × 4mm × 2mm，经过打磨、抛光后，用去离子水和无水乙醇清洗，分别浸泡 1h、3h、6h、9h、12h、1d、4d、7d、10d 后取出，进行 AFM 测试。

图 3-4-2 为 CR 和 LC 钢筋在 pH=13.3 溶液中钝化 1h 和 3h 后的 AFM 表面高度图及相图。AFM 高度图反映钢筋表面高度信号，表面高度越高，形貌图颜色越浅；而 AFM 相图反映钢筋表面的力学信号，表面黏弹性越大，则相图颜色越浅。由于钢筋表面进行预抛光处理，未浸泡前，钢筋表面呈现条纹状。从图中可以看出，在钝化最初 1h 后，CR 和 LC 钢筋表面均形成一层不均匀近球形颗粒，覆盖在钢筋表面。

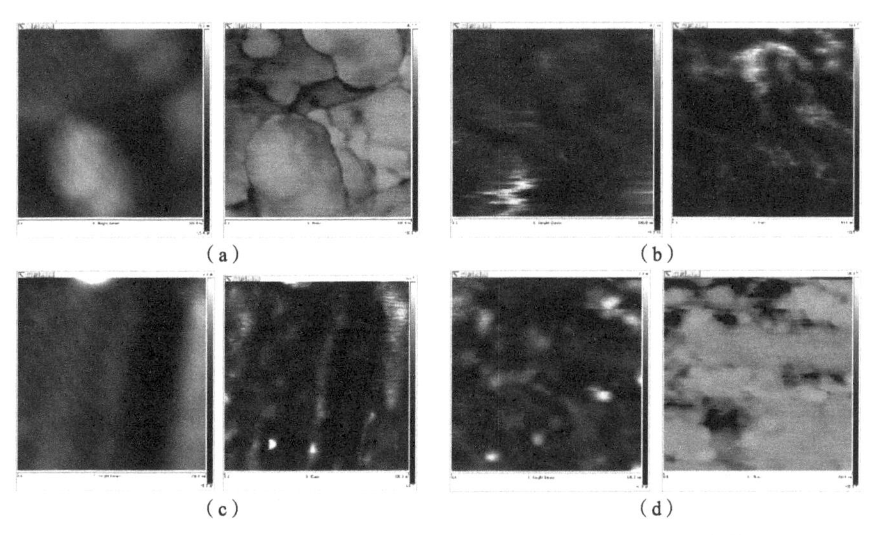

图 3-4-2　CR 和 LC 钢筋在 pH=13.3 溶液中钝化 1h 和 3h 后的 AFM 表面高度图及相图
（a）LC-1h;（b）LC-3h;（c）CR-1h;（d）CR-3h

由 M-S 测试结果可知，钝化 1h 后，LC 和 CR 钢筋均仅生成 n 型半导体。AFM 观察到的仅为表面原子级别深度的形貌图像。由于钝化 1h 后钢筋表面仅形成一层部分覆盖表面的钝化膜颗粒，无内层钝化膜，AFM 观察到的为整个钝化膜颗粒全貌。钝化膜中的 n 型半导体为 Fe 氧化物，p 型半导体为 Cr 氧化物。由此可推测，钝化 1h 后，CR 和 LC 钢筋表面生成一层单相球形 Fe 氧化物钝化膜颗粒。

钢筋浸泡在模拟液中后，根据热力学原理，钢筋基体中的Fe元素发生氧化还原反应，优先溶解进入模拟液，与溶液发生反应形成Fe氧化物，在钢筋表面形核沉积。钢筋基体中的钝化膜生长和形核点有关：优先形核点主要为缺陷、位错、晶界等，因为增原子和缺陷的结合能常常大于增原子和完整表面的结合能。从SEM金相图中可以看到，CR钢筋基体由块状铁素体和粒状贝氏体组成，晶界数量大于其余钢筋。其中一些颗粒的能量达到一定值,则钝化膜会优先在这些点上生长。因此,在最初的钝化1 h内，CR钢筋表面生成相对较多钝化膜晶核。相比之下，LC钢筋基体的形核点少于CR钢筋，因此随着氧化物沉积，稳定晶核达到一定数量后，在晶核之间沉积的后续增原子只需扩散一个短距离就可以合并到晶核上去而不形成新的晶核，晶核不断长大成小岛。

钝化3h后，CR钢筋表面基体条纹消失，LC和CR钢筋表面几乎完全覆盖了一层钝化膜。随着钝化时间延长，持续沉积使小岛相遇发生合并，小岛数量下降，小岛尺寸增大，逐渐长大的小岛相连成网络状，只留下少量孤立的空白区，持续沉积的原子填补空白区使薄膜连成一片表面粗糙的薄膜。从相图可以发现,CR和SS钢筋表面一层钝化膜几乎为同一相。由M-S结果可知，钝化3h后，SS和CR钢筋钝化膜均为内外层双相，AFM结果很好地验证了此结论。两种钢筋钝化1d后的表面形貌如图3-4-3所示，发现两种钢筋钝化膜形貌与钝化3h相近，变化小，表明钝化3h后，钝化反应主要为钝化膜成分变化,而结构变化小,与电化学结果一致。钝化10d后，两种钢筋表面均表现为模糊的条纹状，沉积过程的延续使小岛相连成网络，并且最终形成比较平坦的薄膜，依附于钢筋表面条纹。尽管钝化膜表面形

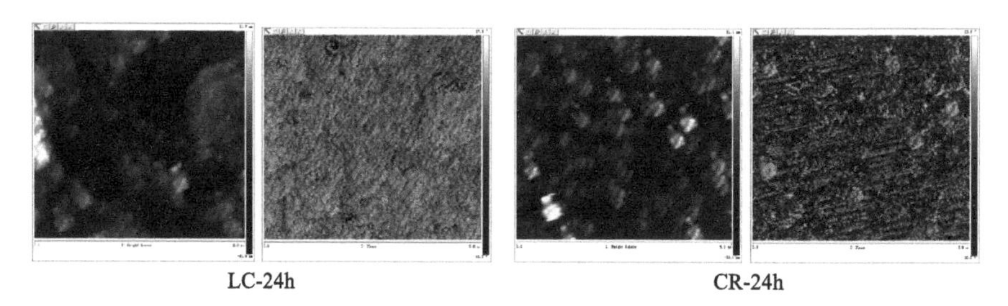

图3-4-3 两种钢筋钝化1d后的表面形貌

成的钝化膜平整无缺陷，但在夹杂物等处形成的钝化膜厚度成分均不同于平整钢筋处形成的钝化膜。

三.新型合金耐蚀钢筋的钝化膜生长过程模型

综合钝化膜生长过程中的形貌、成分等信息得到CR钢筋及LC钢筋的钝化膜生长全过程，两种钢筋钝化1h、1d、10d钝化膜示意图见图3-4-4~图3-4-6。

（1）钝化1h

Fe和Cr同时氧化，但Fe优先溶解释放出Fe^{2+}，钝化是一个钢筋基体/钝化膜界面生长、钝化膜/溶液界面溶解的动态平衡过程。$Fe+1/2O_2+H_2O \rightarrow Fe(OH)_2$，外层钝化膜继续氧化，$Fe(OH)_2+1/2O_2+H_2O \rightarrow Fe(OH)_3$，$Fe(OH)_2+1/2O_2 \rightarrow 2FeOOH+H_2O$生成$Fe^{3+}$，而内层钝化膜继续发生去水化反应，生成Fe氧化物：$6FeOOH+Fe \rightarrow 2Fe_3O_4+2H_2O+Fe(OH)_2$，$Fe(OH)_3+3Fe \rightarrow 2Fe_3O_4+4H_2O$。Cr溶解速率小于Fe，在部分Fe溶解沉积后在钢筋基体表面溶解沉积生成$4Cr+3O_2+6H_2O \rightarrow 4Cr(OH)_3$，去水化反应生成$2Cr(OH)_3 \rightarrow Cr_2O_3+3H_2O$，形成钝化膜内层。

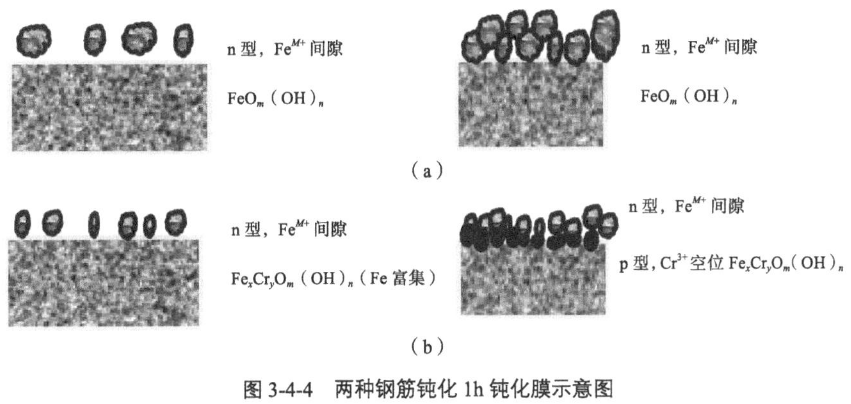

图3-4-4 两种钢筋钝化1h钝化膜示意图
（a）CR；（b）LC

（2）钝化3h

随着钝化反应不断进行，CR钢筋基体中的Cr溶出，形成p-n型半导体，主要缺陷分别为阳离子空位和阳离子间隙。随着钝化时间延长，持续沉积使小岛相遇发生合并，小岛数量下降，小岛尺寸增大，逐渐长大的小岛相连成网络状。钝化 3h 后，CR 和 SS 钢筋形成内外层钝化膜，表面为一层均匀钝化膜。

（3）钝化 1d

继续钝化过程中，Cr^{3+}不断填补阳离子空位，受主载流子浓度不断减小，钝化膜中 Cr 含量增加。而外层的施主载流子在水化与去水化反应过程中交替变化。同时 CR 钢筋中的 Cr 不断进入外层钝化膜，形成产物消耗部分阳离子间隙（Fe^{M+}）。LC 钢筋仅有施主载流子，且浓度远大于 CR 钢筋，且由于 FeO 为 p 型半导体，而 LC 钢筋钝化膜仅表现为 n 型半导体特性，因此判断钝化膜中存在 Fe_3O_4 而不是 FeO。

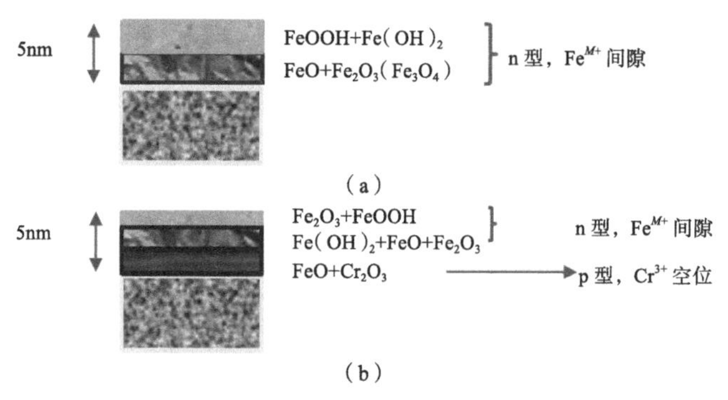

图 3-4-5　两种钢筋钝化 1d 钝化膜示意图

（a）CR；（b）LC

两种钢筋的 Fe^{2+}/Fe^{3+} 均随溅射深度增大而增大，CR 钢筋的 Fe^{2+}/Fe^{3+} 始终小于 LC 和钢筋，表明在 CR 钢筋钝化膜中 Fe 更易溶解沉淀，Fe^{2+} 更易转化为 Fe^{3+}，钝化膜中粒子传输或反应速率更快。钝化 1d 后 CR 和 LC 钢筋形成连续的、短程有序长程无序的非晶态钝化膜。

（4）钝化 10 d

CR 钢筋钝化 1 d 至 10 d，Cr 继续溶解沉积，Cr_2O_3 含量增加，内层外层钝化膜中的 Cr 氧化物相对含量均增大，Cr 逐渐从基体中游离到钝化膜中，CR 钢筋钝化膜内层以 Cr_2O_3+Cr（OH）$_3$ 形式存在。CR 钢筋钝化膜内层的 FeO/Cr_2O_3 接近 1，与尖晶石结构物质 $FeCr_2O_4$ 接近；同时 Fe 继续溶解，钝化膜外层的 Fe（OH）$_2$ 含量增加。LC 钢筋中的 Fe 氢氧化物在钝化过程中主要发生去水化反应，最终转化为 Fe 氧化物。随着钝化反应的进行，Fe-Cr 氧化物结构致密，阻止外界和钢筋基体中的离子在钝化膜中传输，最终钝化反应达到动态平衡。

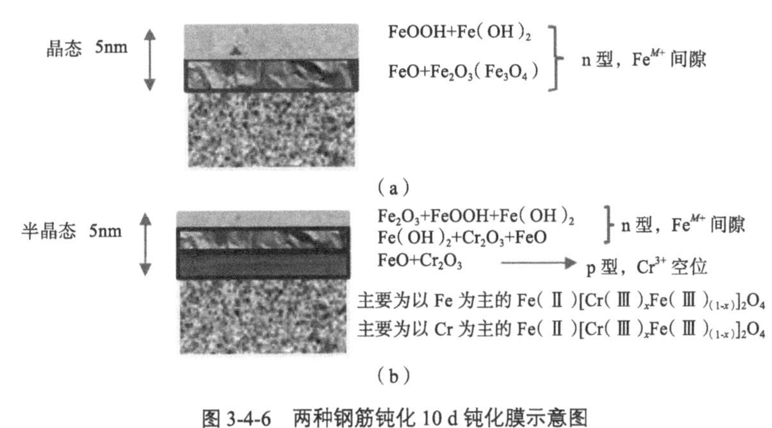

图 3-4-6　两种钢筋钝化 10 d 钝化膜示意图

（a）CR；（b）LC

第四章　新型合金耐蚀钢筋破钝与钝化自修复行为

第一节　概述

至今国内外对耐蚀钢筋钝化行为及效果展开的研究不多，得到的结论也不统一。事实上，除了 pH 和 Cl^- 浓度等因素，钢筋钝化效果很大程度上受钝化时间影响。OH^- 促进维持钢筋钝化，Cl^- 破坏钢筋钝化，钢筋的钝化和破钝是这两方面竞争作用的结果，因此不同时间内钢筋钝化和破钝程度不同。另外在纯碱性环境中，钝化膜的形成与溶解作为互逆过程是同时进行的：一方面，钝化膜在钝化膜 / 基体界面处向基体一侧生长，另一方面，在钝化膜 / 溶液界面处存在钝化膜的溶解，当钝化膜的溶解与生长速率达到动态平衡时，钝化膜达到稳定状态且膜层厚度一定。一般在未碳化、无氯盐污染的模拟混凝土孔溶液和砂浆中，室温下普通低碳钢筋形成完全稳定钝化膜所需时间至少分别为 3d 和 7d。低合金耐蚀钢筋的钝化行为有自身特殊性，伴随 Fe 和 Cr 的溶解过程，其充分钝化时间或许与普通低碳钢筋不同。然而，目前未见任何关于不同钝化时间下耐蚀钢筋钝化效果表征及评估的研究，不同钝化时间下耐蚀钢筋钝化膜组成、结构及电化学性能的变化过程有待探明。

第二节　不同 pH 环境中钝化耐蚀钢筋的临界 Cl^- 浓度

线性极化法可以检测钢筋锈蚀的瞬时电流密度和腐蚀电位，获得钢筋腐蚀发生趋势及腐蚀速率，比较接近反映钢筋真实腐蚀状况。使用线性极化法监测 CR 和 LC 钢筋在递增浓度氯盐侵蚀下的腐蚀电位和腐蚀电流密度变化，对照钢筋腐蚀状态判定的 ASTM 标准，测定两种钢筋破钝临界 Cl^- 浓度（取四个平行试样的平均值），直观评价 CR 钢筋的耐蚀性能水平。

不同 pH（9.0 ~ 13.3）模拟混凝土孔溶液中 CR 钢筋及 pH=13.3 模拟混凝土孔溶液中 LC 钢筋浸泡 7d 充分钝化后，每隔 3d 加入一定浓度的氯盐（NaCl）。基于前期初步摸索，对于 CR 钢筋，pH=13.3 时其破钝临界 Cl^- 浓度在 3.5 ~ 4.5M，pH=12.0 时其钝临界 Cl^- 浓度在 2.5 ~ 3.0M，pH=10.5 时其破钝临界 Cl^- 浓度在 0.5 ~ 0.6M，pH=9.0 时其破钝临界 Cl^- 浓度在 0.3 ~ 0.4M，pH=13.3 时 LC 钢筋破钝临界 Cl^- 浓度在 0.2 ~ 0.3M。为了协调试验周期，对于 CR 钢筋，pH=13.3 环境中浸泡钝化 7d 后，每隔 3 d 加入 NaCl 0.15M；pH=12.0 环境中浸泡钝化 7d 后，每隔 3d 加入 NaCl 0.10M；pH=10.5 环境中浸泡钝化 7d 后，每隔 3d 加入 NaCl 0.02M；pH=9.0 环境中浸泡钝化 7d 后，每隔 3d 加入 NaCl 0.01M。对于 LC 钢筋，pH=13.3 环境中浸泡钝化 7d 后，每隔 3d 加入 NaCl 0.01M。每次加入 NaCl 静置 3d 后在再次加入 NaCl 前，采用线性极化法测定钢筋腐蚀电位和腐蚀电流密度（3d 时间基本可使维钝状态的钢筋腐蚀电位和腐蚀电流密度稳定）。

图 4-2-1 和图 4-2-2 为不同 pH 模拟混凝土孔溶液中氯盐侵蚀下 CR 和 LC 钢筋腐蚀电位和腐蚀电流密度变化（曲线来源于接近平均值的平行试样）。由图可见，随着氯盐逐级加入，钢筋的腐蚀电位和腐蚀电流密度出现了较大波动（腐蚀电位保持在 −250mV 以上，腐蚀电流密度保持在 $0.2 \times 10^{-6}A \cdot cm^{-2}$ 以上），表明氯盐侵蚀作用下钢筋的电化学行为处于动态变化，一方面 Cl^- 侵蚀破坏着钢筋表面膜层，另一方面钢筋表面膜层进行着自我修复，钢筋电化学状态的不稳定性应主要是这二者竞争作用的结果。当溶液中加入的 Cl^- 含量达到钢筋锈蚀临界 Cl^- 浓度后，钢筋的电化学状态发生突变，腐蚀电位迅速负移至 −350mV 以下，腐蚀电流密度锐增至 $0.5 \times 10^{-6}A \cdot cm^{-2}$ 以上，说明钢筋发生破钝，处于活化腐蚀状态。从图中钢筋电化学状态发生突变对应的 Cl^- 浓度来看，对于 CR 钢筋，pH=13.3 时其破钝临界 Cl^- 浓度为 3.8M，pH=12.0 时其钝临界 Cl^- 浓度在 2.6M，pH=10.5 时其破钝临界 Cl^- 浓度为 0.52M，pH=9.0 时其破钝临界 Cl^- 浓度

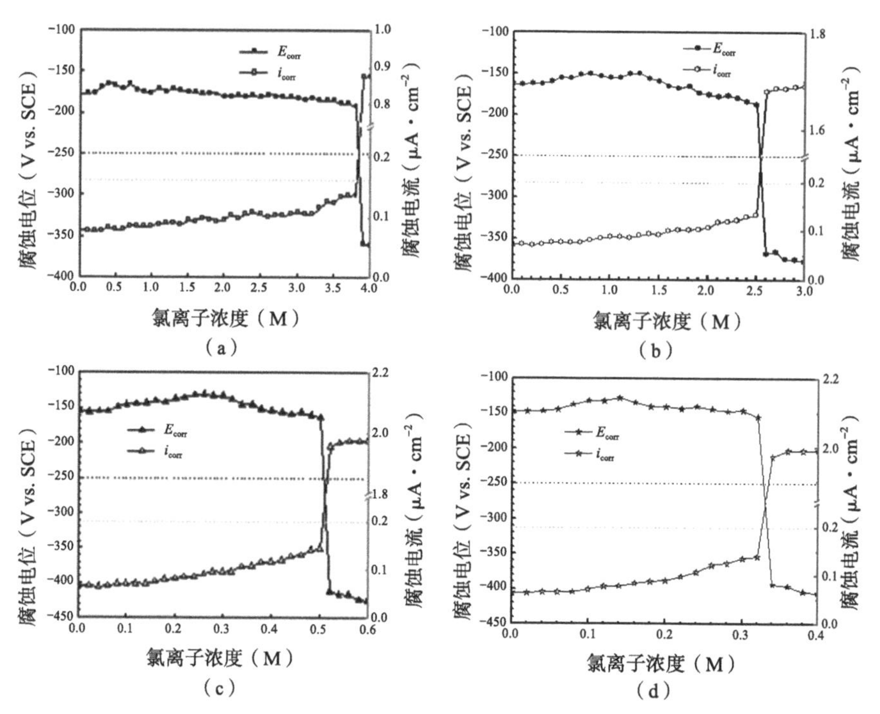

图 4-2-1　不同 pH 模拟混凝土孔溶液中氯盐侵蚀下 CR 钢筋腐蚀电位和腐蚀电流密度变化

（a）pH=13.3;（b）pH=12.0;（c）pH=10.0;（d）pH=9.0

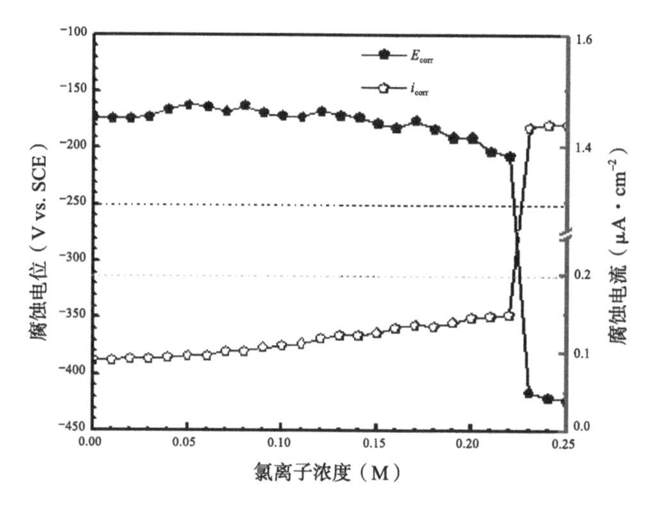

图 4-2-2　pH=13.3 模拟混凝土孔溶液中氯盐侵蚀下 LC 钢筋腐蚀电位和腐蚀电流密度变化

为 0.36M，pH=13.3 时 LC 钢筋破钝临界 Cl^- 浓度为 0.23M（Yu 等研究发现 pH =13.3 模拟混凝土孔溶液中喷砂打磨的普通碳素钢筋锈蚀的临界 Cl^-/OH^- 约为 1，即临界 Cl^- 浓度约为 0.2M）。可见在 pH=13.3 碱性环境中，CR 钢筋的临界 Cl^- 浓度为 LC 钢筋的临界 Cl^- 浓度的 10 倍以上（保守估计）。

对比不同 pH 环境中 CR 钢筋的临界 Cl^- 浓度可以发现，低 pH 下 CR 钢筋虽然钝化效果更强，但临界 Cl^- 浓度低，不耐氯盐侵蚀。即钢筋钝化后钝化膜腐蚀反应阻力大，其抗氯盐侵蚀性不一定强，换言之，其维钝能力不一定强，Ghods 等也曾发现这一点。

第三节 不同 pH 环境中耐蚀钢筋钝化膜受氯盐侵蚀行为及破钝机制

本节研究了不同 pH 模拟混凝土孔溶液中达到充分钝化状态（浸泡 7 d）的 CR 钢筋钝化膜层受氯盐侵蚀行为，同时引入 LC 钢筋进行对比，综合利用循环极化、交流阻抗、电容 - 电位与零电荷电位法等电化学方法监测钢筋膜层受不同浓度（0.2M、0.6M、1.0M、2.0M）氯盐侵蚀（加入氯盐后，自然静置 14d，以使 Cl^- 和钢筋表面钝化膜层充分作用）后的电化学状态变化，并通过表面分析方法测定氯盐作用后钢筋钝化膜组成结构变化，从钢筋钝化膜半导体电子结构的演变过程，分析 CR 钢筋钝化膜组成结构劣变的动力学机制，深层次揭示 CR 钢筋钝化膜高稳定性、耐 Cl^- 侵蚀的原因。

一、钝化膜组成结构演变

图 4-3-1 为不同 pH 模拟混凝土孔溶液中氯盐侵蚀下 CR 钢筋表面钝化膜组成深度分布变化。图 4-3-2 为 pH=13.3 模拟混凝土孔溶液中氯盐侵蚀下 LC 钢筋表面钝化膜组成深度分布变化。由图可见，在浓度增大的 Cl^- 侵蚀下，所有 pH 环境中 CR 钢筋钝化膜含 Fe 物相的外层均逐渐减薄，同样 LC 钢筋的 Fe 基钝化膜层也在减薄，表明 Cl^- 作用于钝化膜表面

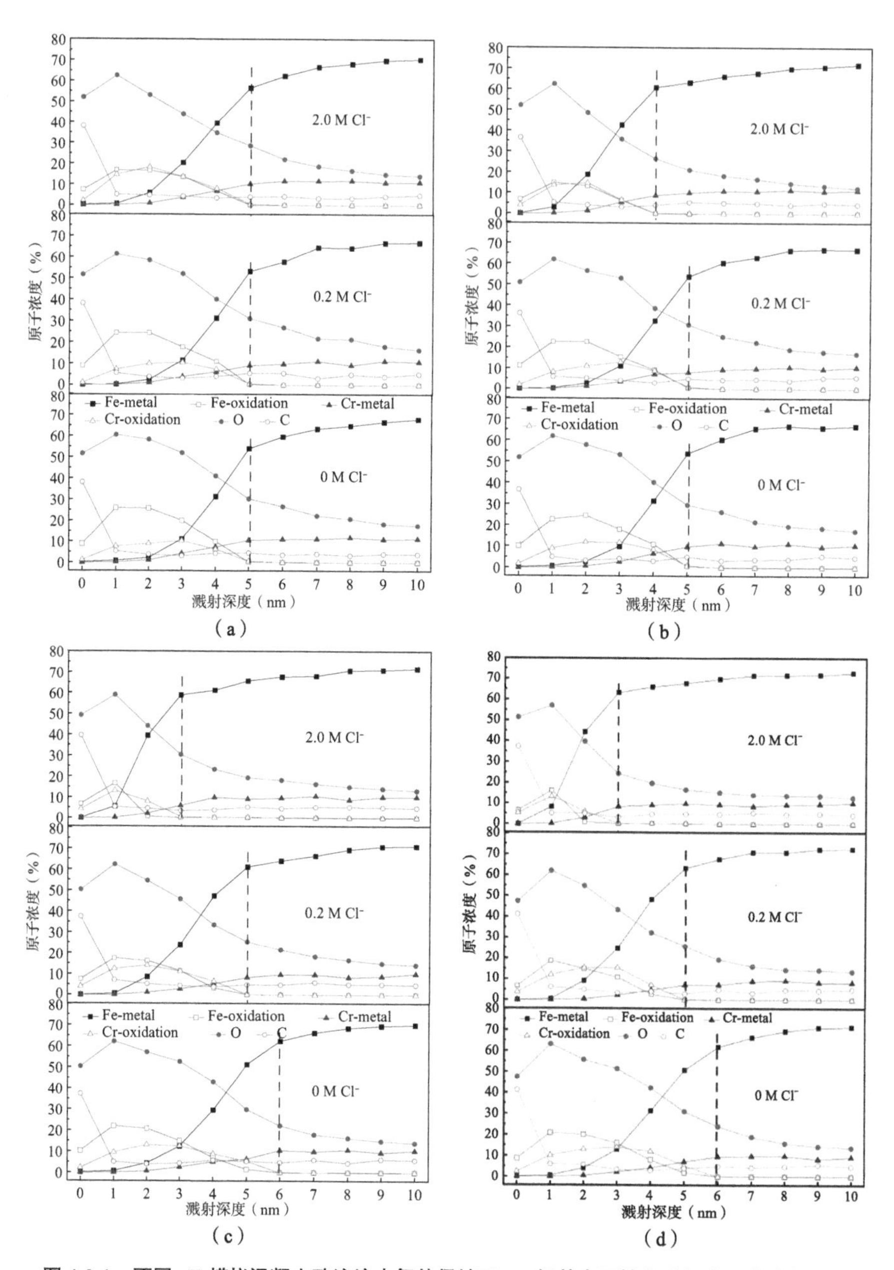

图 4-3-1　不同 pH 模拟混凝土孔溶液中氯盐侵蚀下 CR 钢筋表面钝化膜组成深度分布变化

（a）pH=13.3；（b）pH=12.0；（c）pH=10.5；（d）pH=9.0

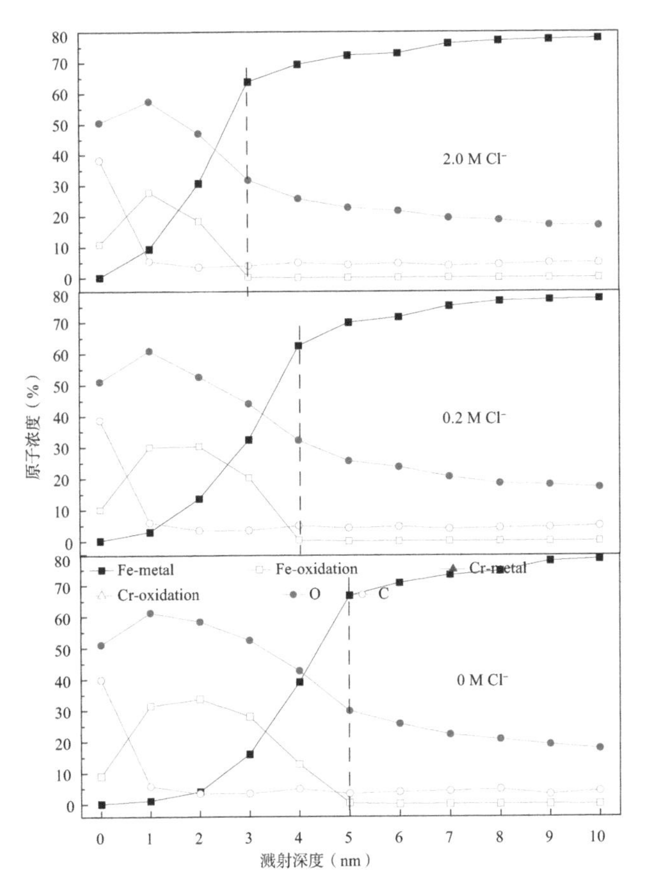

图 4-3-2　pH=13.3 模拟混凝土孔溶液中氯盐侵蚀下 LC 钢筋表面钝化膜组成深度分布变化

后，Fe 物相加速解体，进入溶液。对于 CR 钢筋钝化膜含 Cr 物相的内层，pH=13.3 时，即使 Cl^- 浓度达到 2.0M 后，其厚度依然保持 5nm，pH 为 9.0 ~ 12.0 时，0.2M Cl^- 浓度下，其厚度无变化，但 2.0M Cl^- 浓度下，其厚度由初始的 5 ~ 6nm 迅速减至 2 ~ 3nm，表明 pH 偏低时，受高浓度 Cl^- 侵蚀作用，Cr 物相亦会加速解体破坏。因此相比 Fe 物相，Cr 物相表现出高度的耐氯盐侵蚀性。

另外 pH=13.3 时，CR 钢筋钝化膜中 Fe-oxidation 最大含量初始约为 27%，加入 0.2M Cl^- 后降至约 25%，加入 2.0M Cl^- 后进一步降低，约为 20%（pH 为 9.0 ~ 12.0 时，Fe-oxidation 最大含量下降更为显著）；与此对

应，CR 钢筋钝化膜中 Cr-oxidation 最大含量初始约为 10%，加入 0.2M Cl^- 后小幅增至 12%，加入 2.0M Cl^- 后增至约 18%（当 pH 为 9.0 ~ 12.0 时，Cr-oxidation 最大含量同样呈现增大趋势），说明在浓度增大的 Cl^- 侵蚀下，CR 钢筋钝化膜中 Cr 物相也同样出现逐渐富集现象，其原因是受 Cl^- 侵蚀作用，CR 钢筋钝化膜中 Fe 物相逐渐解体破坏，而 Cr 物相仍大部分保持稳定，因而其在膜层中相对含量不断增大。即使 Cl^- 侵蚀下 Cr 物相逐渐富集，但钢筋钝化膜层表现为组成结构劣化、腐蚀阻力减弱，这一点下面将详细讨论。

图 4-3-3 为不同 pH 模拟混凝土孔溶液中氯盐侵蚀下 CR 钢筋表面钝化膜组成阳离子数量比值深度分布的变化，图 4-3-4 为 pH=13.3 模拟混凝土孔溶液中氯盐侵蚀下 LC 钢筋表面钝化膜组成阳离子数量比值深度分布的变化。由图可见，随着侵蚀 Cl^- 浓度增大，两种钢筋钝化膜特定深度的 Fe^{2+}/Fe^{3+} 比率均在减小，当 Cl^- 浓度达到 2.0M 后，Fe^{2+}/Fe^{3+} 比值相比初始水平下降了（pH 越低，下降越显著），说明高浓度 Cl^- 侵蚀引起钝化膜 Fe 物相大量破坏，钝化膜深层区域的 Fe^{2+} 被大量氧化为 Fe^{3+}，膜中具有主要保护作用的 FeO 数量急剧减少。不论是否受 Cl^- 侵蚀，两种钢筋钝化膜中 Fe_{hy}/Fe_{ox} [即 FeOOH/（$FeO+Fe_2O_3$）] 比率均随溅射深度增加而明显递减，表明在钝化膜层中靠近钝化膜 – 溶液界面处为 FeOOH/Fe（$OH)_3$ 集中区域。伴随钝化膜内 Fe^{2+} 被氧化为 Fe^{3+}，膜层中的 Fe_{hy}/Fe_{ox} 比值（尤其浅层区域）不断攀升，表明无保护性的 FeOOH/Fe（$OH)_3$ 在膜层中逐渐富集（Fe 羟基氧化物为疏松凝胶体，不同于密实晶体 Fe 氧化物具有保护作用），钝化膜层保护能力因此不断减弱。对于 CR 钢筋而言，Cr_{hy}/Cr_{ox} 比值（即 $CrOOH/Cr_2O_3$）深度分布规律类似于 Fe_{hy}/Fe_{ox}，说明 CrOOH/Cr（$OH)_3$ 也主要存在于 CR 钢筋钝化膜层的表层区域。在浓度增大的 Cl^- 侵蚀下，CR 钢筋膜层中的 Cr_{hy}/Cr_{ox} 比值同样不断增大，但增加的幅度在不同 pH 环境中有差异。在 Cl^- 浓度达到 2.0M 后，pH 为 13.3 时 Cr_{hy}/Cr_{ox} 比值不到 0.25，pH 为 12.0 时这一比值接近 0.43，pH 为 9.0 ~ 10.5 时 Cr_{hy}/Cr_{ox} 比值接近 0.6，意味着此时大部分强保护性的 Cr_2O_3 转化为弱保护性的 CrOOH/Cr（$OH)_3$，CR 钢筋钝化膜层严重劣化。

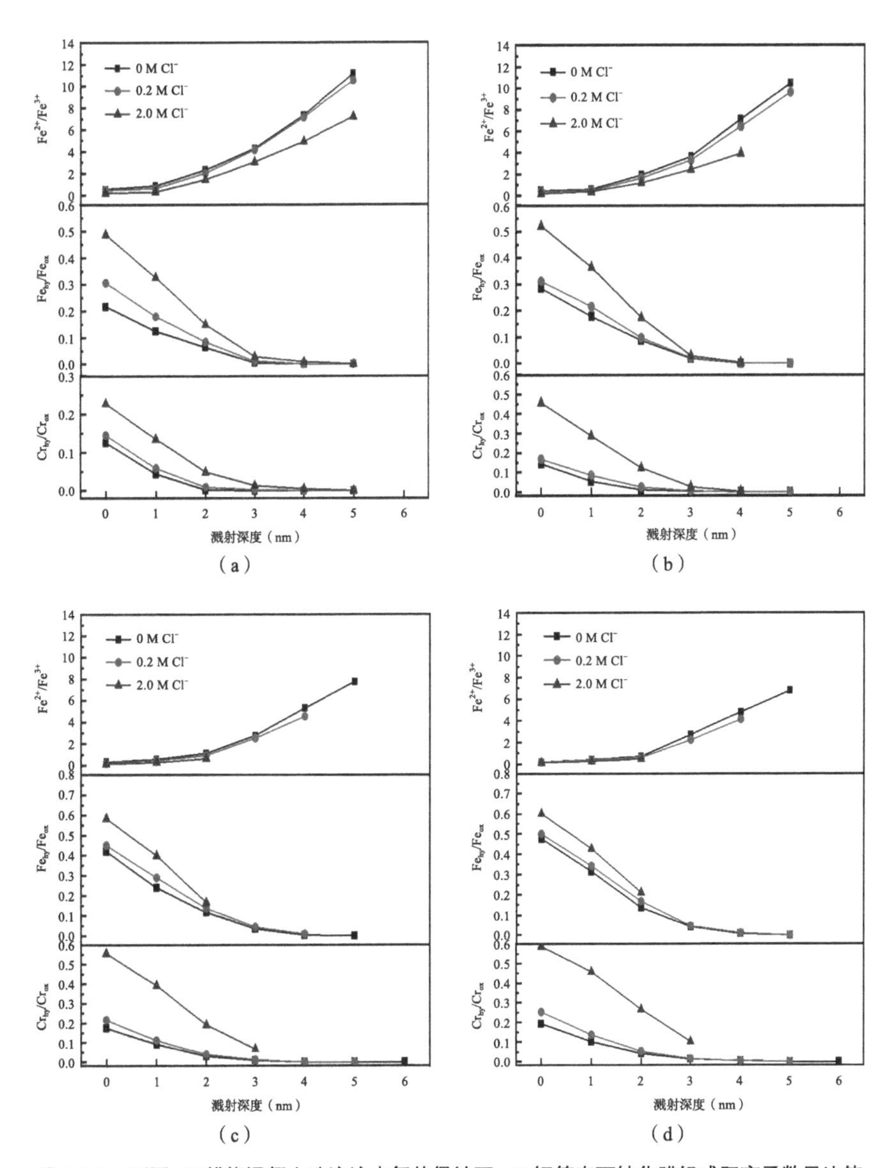

图 4-3-3　不同 pH 模拟混凝土孔溶液中氯盐侵蚀下 CR 钢筋表面钝化膜组成阳离子数量比值深度分布的变化

（a）pH=13.3；（b）pH=12.0；（c）pH=10.5；（d）pH=9.0

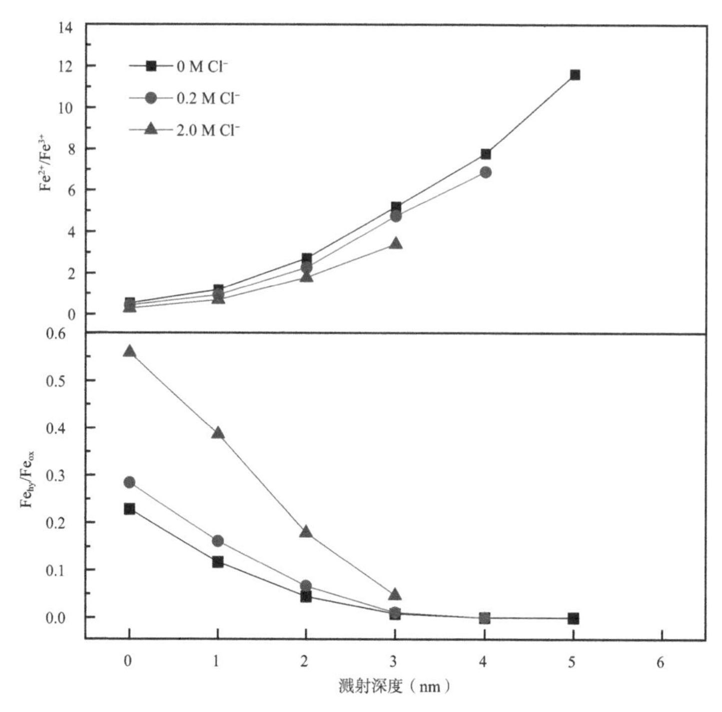

图 4-3-4　pH =13.3 模拟混凝土孔溶液中氯盐侵蚀下 LC 钢筋表面钝化膜组成阳离子数量比值深度分布的变化

二、钝化膜层 Cl^- 含量深度分布

为了研究 Cl^- 侵蚀破坏钢筋钝化膜过程的作用机制，采用 SIMS 技术测定表征试样氧化膜内 Cl 元素分布情况。图 4-3-5 和图 4-3-6 为 pH=13.3 环境中 0.2M Cl^- 侵蚀下 CR 和 LC 钢筋钝化膜层不同溅射时 Cl^- 面分布的二维 SIMS 图像。不同溅射时间的二维 SIMS 图像代表试样不同深度处原子层的元素分布情况。由图可知，在溅射时间 0 ~ 2s 范围内 [图 4-3-5（a）及图 4-3-6（a）]，两种钢筋膜层表面的 Cl^- 分布均匀，且含量较高；在溅射时间 10s 时 [图 4-3-5（b）及图 4-3-6（b）]，两种钢筋膜层表面的 Cl^- 分布仍然较均匀，但试样内的 Cl^- 含量显著降低；在溅射时间 20s 时 [图 4-3-5（c）及图 4-3-6（c）]，两种钢筋膜层表面的 Cl^- 分布稀疏，试样内 Cl^- 含量几乎降至零，这一结果说明了侵蚀性 Cl^- 含量钢筋钝化膜层由表及里逐渐减少的变化趋势。大体上看，相比 CR 钢筋，LC 钢筋钝化膜层表面深

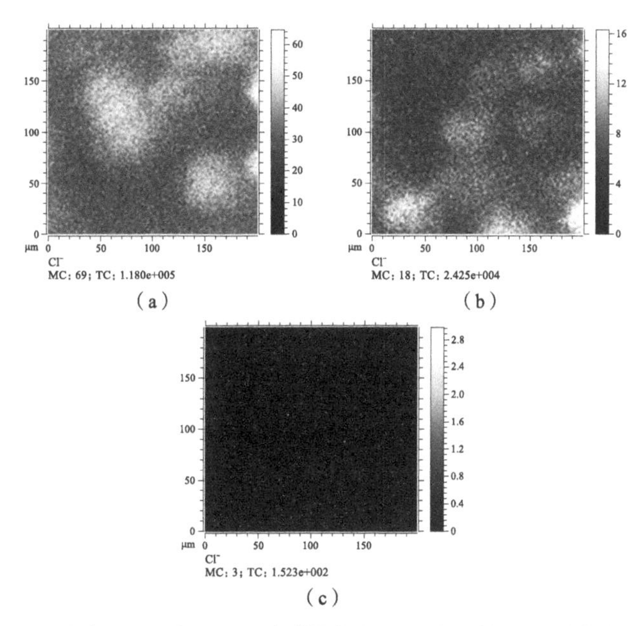

图 4-3-5　pH 13.3 环境中 0.2M Cl^- 侵蚀下 CR 钢筋钝化膜层不同溅射时间 Cl^- 面分布的二维 SIMS 图像

（a）2s；（b）10s；（c）20s

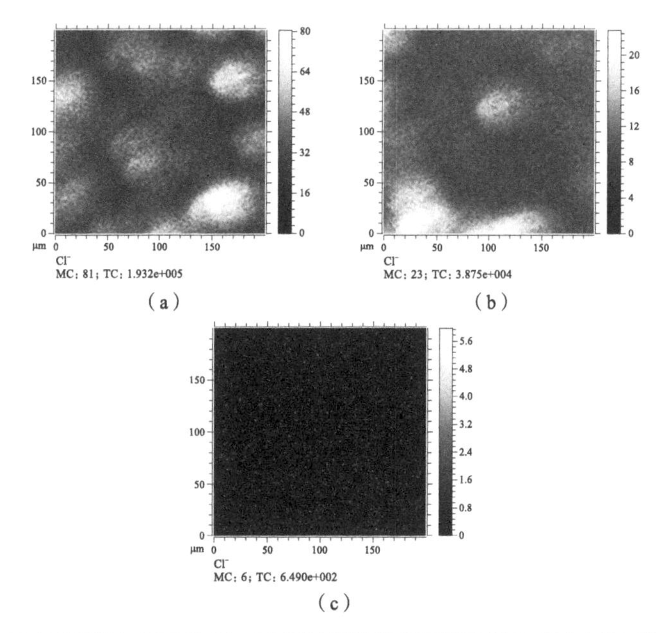

图 4-3-6　pH=13.3 环境中 0.2M Cl^- 下 LC 钢筋钝化膜层不同溅射时间 Cl^- 面分布的二维 SIMS 图像

（a）2s；（b）10s；（c）20s

度处 [图 4-3-5（a）及图 4-3-6（a）] Cl^- 含量呈现明显偏高，这表明 Cl^- 离子更易于吸附进入 LC 钢筋钝化膜层。

图 4-3-7 为不同 pH 模拟混凝土孔溶液中氯盐侵蚀下 CR 钢筋钝化膜层中 Cl^- 含量深度分布。图 4-3-8 为 pH=13.3 模拟混凝土孔溶液中氯盐侵蚀 LC 钢筋钝化膜层中 Cl^- 含量深度分布。由图可见，各 pH 环境中，当无 Cl^- 存在时，钢筋钝化膜整层中 Cl^- 含量趋于零，这在预料之中；溶液中引入氯盐后，钢筋钝化膜层中出现不同含量的 Cl^-，相比 Cl^- 浓度为 0.2M 时情况，Cl^- 浓度为 2.0M 时钢筋钝化膜层中 Cl^- 含量大幅增加，表明高浓度 Cl^- 侵蚀下，更多 Cl^- 吸附进入钢筋钝化膜层。值得注意的是，当侵蚀 Cl^- 浓度为 0.2 ~ 2.0M 时，膜层中 Cl^- 含量在 0 ~ 1nm 深度范围维持较高水平，

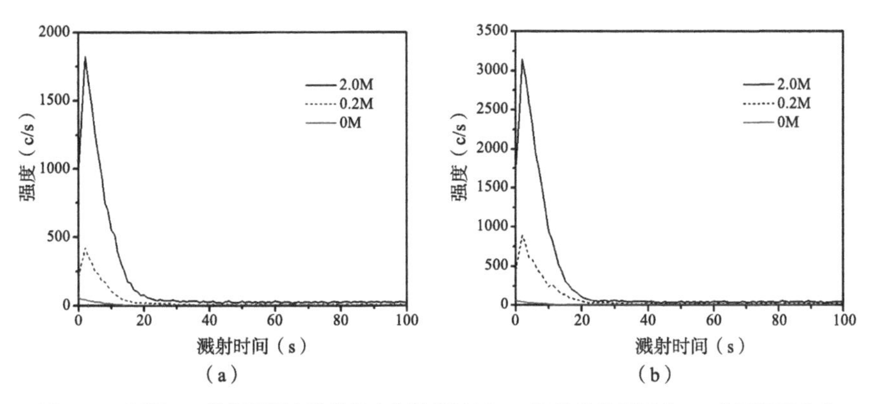

图 4-3-7　不同 pH 模拟混凝土孔溶液中氯盐侵蚀下 CR 钢筋钝化膜层中 Cl^- 含量深度分布

（a）pH=13.3；（b）pH=9.0

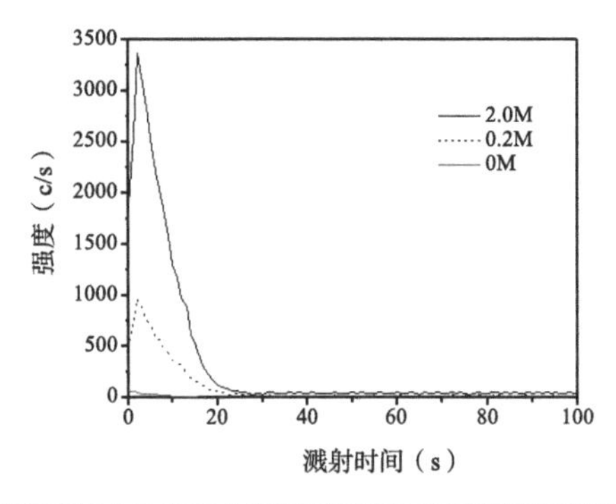

图 4-3-8　pH=13.3 模拟混凝土孔溶液中氯盐侵蚀下 LC 钢筋钝化膜层中 Cl^- 含量深度分布

而后 Cl^- 含量迅速降低，当溅射深度超过 2nm 后，Cl^- 含量几乎趋于零，这说明吸附进入钢筋钝化膜的 Cl^- 主要大部分集中于膜层表面，几乎未在膜层中迁移渗透，因而 Cl^- 侵蚀钢筋钝化膜时主要在膜表面发生作用。同一 Cl^- 浓度下，pH 降低时，CR 钢筋钝化膜中 Cl^- 含量表现增大趋势，这也反映了低 pH 下 CR 钢筋钝化膜耐蚀性降低。

三、钝化膜表面形貌变化

AFM 成像可清晰显示出样品表面粗糙度。图 4-3-9 为不同 pH 模拟混凝土孔溶液中氯盐侵蚀下 CR 钢筋钝化膜 AFM 形貌及相应高度面线图。图 4-3-10 为 pH=13.3 模拟混凝土孔溶液中氯盐侵蚀下 LC 钢筋钝化膜 AFM 形貌及相应高度剖面线图。可以看出，无 Cl^- 存在时，钢筋钝化膜表面并不十分平滑，存在许多细微的高低起伏，出现很多趋于平行排布的细小条状划痕（钢筋基体打磨抛光过程所形成），整体粗糙度约为 10nm，处于利用 2.5μm 氧化铝粉抛光所能达到的极限范围，总体上看，初始钝化膜较平整无缺陷。加入 0.2M Cl^- 后，钢筋钝化膜表面依然比较平整，未见明显缺陷形成，但整体粗糙度相比初始时稍微增大，此时钢筋钝化膜仍保持完好。Cl^- 浓度增至 2.0M 后：对于 CR 钢筋，pH=13.3 环境中其钝化膜表面平整度与初始时无显著差异（说明 CR 钢筋钝化膜仍然完好），而 pH=9.0 环境中其表面在局部区域发生了点蚀，形成明显凹陷，凹坑深度为 140 ~ 220nm 不等；pH=13.3 环境中 LC 钢筋钝化膜层同样也发现一些凹坑，凹坑最大深度可达 180nm，意味着此时 LC 钢筋钝化膜已被侵蚀破裂。

四、钝化膜层整体形状变化

图 4-3-11 为不同 pH 模拟混凝土孔溶液中氯盐侵蚀 CR 钢筋钝化膜层 TEM 形貌变化，图 4-3-12 为 pH=13.3 模拟混凝土孔溶液中氯盐侵蚀下 LC 钢筋钝化膜层 TEM 形貌变化。从图可以看出，相比无 Cl^- 存在时，加入 Cl^- 后：一方面钢筋钝化膜层外廓变得弯曲不平整，这表明 Cl^- 的侵蚀作用容易发生在钝化膜局部，优先攻击钝化膜某些薄弱区域；另一方面钢筋钝化膜层平均厚度减薄，说明 Cl^- 侵蚀作用发生于钢筋钝化膜表面，Cl^- 的侵

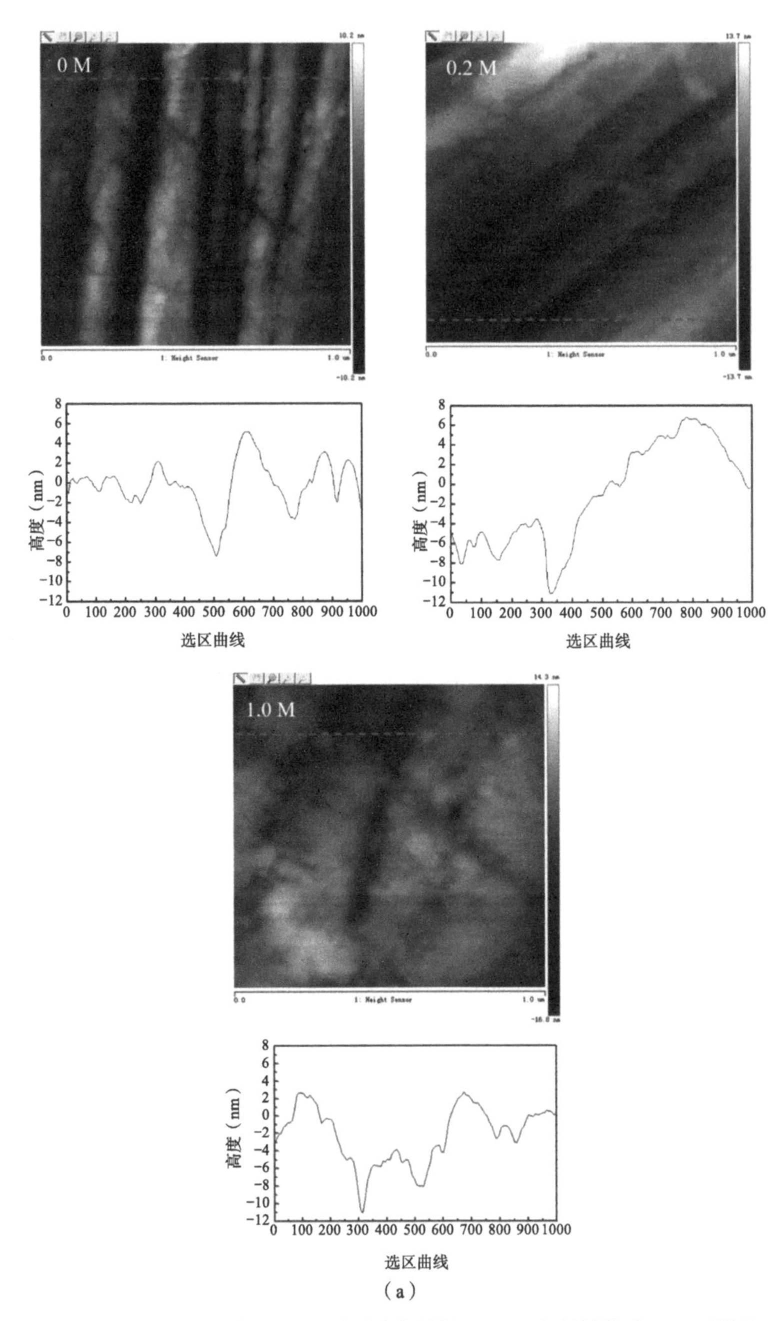

（a）

图 4-3-9　不同 pH 模拟混凝土孔溶液中氯盐侵蚀下 CR 钢筋钝化膜 AFM 形貌及相应高度剖面线图（一）

（a）pH=13.3

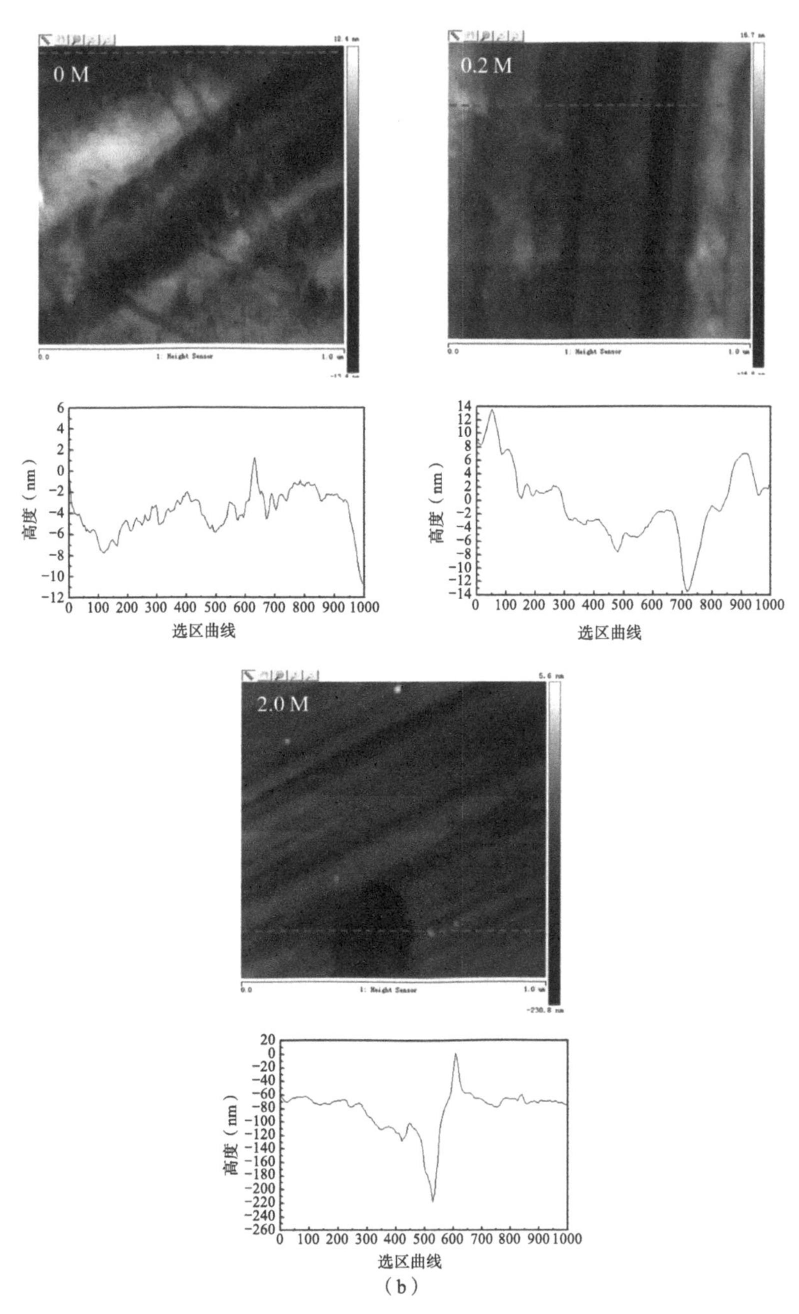

（b）

图 4-3-9 不同 pH 模拟混凝土孔溶液中氯盐侵蚀下 CR 钢筋钝化膜 AFM 形貌及相应高度剖面线图（二）

（b）pH=9.0

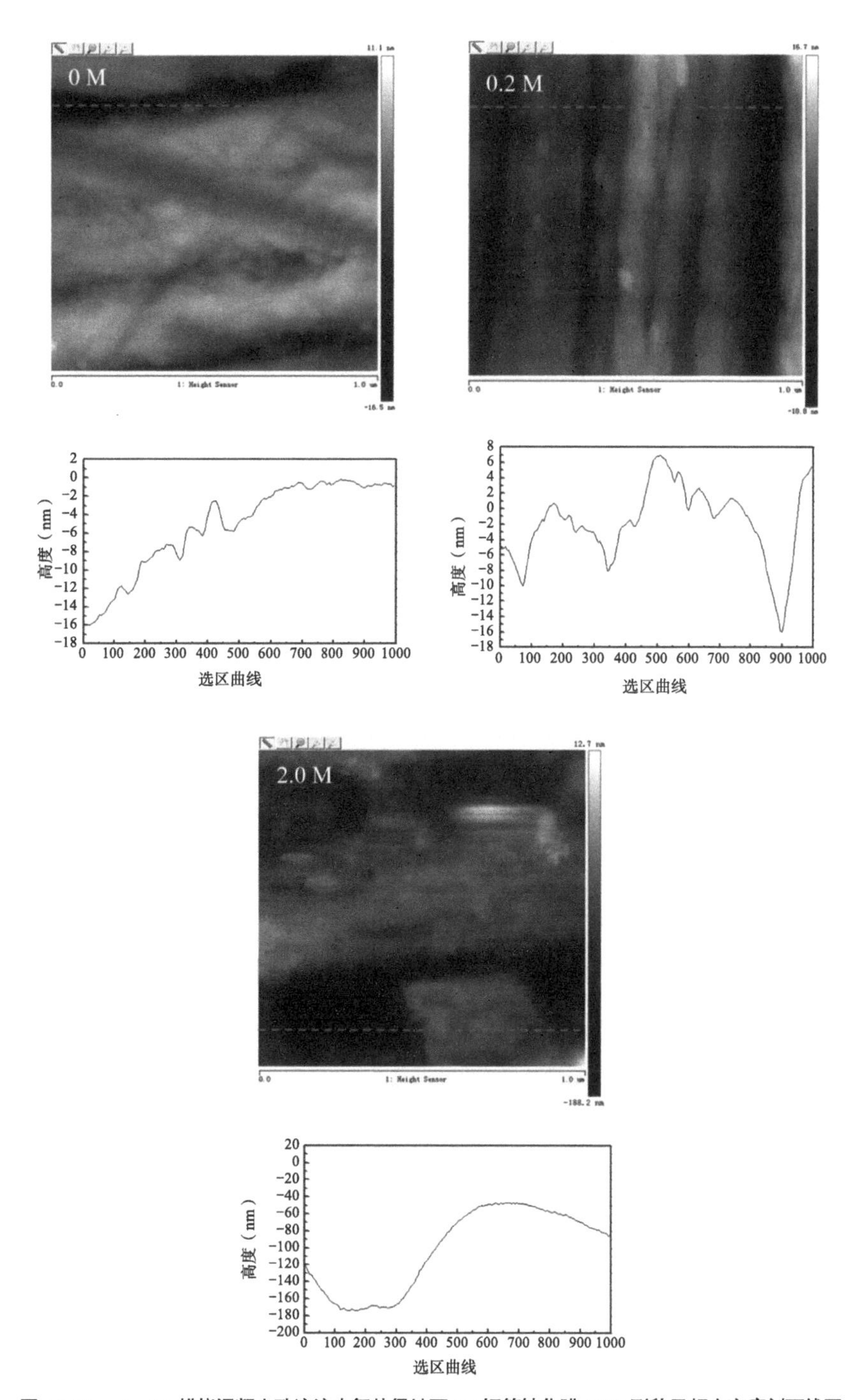

图 4-3-10　pH=13.3 模拟混凝土孔溶液中氯盐侵蚀下 LC 钢筋钝化膜 AFM 形貌及相应高度剖面线图

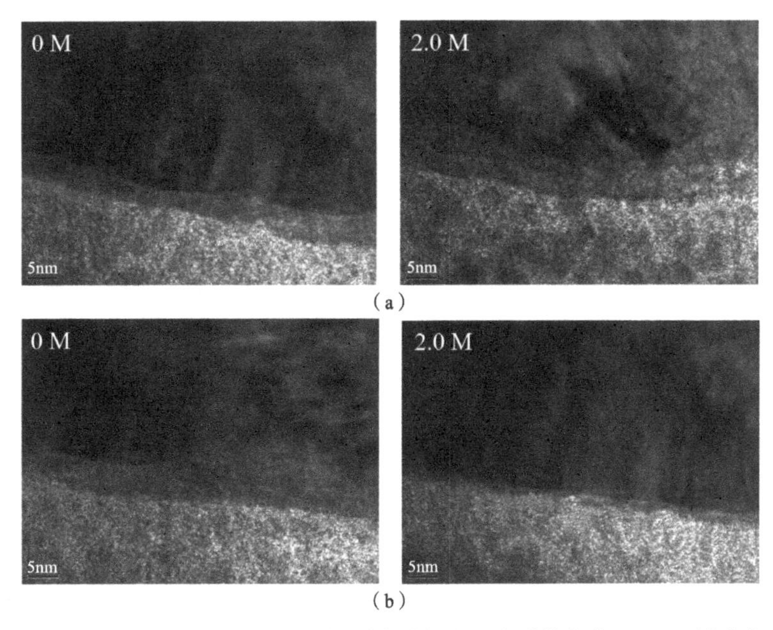

图 4-3-11 不同 pH 模拟混凝土孔溶液中氯盐侵蚀 CR 钢筋钝化膜层 TEM 形貌变化

(a) pH=13.3;(b) pH=9.0

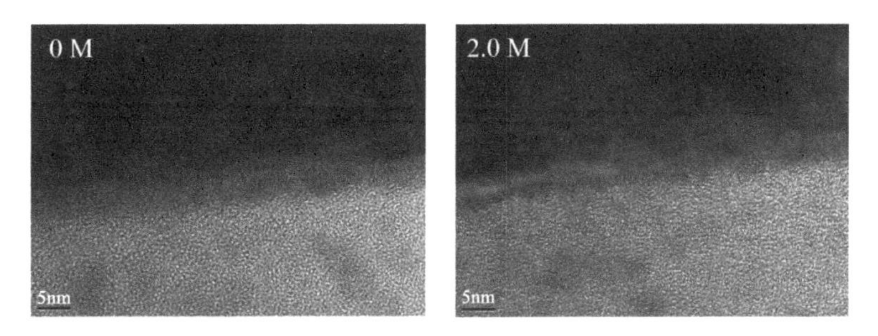

图 4-3-12 pH=13.3 模拟混凝土孔溶液中氯盐侵蚀下 LC 钢筋钝化膜层 TEM 形貌变化

蚀使钝化膜表面物相发生溶解，导致钝化膜层逐渐减薄，这一结果证实钝化膜破坏过程归根结底是膜氧化物由表及里的溶解行为。2.0M 浓度 Cl^- 侵蚀下，对于 CR 钢筋，pH=13.3 时钝化膜层平均厚度仍保持在 4 ~ 5nm，与无 Cl^- 存在时相当，而 pH=9.0 时钝化膜层平均厚度由初始时的 6nm 减为 2 ~ 3nm，同时膜层形状变得非常凹凸弯曲，膜层个别区域整体厚度甚至不到 1nm，这说明低 pH 下 CR 钢筋形成钝化膜虽然有着更大的初始厚度，

但受高浓度 Cl^- 时侵蚀却易破坏解体。受 2.0M Cl^- 侵蚀后，pH=13.3 环境中 LC 钢筋钝化膜层同样迅速减薄，平均厚度由 Cl^- 侵蚀前的 5nm 减为 2 ~ 3nm，膜层存在局部区域几乎整体被蚀穿，因此 LC 钢筋形成钝化膜耐 Cl^- 侵蚀性远远低于相同环境中的 CR 钢筋。

第四节　不同 pH 环境中氯盐侵蚀下合金耐蚀钢筋钝化膜层的电化学性能变化

一、点蚀电位

图 4-4-1 为不同 pH 模拟混凝土孔溶液中氯盐侵蚀下 CR 钢筋循环极化曲线，图 4-4-2 为 pH=13.3 模拟混凝土孔溶液中氯盐侵蚀下 LC 钢筋循环极化曲线。表 4-4-1 为不同 pH 模拟混凝土孔溶液中氯盐侵蚀下两种钢筋循环极化曲线的特征参数。

由图 4-4-1、图 4-4-2 及表 4-4-1 可见：

（1）当无 Cl^- 侵蚀时，所有 pH 环境中 CR 钢筋正向极化过程中均出现了明显的维钝区间，表明钢筋表面存在的钝化膜层阻抑了极化电位作用下金属的溶解。随 pH 降低，维钝电流密度 i_p 显著减小，表明低 pH 下钢筋阳极溶解速率更低，钢筋钝化膜层对腐蚀反应的阻力增大；各 pH 下，CR 钢筋逆向扫描时电流密度低于正向扫描时电流密度，再钝化电位 E_{rep} 与点蚀电位 E_{pit} 基本重合，说明钢筋表面的钝化膜完好。

（2）0.2M Cl^- 侵蚀下，对于 CR 钢筋：pH=13.3 时其各特征参数与无 Cl^- 侵蚀时基本无异，表明钢筋钝化膜致密稳定；pH=12.0 时其点蚀电位 E_{pit} 相比无 Cl^- 侵蚀时小幅下降，维钝区间亦有所变窄，未出现再钝化电位，预示着在正向极化过程中钢筋表面已发生点蚀，且降低极化电位也无法抑制点蚀坑的发展；pH=9.0 ~ 10.5 时，其点蚀电位 E_{pit} 相比无 Cl^- 侵蚀时迅速下降，维钝区间变得非常狭窄，逆向扫描曲线始终滞后于正向扫描曲线，滞后环面积相比 pH 为 12.0 时更加扩大，同时阳极电流密度极值 i_{max} 比 pH=12.0 时增大了 1 倍以上，意味着低 pH 时正向扫描过程中钢筋表面产生更为严重的点蚀及点蚀坑处阳极金属以更大速率溶解。需要指出，受

0.2M Cl^- 侵蚀时，CR 钢筋维钝电流密度 i_p 仍然呈现出随 pH 降低而减小的趋势，这说明低 pH 下 CR 钢筋钝化膜层虽然有着对腐蚀反应的更大阻力，但抗 Cl^- 点蚀能力却降低。

（3）加入 2.0M Cl^- 后：pH=13.3 时，相比无 Cl^- 或低浓度 Cl^- 侵蚀环境，CR 钢筋的维钝电流密度 i_p 发生一定幅度右移，证明其钝化膜层受到一定程度侵蚀劣化，点蚀电位 E_{pit} 下降了 40mV 左右，钝化电位 E_{rep} 也随之降低，预示钢筋钝化膜自修复能力减弱，点蚀敏感性有所增加。即使如此，E_{rep} 仍然较为接近 E_{pit}（E_{pit} 与 E_{rep} 差值仅约为 22mV），说明受高浓度 Cl^- 侵蚀时正向扫描过程中钢筋表面虽有点蚀形核，但极化电位降低后点蚀核未进一步生长扩展，钝化膜迅速修复完整；pH=12.0 时，相比 0.2M Cl^- 侵蚀环境，CR 钢筋点蚀电位 E_{pit} 急剧降低，已无明显钝化区间，滞后环面积和阳极电流密度极值 i_{max} 更加扩大，表明钢筋点蚀破坏愈发加剧；pH=9.0 ~ 10.5 时，钢筋腐蚀电位 E_{corr} 降至 −400mV 以下，说明钢筋未正向极化前就已诱发点蚀（因而不存在 i_p 值），而正向极化过程更加速了其点蚀形成及扩展，点蚀电位跳跃式降至 100mV 以下，阳极电流密度极值 i_{max} 达到 4mA · cm^{-2} 左右，即使去除极化电位后（回到开路电位）阳极电流密度仍然超过 0.2 mA · cm^{-2}，表明钢筋点蚀发生高速率扩展。

对于 LC 钢筋，pH=13.3 环境中，受 0.2M Cl^- 侵蚀时，相比无 Cl^- 侵蚀情况，其点蚀电位未明显下降，但在点蚀电位 E_{pit} 与再钝化电位 E_{rep} 之间出现了较弱的自催化效应，说明 0.2M Cl^- 侵蚀下，钢筋表面产生了点蚀核心，然而极化电位降至 E_{rep} 以下后，逆向扫描电流密度低于正向扫描电流密度，表明钢筋钝化膜仍可修复；受 2.0M Cl^- 侵蚀时，与 CR 钢筋在 pH 为 10.5 ~ 9.0 环境中情况类似，钢筋未正向极化前就已形成点蚀，正向极化过程则更加速了点蚀扩展，即使去除极化电位后钢筋点蚀仍保持很高速率扩展，表明高氯盐侵蚀作用下，LC 钢筋钝化膜层严重破坏。

循环极化曲线分析证明，低 pH 下 CR 钢筋虽可形成更强腐蚀阻力的钝化膜层，但其抗 Cl^- 侵蚀能力弱，一旦发生点蚀，点蚀就会迅速发展，钝化膜修复困难，因此该钢筋不宜在过低碱度（pH=10.5 以下）的混凝土环境中使用。

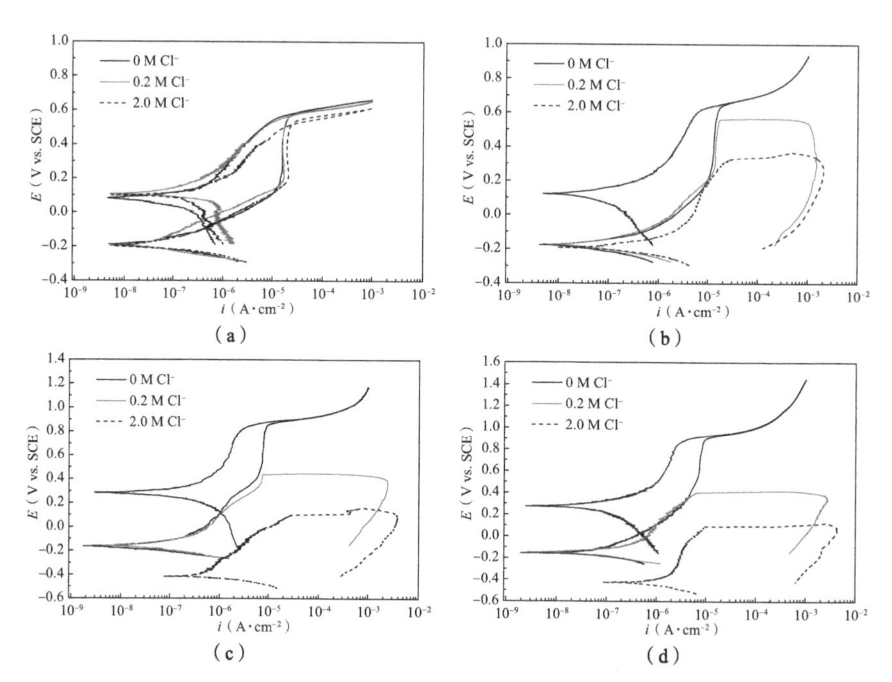

图 4-4-1　不同 pH 模拟混凝土孔溶液中氯盐侵蚀下 CR 钢筋循环极化曲线

（a）pH=13.3；（b）pH=12.0；（c）pH=10.5；（d）pH=9.0

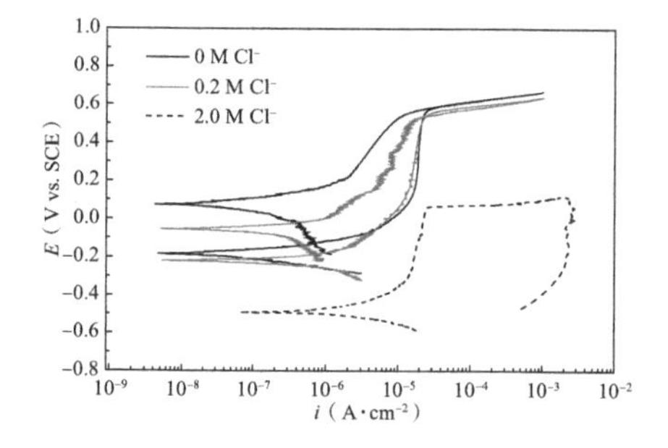

图 4-4-2　pH=13.3 模拟混凝土孔溶液中氯盐侵蚀下 LC 钢筋循环极化曲线

不同 pH 模拟混凝土孔溶液中氯盐侵蚀下两种钢筋

循环极化曲线的特征参数　　**表 4-4-1**

钢筋	pH	Cl^-浓度（M）	E_{corr}（mV vs. SCE）	i_{corr}（$A\cdot cm^{-2}$）	i_p（$A\cdot cm^{-2}$）	i_{max}（$A\cdot cm^{-2}$）	E_{pit}（mV vs. SCE）	E_{rep}（mV vs. SCE）
CR	13.3	0	−188.6	1.12×10^{-7}	1.52×10^{-5}	1.03×10^{-3}	576.8	585.2

续表

钢筋	pH	Cl^-浓度（M）	E_{corr}（mV vs. SCE）	i_{corr}（A·cm^{-2}）	i_p（A·cm^{-2}）	i_{max}（A·cm^{-2}）	E_{pit}（mV vs. SCE）	E_{rep}（mV vs. SCE）
CR	13.3	0.2	−197.4	1.04×10^{-7}	1.65×10^{-5}	1.01×10^{-3}	567.7	578.9
		2.0	−201.1	1.19×10^{-7}	1.82×10^{-5}	1.04×10^{-3}	532.3	510.2
	12.0	0	−187.6	1.01×10^{-7}	1.32×10^{-5}	1.01×10^{-3}	633.6	656.4
		0.2	−171.4	1.09×10^{-7}	1.44×10^{-5}	1.50×10^{-3}	558.8	–
		2.0	−194.2	1.86×10^{-7}	2.12×10^{-5}	2.09×10^{-3}	325.3	–
	10.5	0	−168.1	3.74×10^{-8}	7.66×10^{-5}	1.01×10^{-3}	861.1	886.3
		0.2	−161.6	4.52×10^{-8}	7.72×10^{-6}	2.49×10^{-3}	439.2	–
		2.0	−403.5	4.47×10^{-7}	–	3.89×10^{-3}	99.4	–
	9.0	0	−157.3	3.66×10^{-8}	7.54×10^{-6}	1.00×10^{-3}	898.4	944.3
		0.2	−153.1	5.59×10^{-8}	–	2.69×10^{-3}	406.1	–
		2.0	−428.6	6.42×10^{-7}	–	4.26×10^{-3}	88.9	–
LC	13.3	0	−190.8	1.45×10^{-7}	1.92×10^{-5}	1.01×10^{-3}	561.2	583.4
		0.2	−215.9	1.89×10^{-7}	1.97×10^{-5}	1.03×10^{-3}	550.4	535.3
		2.0	−484.3	6.77×10^{-7}	–	2.62×10^{-3}	64.3	–

二、半导体电子性能

图 4-4-3 为不同 pH 模拟混凝土孔溶液中氯盐侵蚀下 CR 钢筋钝化膜 M-S 曲线。图 4-4-4 为 pH=13.3 模拟混凝土孔溶液中氯盐侵蚀 LC 钢筋钝化膜的 M-S 曲线。由图可见，Cl^- 侵蚀下 CR 钢筋钝化膜 M-S 曲线仍存在与其组成结构密切相关的两个区域：Ⅰ区（极化电位小于 E_{FB} 区域，直线斜率为负，反映 p 型半导体行为）和Ⅱ区（极化电位大于 E_{FB} 区域，直线斜率为正，反映 n 型半导体行为），LC 钢筋钝化膜 M-S 曲线始终只存在一个直线斜率为正、反映 n 型半导体行为的区域。随着侵蚀 Cl^- 浓度增加，CR 和 LC 钢筋钝化膜 M-S 曲线中线性部分斜率均在发生变化，说明 Cl^- 侵蚀没有改变钝化膜的半导体类型，但改变了钝化膜的点缺陷密度。

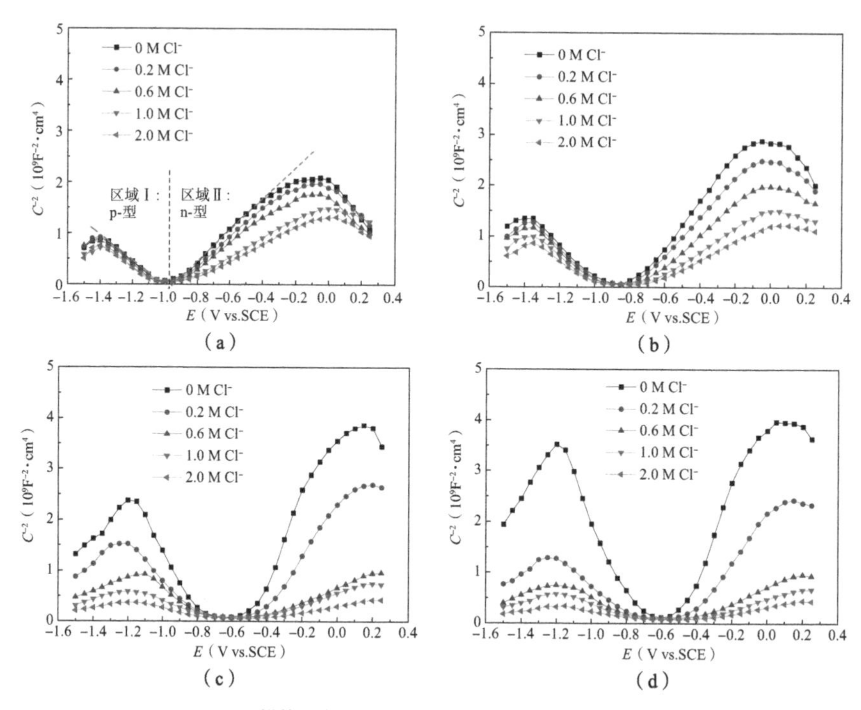

图 4-4-3　不同 pH 模拟混凝土孔溶液中氯盐侵蚀下 CR 钢筋钝化膜 M-S 曲线

（a）pH=13.3；（b）pH=12.0；（c）pH=10.5；（d）pH=9.0

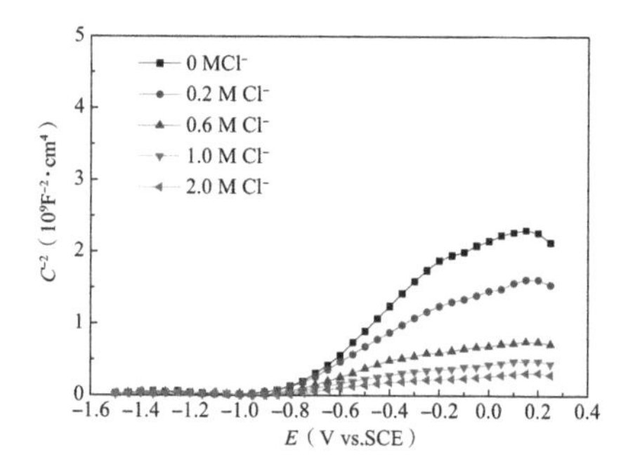

图 4-4-4　pH=13.3 模拟混凝土孔溶液中氯盐侵蚀下 LC 钢筋钝化膜 Mott-Schottky 曲线

表 4-4-2 为不同 pH 模拟混凝土孔溶液中氯盐侵蚀下两种钢筋钝化膜载流子密度与平带电位，由表 4-4-2 可见，pH=13.3 环境中：Cl^- 浓度增大时，CR 钢筋受主电荷密度无明显变化，表明其钝化膜 Cr 氧化物大部分保持稳定，而施主电荷密度呈现显著增大趋势，反映了 Cl^- 侵蚀下钝化膜层

结构疏松的 $FeOOH/Fe(OH)_3$ 凝胶逐渐富集，使膜层点缺陷不断增多；LC 钢筋施主电荷密度变化类似于 CR 钢筋，当 Cl^- 浓度增至 1.0M 后，其值比低 Cl^- 浓度（≤ 0.2M）时有数倍增幅，同样证明钝化膜层 Fe 物相被大量侵蚀破坏的过程。pH=12.0 环境中：CR 钢筋载流子密度随 Cl^- 浓度变化特征与 pH=13.3 环境中相似，即受主电荷密度变化较缓慢，而施主电荷密度呈倍数增加，表明高浓度 Cl^- 侵蚀下仍是 Cr 氧化物维持了其钝化膜密实稳定；pH=9.0 ~ 10.5 环境中：低浓度 Cl^-（≤ 0.2M）下，CR 钢筋载流子密度值维持原来相当低的水平，说明钢筋钝化膜层保持完好，但当 Cl^- 浓度超过 0.6M 后，其施主电荷密度和受主电荷密度均迅速增加，说明低 pH 下，受高浓度 Cl^- 侵蚀，CR 钢筋钝化膜中钝性 Cr 氧化物与 Fe 氧化物均受到大量破坏，膜层组成结构严重劣化，因而其导电性突变。值得注意的是，低 Cl^- 浓度（≤ 0.2M）下，CR 钢筋载流子密度随 pH 降低显著减小，在高 Cl^- 浓度（≥ 0.6M）下，这一规律则倒反过来，pH 越低，CR 钢筋载流子密度越大，这再次证明低 pH 下虽然 CR 钢筋钝化膜电阻更大，但并不耐 Cl^- 侵蚀，氯盐作用下高 pH 仍有利于其钝化膜稳定。

不同 pH 模拟混凝土孔溶液中氯盐侵蚀下两种钢筋钝化膜载流子密度与平带电位　　表 4-4-2

钢筋	pH	Cl^- 浓度（M）	N_d（$10^{20}cm^{-3}$）	N_a（$10^{20}cm^{-3}$）	$N_{总}=N_d+N_a$（$10^{20}cm^{-3}$）	E_{FB}（V）
CR	13.3	0	30.34	34.71	65.05	−0.98
		0.2	32.74	35.22	67.96	−0.97
		0.6	37.22	35.93	73.14	−0.97
		1.0	49.62	38.05	87.67	−0.97
		2.0	57.45	40.06	97.51	−0.96
	12.0	0	20.30	25.52	45.82	−0.85
		0.2	23.93	26.80	50.73	−0.84
		0.6	29.41	28.33	57.74	−0.83
		1.0	41.65	31.72	73.38	−0.82
		2.0	51.93	36.38	88.30	−0.82

续表

钢筋	pH	Cl^-浓度（M）	N_d（$10^{20}cm^{-3}$）	N_a（$10^{20}cm^{-3}$）	$N_{总}=N_d+N_a$（$10^{20}cm^{-3}$）	E_{FB}（V）
CR	10.5	0	10.73	14.94	25.67	−0.59
		0.2	17.88	25.45	43.33	−0.57
		0.6	62.47	49.78	112.24	−0.57
		1.0	76.90	68.92	145.82	−0.56
		2.0	147.44	108.35	255.79	−0.56
	9.0	0	9.70	13.56	23.26	−0.56
		0.2	17.90	32.41	50.31	−0.55
		0.6	59.30	50.06	109.35	−0.55
		1.0	90.37	72.84	163.21	−0.54
		2.0	144.65	138.68	283.33	−0.52
LC	13.3	0	43.01	–	–	−0.94
		0.2	69.50	–	–	−0.92
		0.6	123.78	–	–	−0.92
		1.0	208.66	–	–	−0.91
		2.0	221.02	–	–	−0.89

三、零电荷电位

图 4-4-5 为不同 pH 模拟混凝土孔溶液中氯盐侵蚀下 CR 钢筋钝化膜双电层电容 – 施加电位曲线，图 4-4-6 为 pH=13.3 模拟混凝土孔溶液中氯盐侵蚀下 LC 钢筋钝化膜双层电容 – 施加电位曲线。由图可知，各环境中，CR 和 LC 钢筋钝化膜的微分电容曲线有着相似的形状，即电极 – 溶液界面双电层电容与电极极化电位存在函数关系，在某一极化电位值处，双电层电容呈现最小值，此值即为该环境下钢筋电极的零电荷电位。不同 pH 模拟混凝土孔溶液中 Cl^- 侵蚀下 CR 和 LC 钢筋电极的零电荷电位 E_{PZC}、自然状态腐蚀电位 E_{corr} 及二者差值 ΔE（$\Delta E=E_{corr}-E_{PZC}$）标示于相应图中。

由图可见，各环境下 CR 和 LC 钢筋电极的 ΔE 值均为正值，意味着钢筋膜层表面为阴离子吸附状态，这说明 Cl^- 首先通过吸附于钢筋膜层表

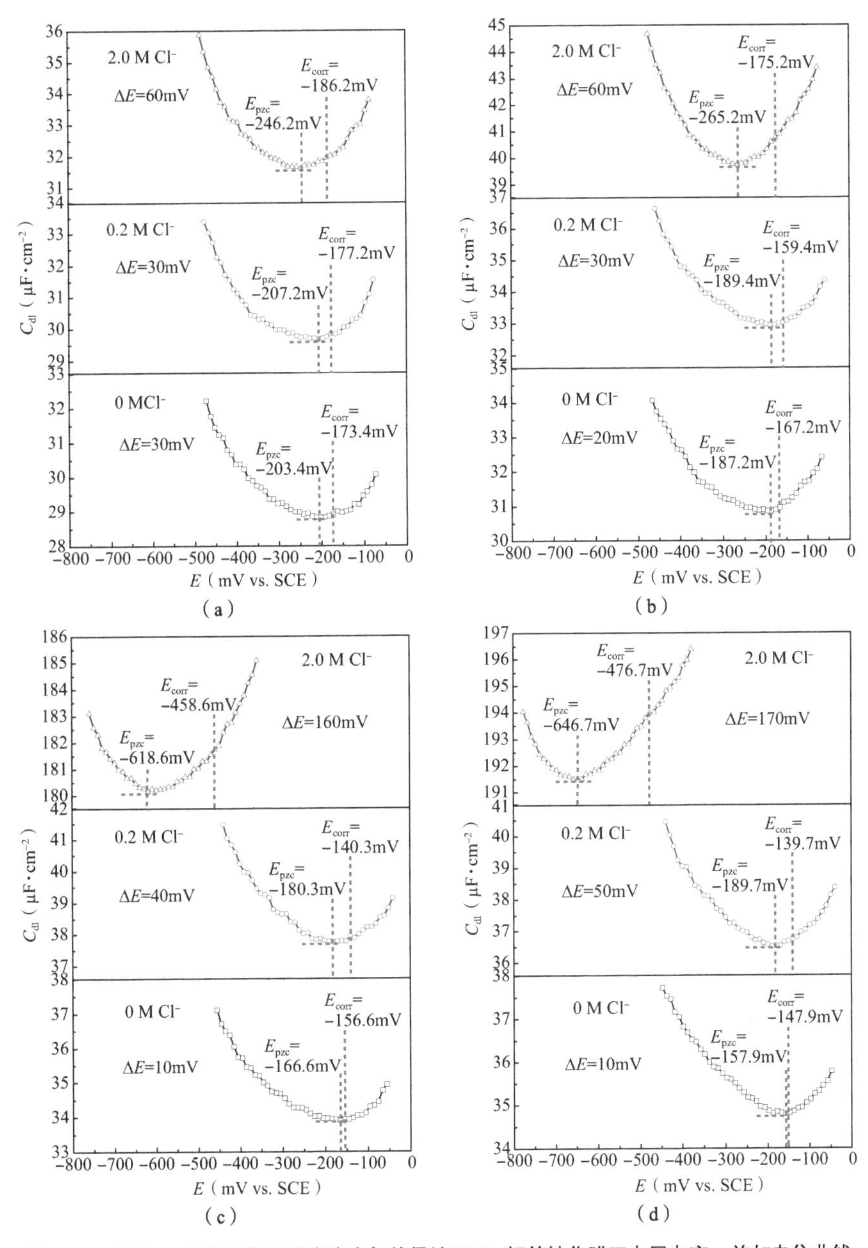

图 4-4-5 不同 pH 模拟混凝土孔溶液中氯盐侵蚀下 CR 钢筋钝化膜双电层电容 – 施加电位曲线

（a）pH=13.3；（b）pH=12.0；（c）pH=10.5；（d）pH=9.0

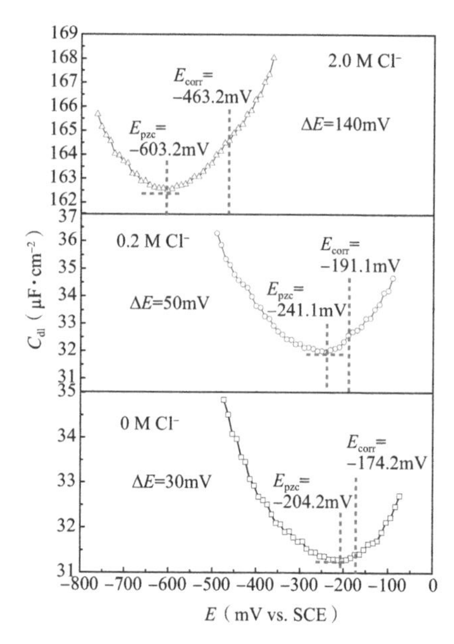

图 4-4-6 pH=13.3 模拟混凝土孔溶液中氯盐侵蚀下 LC 钢筋钝化膜双电层电容 – 施加电位曲线

面而发生侵蚀作用。按照钝化膜的“PDM”理论，钝化膜由金属氧化物组成，总是存在一定数量的阴离子空位和阳离子空位，由于阴离子空位是正电荷性，攻击性离子 Cl^- 易进入占据钝化膜表层内氧化物的阴离子空位，从而吸附于膜层。从 XPS 深度剖析结果看，CR 钢筋钝化膜内层为 Cr 物相富集区而外层为 Fe 物相富集区，LC 钢筋钝化膜整层仅由 Fe 物相构成。Fe 物相作为 n 型半导体，其点缺陷主要是阴离子空位，因此，CR 和 LC 钢筋钝化膜表层区域 Fe 物相大量存在的阴离子空位为 Cl^- 作用提供了场所。当侵蚀性 Cl^- 浓度增大时，各 pH 环境中，CR 和 LC 钢筋电极的 ΔE 值均有增大，这大体上反映了 Cl^- 侵蚀下钢筋钝化膜中保护性 FeO/Fe_2O_3 被逐渐侵蚀破坏同时疏松的 $FeOOH/Fe(OH)_3$ 富集导致缺陷增多这一过程。对于 CR 钢筋，当 Cl^- 浓度增至 2.0M 时，pH=13.3 环境中其电极 ΔE 值增幅微小，pH=12.0 环境中其 ΔE 值增幅仍较低，而 pH=9.0 ~ 10.5 环境中其 ΔE 值急剧增大；pH=13.3 环境中 LC 钢筋电极 ΔE 值变化类似于 CR 钢筋电极 ΔE 在 pH=9.0 ~ 10.5 环境中的情况，说明钢筋钝化膜层中 Fe 氧化物大量破坏，为 Cl^- 吸附进入膜层提供了更多场所。应当指出，在 pH=12.0 ~ 13.3 环境

中受高浓度 Cl^- 侵蚀后，虽然 CR 钢筋钝化膜层钝性 Fe 物相同样被侵蚀破坏，但 Cl^- 吸附进入膜层并未因此显著加剧。结合 XPS 分析结果推测，这是因为高 pH 环境（pH=12.0 ~ 13.3）中即使受 2.0M Cl^- 侵蚀，CR 钢筋钝化膜内层仍然有相当部分保护性 Cr_2O_3 稳定存在，Cr_2O_3 作为 p 型半导体，其点缺陷主要是阳离子空位，由于阳离子空位相对是负电荷性，不会被阴离子 Cl^- 占据，因此高浓度 Cl^- 侵蚀下，CR 钢筋钝化膜内层 Cr_2O_3 可阻止 Cl^- 进一步吸附进入膜层。侵蚀性 Cl^- 在氧化钝化膜表面吸附示意图如图 4-4-7 所示。而当 pH 降至 10.5 以下时，受 2.0M Cl^- 侵蚀作用，CR 钢筋钝化膜内层 Cr_2O_3 大部分转化为弱保护性的 CrOOH/$Cr(OH)_3$，不再能够有力阻止 Cl^- 吸附进入膜层。

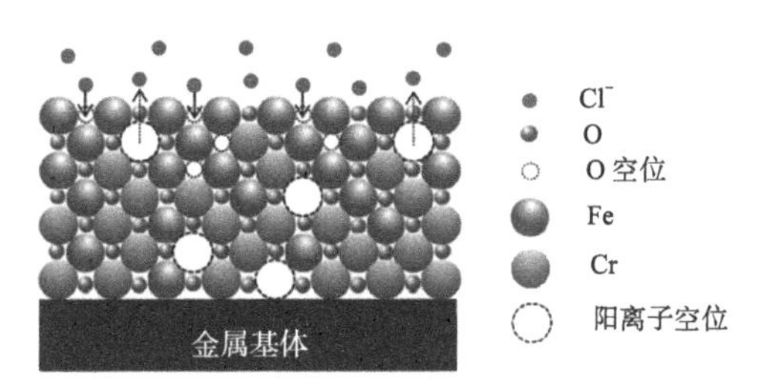

图 4-4-7　侵蚀性 Cl^- 在氧化物钝化膜表面吸附示意图

第五节　不同 pH 环境下钝化膜破坏机制

钢筋表面钝化膜的稳定性决定了钢筋的耐腐蚀性。严格上说，钝化膜的高稳定性特征这一试验事实，只是金属材料耐腐蚀的表现，并不是耐腐蚀的原因，应从氧化膜与腐蚀介质的交互作用过程引起膜层恶化角度理解钝化膜高稳定、金属耐腐蚀的本质原因。事实上，钝化膜氧化物电子结构（价电子的态密度分布、价电子的结合能和表面功函数）直接决定了膜与腐蚀介质的交互作用过程电子运动交换的难易程度。按照半导体物理学理论，Cl^- 吸附于钝化膜半导体后，作用于氧化膜中的阴离子空位，可改变半导体膜的电子结构，使钝化膜氧化物晶格破坏，这一过程体现为钝化膜逐渐被 Cl^- 侵蚀。因此氧化膜电子结构与其化学稳定性密切相关，直接影响了金属材料耐蚀性能及其机理，从电子结构层次研究了钝化膜耐 Cl^- 侵蚀的原因。

一、钝化膜受氯盐侵蚀时的电子结构变化

紫外辐射光属于真空紫外范围，击出的是物质表面大约 1nm 深度内原子或者分子的价电子，可以在高分辨水平上探测价电子的能量分布，进行电子结构的研究。图 4-5-1 为不同 pH 模拟混凝土孔溶液中氯盐侵蚀下 CR 钢筋钝化膜 UPS 谱，图 4-5-2 为 pH=13.3 模拟混凝土孔溶液中氯盐侵蚀下 LC 钢筋钝化膜的 UPS 禁带谱。图中 Valence band spectra 为价带谱，Cut-off regions 为截止区。由图可知，各环境中 CR 和 LC 钢筋的 UPS 谱有着相似的形状特征，均包括价带谱和截止边区。

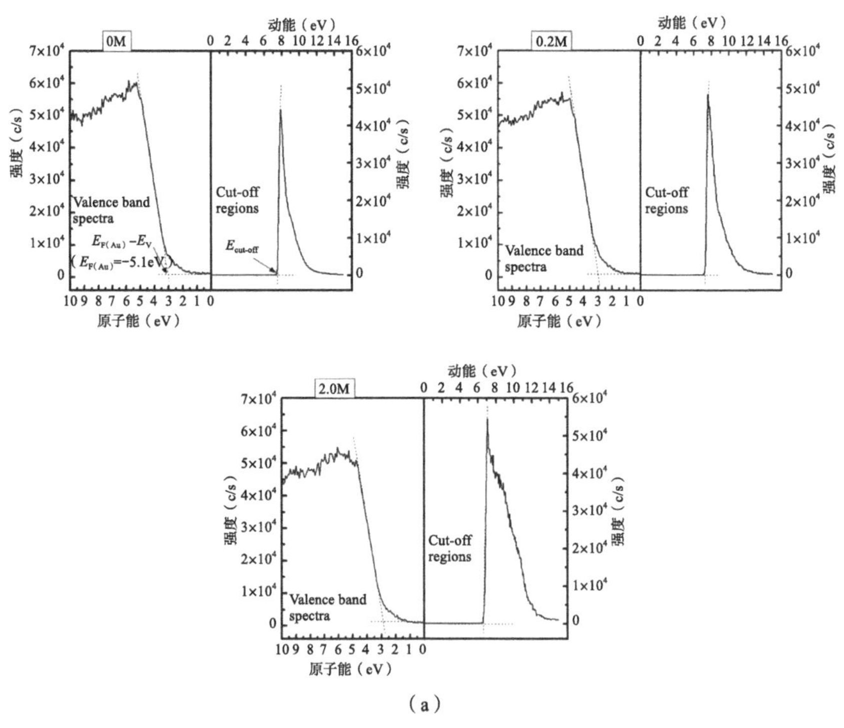

（a）

图 4-5-1　不同 pH 模拟混凝土孔溶液中氯盐侵蚀下 CR 钢筋钝化膜 UPS 谱（一）

（a）pH=13.3

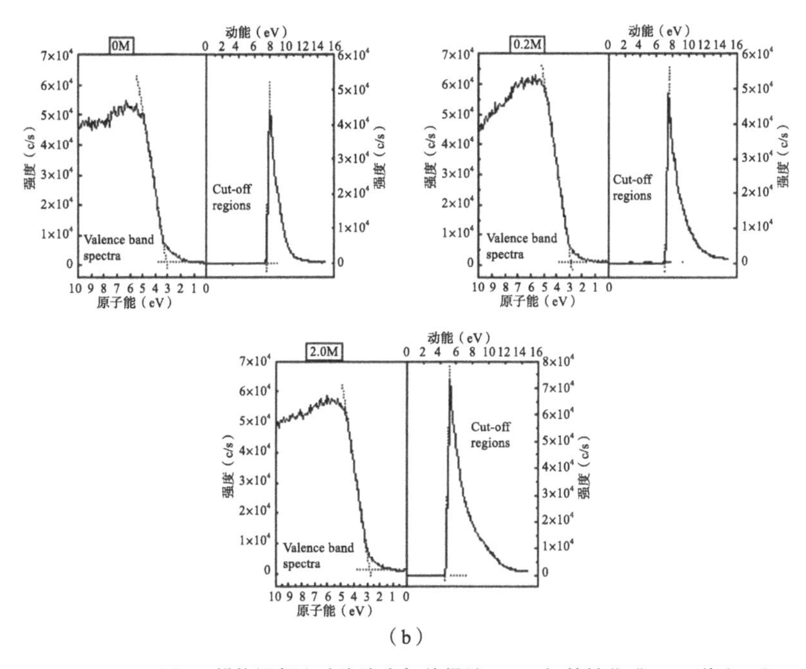

（b）

图 4-5-1　不同 pH 模拟混凝土孔溶液中氯盐侵蚀下 CR 钢筋钝化膜 UPS 谱（二）

（b）pH=9.0

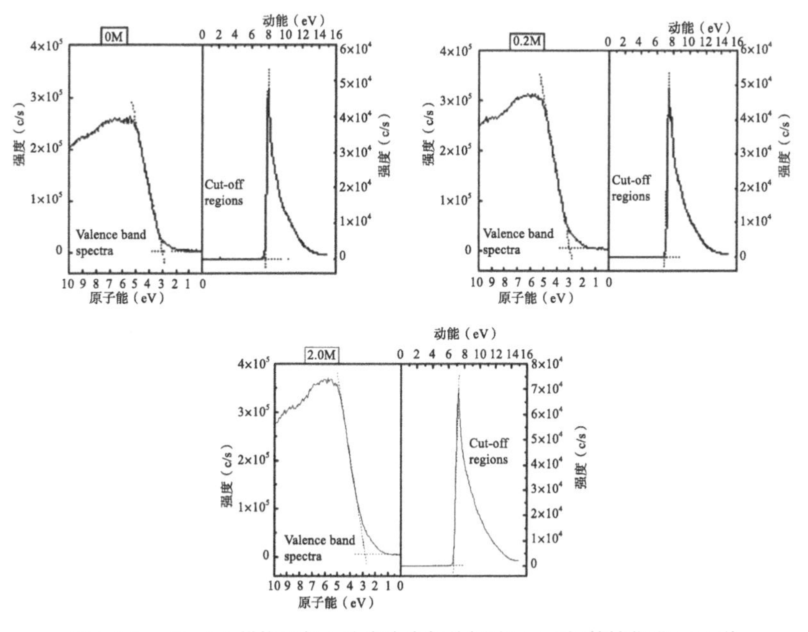

图 4-5-2　pH=13.3 模拟混凝土孔溶液中氯盐侵蚀下 LC 钢筋钝化膜 UPS 谱

对各 pH 环境中 Cl^- 侵蚀下 CR 和 LC 钢筋钝化膜 UPS 谱线进行拟合，得到钝化膜功函数、费米能级、价带顶能级等参数列于表 4-5-1。

UPS 光电子谱在低动能端有阈值 $E_{cut\text{-}off}$，对应于二次电子发射截止，材料表面功函数 φ 可根据以下公式进行计算：

$$\varphi = \varphi_{sp} + E_{cut\text{-}off} - E_U \tag{4-5-1}$$

式中：φ_{sp}——谱仪分析材料的标准功函数（φ_{sp}=5.2eV）；

$E_{cut\text{-}off}$——二次电子发射外延截止能量（eV）；

E_U——所加偏置电压引起的费米能级偏移量，取决偏置电压大小（数值由电压表读数），E_U 取值 6.0eV。

能否准确测定功函数，主要取决于能否准确标定截止边。本研究 UPS 谱的二次电子截止边标定采用大多数文献使用的方法，截止边拟合的直线与基线相交，交点横坐标即二次电子发射外延截止能量。

由表 4-5-1 可见，不论 pH 环境或 Cl^- 浓度改变，CR 和 LC 钢筋钝化膜二次电子发射外延截止能量基本相近，说明入射光子主要作用于钢筋膜层表面区域 Fe 物相。各 pH 环境中当 Cl^- 浓度增大时，CR 和 LC 钢筋钝化膜功函数均发生减小，这表明 Cl^- 侵蚀作用改变了钝化膜表面的电子结构，使膜表面对价电子的束缚能力减弱。然而，不同 pH 环境中 Cl^- 侵蚀下钢筋钝化膜功函数变化幅度存在差异：当 Cl^- 浓度增至 2.0M 时，相比 pH=13.3 环境，pH=9.0 环境中 CR 钢筋钝化膜 φ 减幅显著偏大，说明低 pH 环境中 Cl^- 对 CR 钢筋钝化膜能带结构破坏更为严重；pH=13.3 环境中受 2.0M Cl^- 侵蚀后，CR 钢筋钝化膜 φ 值比 LC 钢筋大 3.08eV，这说明高 Cl^- 侵蚀下，相比 LC 钢筋钝化膜，CR 钢筋钝化膜能带结构并未严重破坏，仍然具有较高表面势垒，使得价电子激发出射阻力变大。

不同 pH 模拟混凝土孔溶液中氯盐侵蚀下钢筋钝化膜固体表面的电子结构参数 表 4-5-1

钢筋	pH	Cl^- 浓（M）	$E_{cut\text{-}off}$（eV）	φ（eV）	E_F（eV）	E_F（Au）$-E_V$（eV）	E_V（eV）
CR	13.3	0	7.51	6.61	−6.61	3.06	−8.16
		0.2	7.34	6.44	−6.44	3.01	−8.11

续表

钢筋	pH	Cl^- 浓（M）	$E_{cut\text{-}off}$（eV）	φ（eV）	E_F（eV）	E_F（Au）$-E_V$（eV）	E_V（eV）
CR	13.3	2.0	6.71	5.81	−5.81	2.90	−8.00
	9.0	0	7.55	6.65	−6.65	3.11	−8.21
		0.2	7.21	6.31	−6.31	2.89	−7.99
		2.0	5.68	4.68	−4.68	2.76	−7.86
LC	13.3	0	7.52	6.62	−6.62	3.04	−8.14
		0.2	7.19	6.29	−6.29	2.92	−8.02
		2.0	5.73	4.83	−4.83	2.78	−7.88

值得注意的是，Cl^- 侵蚀导致了氧化膜价带边 E_V 和费米能级 E_F 的相对位置发生了明显变化，使得氧化膜表面 E_F–E_V 差值总体上呈现减小趋势，其中原因推测可能是：Cl^- 吸附于膜表面后，产生了空间电荷层，使膜表面能带发生弯曲。Cl^- 吸附引起膜表面 E_F–E_V 减小，表明能带向上弯曲，氯盐侵蚀下钝化膜表层能带位置变化示意图如图 4-5-3 所示。受 2.0M Cl^- 侵蚀后，相比 pH=9.0 环境，pH=13.3 环境中 CR 钢筋钝化膜 E_V 水平显著偏低，表明 Cl^- 侵蚀作用下高 pH 环境中 CR 钢筋钝化膜表面能带向上弯曲程度较小，这是因为 pH=13.3 环境中即使受高浓度 Cl^- 侵蚀，CR 钢筋钝化膜内层保护性 Cr_2O_3 仍然有相当部分稳定存在，阻碍阴离子 Cl^- 吸附进入膜层，因而膜表面能带结构所受破坏较小；当 pH 降低 9.0 时，受高浓度 Cl^- 侵蚀作用，CR 钢筋钝化膜内层 Cr_2O_3 含量大幅减少，Cl^- 大量吸附进入膜层，因而膜表面能带结构所受破坏严重。受 2.0M Cl^- 侵蚀后，pH=13.3 环境中

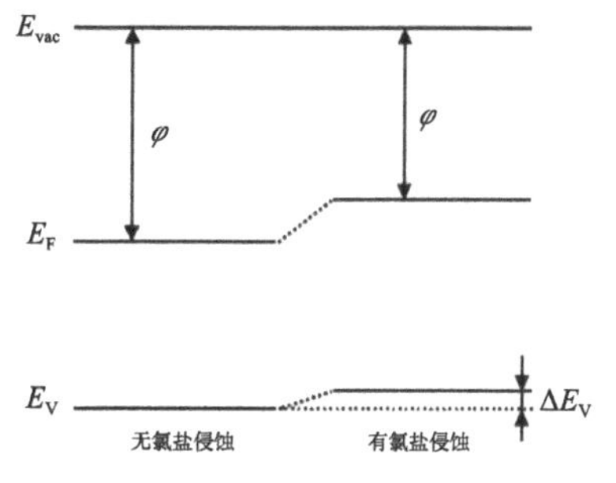

图 4-5-3　氯盐侵蚀下钝化膜表层能带位置变化示意图

LC 钢筋钝化膜 E_F-E_V 差值与 CR 钢筋钝化膜在 pH=9.0 环境中 E_F-E_V 差值相当，说明高浓度 Cl^- 侵蚀下 LC 钢筋钝化膜表面能带易发生较大向上弯曲，同样因为 LC 钢筋钝化膜层 Fe 氧化物大量破坏，便利 Cl^- 吸附进入膜层，破坏膜表面能带结构。

UPS 分析结果表明，低 pH 下 CR 钢筋形成钝化膜虽然有着更大的腐蚀反应阻力，但受 Cl^- 侵蚀后膜表面参与电化学反应的价电子稳定性降低，电子结构更易被破坏，使得膜层加速解体。相比 LC 钢筋，CR 钢筋钝化膜内层保护性 Cr_2O_3 阻碍了 Cl^- 吸附进入膜层，使膜层价电子稳定性和电子结构受 Cl^- 破坏相对减轻，因而其耐腐蚀性得以成倍提高。

二、钝化膜受氯盐侵蚀时的溶解破坏行为及其机制

钝化膜的能带结构是联系其半导体电化学性能的关键所在。钝化膜的破坏被理解为离子和电子的转移过程，而这些过程又是由氧化膜的电子结构和电学性质所决定和控制。综合以上氧化膜能带结构变化分析结果，Cl^- 侵蚀作用下 CR 和 LC 钢筋钝化膜的溶解破坏过程可以概括为以下几个步骤：

（1）钢筋钝化膜金属氧化物相总是存在一定数量的阴离子空位，当环境中无氯盐时，氧化膜表面阴离子空位暂时由溶液中 OH^- 占据填充，当环境中有氯盐时，周围攻击性离子 Cl^- 由于离子半径小且电负性大，容易置换取代阴离子空位处 OH^- 而进入占据膜表层区金属氧化物的阴离子空位，从而吸附于膜表面，Cl^- 侵蚀作用下钢筋钝化膜的溶解破坏过程如图 4-5-4 所示。

（2）Cl^- 吸附进入膜表层后，形成 O-M-Cl 结构（M 表示金属阳离子）。但由于 Cl^- 电负性大，产生了空间电荷层，O-M-Cl 处 M 原子的价电子层能带发生向上弯曲，使得价带顶能级及费米能级均正向偏移，从而膜表面 O-M-Cl 处 M 原子的价电子功函数减小，价电子被激活，易逃离膜表面束缚进入溶液（逸出电子应由溶液中 O_2 接收，发生 O_2 还原），造成 O-M-Cl 结构存在许多电子能级空洞，晶格电子能级空洞的表面态被溶液俘获时易生成可溶于溶液中的离子，这使得 M 阳离子被解离出去，O-M-Cl 结构解体，如图 4-5-4（b）所示。

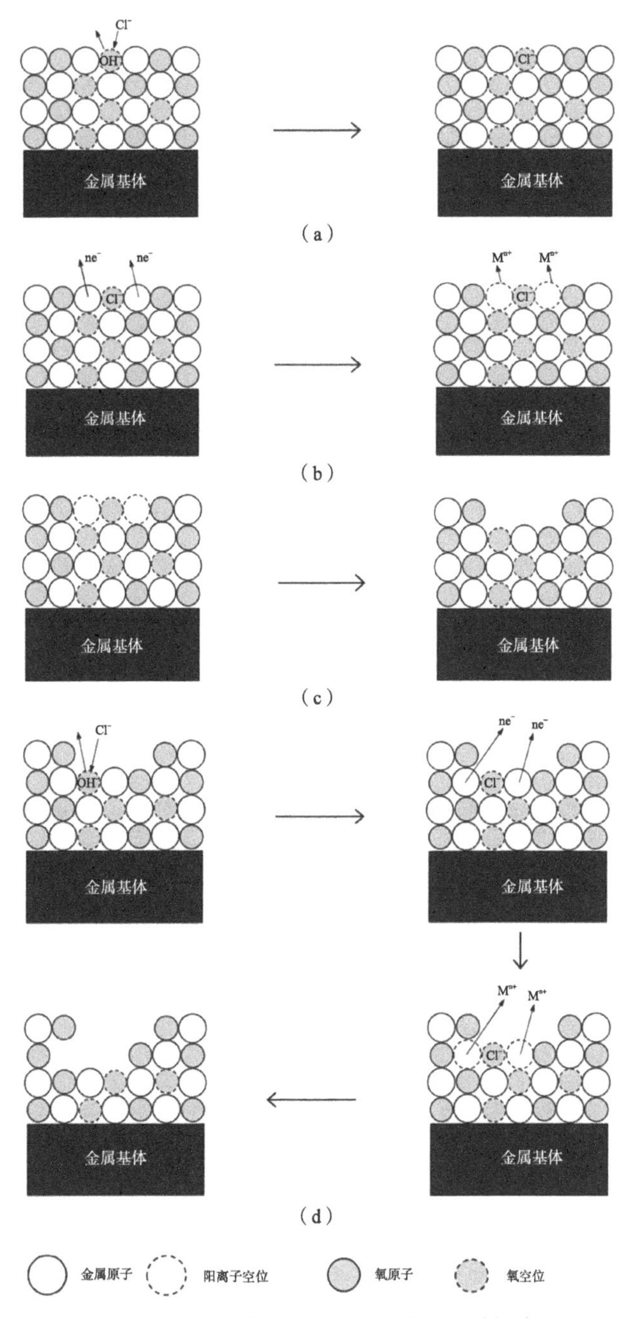

图 4-5-4 Cl⁻ 侵蚀作用下钢筋钝化膜的溶解破坏过程

(a) Cl⁻ 置换取代 OH⁻ 吸附于膜表面；(b) O-M-Cl 结构解体；(c) 氧化物晶格崩塌，钝化膜表层溶解；(d) 钝化膜局部区域被蚀穿

（3）膜表面 O-M-Cl 结构的 M 阳离子被解离出去后，晶格产生阳离子空位（假设膜表面晶格暂时未崩塌），溶液中的 H^+ 将进入填补阳离子空位与 O 键合，形成 -OH 基团，这使得膜表面 Fe 氧化物逐渐羟基化，因而膜层中 Fe 羟基氧化物含量不断富集。随着侵蚀 Cl^- 浓度增大，膜表面氧化物晶格 M 阳离子被大量解离出去，晶格产生大量阳离子空位，这将引起氧化物晶格崩塌，体现为钝化膜表层的溶解，钝化膜整体厚度减薄。膜表面氧化物晶格崩塌后，释放出 OH^- 和 Cl^- 进入溶液，如图 4-5-4（c）所示。

（4）钝化膜初表层溶解后，次表层重复着上述初表层的被 Cl^- 侵蚀过程，次表层重复原初表层的解体行为，这样钝化膜由外向内逐层溶解，钝化膜整体厚度逐渐减薄，直至钝化膜某局部区域被蚀穿，如图 4-5-4（d）所示。

以上整个过程 Cl^- 来回往返于膜表面和溶液中，并未消耗，仅起了催化剂作用。相比 LC 钢筋，CR 钢筋钝化膜中一定含量的 Cr 氧化物大幅减少了膜层（尤其膜内层）阴离子空位数量，阻碍了 Cl^- 吸附进入膜层破坏膜晶格结构，因而 CR 钢筋钝化膜表现更强耐 Cl^- 侵蚀性、更高稳定性。

第六节　氯盐侵蚀下合金耐蚀钢筋的点蚀萌生

一、氯盐侵蚀下钢筋钝化膜层局部破坏后亚稳态点蚀生长与湮灭

许多研究发现很多金属钝化膜发生局部破坏后会产生微小的电流波动信号，这种电流波动是点蚀在金属表面萌生、生长又因再钝化而湮灭的结果，因此被称为亚稳态点蚀。恒电位极化过程亚稳点蚀生长典型的电流暂态曲线如图 4-6-1 所示。任何一个稳定点蚀形成都要经过亚稳阶段，稳定蚀坑实际上是亚稳态点蚀生长到一定阶段的结果。这样点蚀发展可分为两个阶段：

（1）亚稳态阶段，即亚稳点蚀形核－生长－湮灭（再钝化）。金属材料受到力学或化学破坏作用发生钝化膜局部破坏后，在破裂处将出现活性阳极溶解区，若周围液相化学性质允许，该阳极溶解区可再次发生钝化，使破裂的钝化膜发生修复，该处萌生的点蚀将被抑制，这个过程称为金属

的再钝化。金属的再钝化和钝化本质上是一样的，都是一个具有电荷传递、离子传输、密实钝性氧化物形成并覆盖金属基体等特征的电化学过程。

（2）稳态阶段，亚稳态点蚀持续生长－稳定点蚀形核－扩展－（通常意义上的）点蚀。点蚀萌生之后，产生了大量的亚稳态点蚀，其中大部分都发生了再钝化，只有少部分转变成了稳态点蚀。

关于亚稳态点蚀发展与转化的条件，现在大部分研究表明，亚稳点蚀是否能够持续生长，主要取决于点蚀形核处的离子扩散条件。点蚀萌生后，亚稳蚀坑上通常覆盖有残余钝化膜和金属氢氧化物盐膜，这些覆盖物存在着许多通透性细孔，蚀坑内外的溶液通过这些小孔进行物质交换。由于亚稳蚀坑有一定的闭塞程度，坑内溶液金属离子产生形成的速率大于金属离子扩散出去的速率，坑内金属离子大量集聚，为保持坑内溶液的电中性，坑外大量 Cl^- 迁入坑内，与坑内金属离子形成高浓度的金属氯化物 MCl，并发生水解，即：

$$MCl + H_2O \rightarrow MOH\downarrow + H^+ + Cl^- \quad (4\text{-}6\text{-}1)$$

坑内金属离子的水解反应可使坑内溶液 pH 降至中性以下，坑内高 Cl^- 浓度、低 pH 加上封闭缺氧的环境使得该处阳极金属难以再钝化而持续溶解，维持了蚀坑的不断生长。当蚀坑覆盖物在渗透压或内应力的作用下发

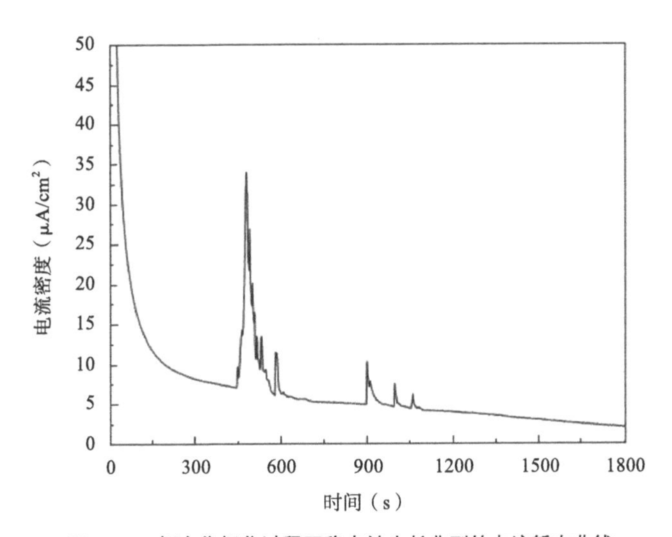

图 4-6-1　恒电位极化过程亚稳点蚀生长典型的电流暂态曲线

生破坏，亚稳蚀坑的开放程度扩大，坑内外溶液的离子交换速率加快，坑内溶液 Cl^- 浓度降低的同时 pH 增大，再加上坑外溶液中的氧气进入坑内，金属可再钝化，最终亚稳态点蚀消亡。然而，当亚稳点蚀的电流密度足够高时，亚稳态蚀坑发展达到较大深度后即使蚀坑覆盖物破裂，金属离子由坑底扩散到本体溶液的路径加长，蚀坑底部仍可保持较高的金属离子浓度和水解酸度，坑底处金属仍能持续溶解，最终发展成稳态点蚀。

金属再钝化行为与几乎所有的局部腐蚀过程密切相关，包括应力腐蚀、化学介质腐蚀、缝隙腐蚀等。局部腐蚀发生都起源于钝化膜的局部破坏，导致金属溶解与再钝化修复在裸露金属表面上并存，二者反复交替进行。可以说，在具体反应体系下，金属再钝化的能力将决定腐蚀失效是否发生及发生的程度，因而也是金属耐蚀性能的体现。金属的再钝化行为受众多因素影响，如合金元素及含量、环境温度、外加电位、溶液化学性质等，研究金属在特定条件下的再钝化行为，既是对金属钝化理论的补充，也有助于充分了解金属材料的耐蚀机制，为新型耐蚀材料的设计及腐蚀防护控制技术开发提供理论指导。

二、氯盐侵蚀下合金耐蚀钢筋的亚稳点蚀行为

通常认为，金属本身存在一些缺陷如气孔、硫化物夹杂等，导致这些缺陷部位形成的钝化膜相对薄弱或不够完整（金属基体 – 硫化物界面处的氧化膜有缺陷）。在含有氯盐的环境中，Cl^- 优先吸附在金属基体 – 硫化物界面的钝化膜薄弱处，该区域钝化膜的溶解速率远大于其他钝化膜完整部位，同时该区域含硫夹杂物本身也会发生溶解，溶解产物在原来的位置上形成含硫化物的闭塞外壳，闭塞区域内溶液化学性质改变（碱度低、Cl^- 聚集）促进该区域内金属溶解而诱发点蚀。因此，硫化物夹杂作为亚稳点蚀的敏感点，是影响点蚀形核的一个重要因素。Mary 等研究发现钢筋 MnS 夹杂物是最主要的点蚀诱发源，而且通过扫描微电极技术发现夹杂物周围产生的电流峰是其他部位的上百倍，这说明夹杂物部位阳极溶解电流密度偏高，更易点蚀形核。Ilevbare 等指明金属表面膜薄弱处易成为电化学活性点，点蚀在此位置首先诱发，若再钝化可迅速修复膜破裂处，则成

为亚稳点蚀，若膜破裂处未能被及时修复，则形成稳定点蚀。本节利用恒电位极化法（极化电位 100mV，极化时间 30min）研究不同 pH 模拟混凝土孔溶液中达到充分钝化状态（浸泡 7d）的 CR 钢筋（引入 LC 钢筋对比）受不同浓度（0M、0.2M、0.6M、2.0M）氯盐侵蚀时的亚稳点蚀行为（加入氯盐后，立即进行极化），描述恒电位极化作用下受 Cl^- 侵蚀钢筋点蚀暂态电流密度随时间的变化特征，分析不同 pH 环境中 CR 钢筋钝化膜薄弱处受 Cl^- 侵蚀而点蚀形核后的再钝化行为。

图 4-6-2 为不同 pH 模拟混凝土孔溶液中氯盐侵蚀下 CR 钢筋亚稳点蚀电流暂态曲线，图 4-6-3 为 pH=13.3 模拟混凝土孔溶液中氯盐侵蚀下 LC 钢筋亚稳点蚀电流暂态曲线。曲线中电流暂态波动峰通常涉及亚稳态点蚀的生长和再钝化。普遍认为电流暂态的缓慢上升表明亚稳态点蚀的生长，经过短暂时间的上升后，电流暂态迅速下降，表明亚稳态点蚀发生再钝化。

由图 4-6-2 和图 4-6-3 可知，各 pH 环境中，当无 Cl^- 存在时，钢筋电流暂态曲线表现为：随极化进行电流密度迅速衰减，并很快趋于稳态值——维钝电流密度，始终未出现电流波动峰，说明钢筋处于良好钝化状态。加入一定浓度 Cl^-（未超过钢筋腐蚀的临界 Cl^- 浓度）后，电流暂态曲线上均会出现单个峰或重叠峰（当峰值电流与本底电流之差 $\geq 0.4\mu A \cdot cm^{-2}$ 时，认为该电流波动峰有效，当差值 $< 0.4\mu A \cdot cm^{-2}$ 时，以误差处理，不在记数范围内）。电流暂态单个峰的出现是由于表面的单个活性点被激发为亚稳态点蚀后，蚀坑处很快再钝化，没有发生二次形核。电流暂态重叠峰的出现表明亚稳点蚀的内部存在点蚀的二次形核甚至多次形核，蚀坑处于再钝化与再活化的反复交替过程，从而出现电流暂态的连续波动。在特定 Cl^- 浓度侵蚀下，钢筋亚稳点蚀电流暂态峰数量随极化时间延长不断增加，体现了钢筋钝化膜薄弱处逐渐被 Cl^- 侵蚀破坏的过程；亚稳蚀坑再钝化时，点蚀电流由峰值迅速降到维钝电流。在相同的极化时间内，电流暂态峰的数量随侵蚀 Cl^- 浓度增大呈现变大趋势，表明高 Cl^- 浓度作用下亚稳态点蚀更易形核，更多的活性点被激发为点蚀生长点。当侵蚀 Cl^- 浓度达到钢筋腐蚀的临界 Cl^- 浓度时，极化一定时间之后，电流暂态随极化时间延长而快速上扬，不见回落至维钝电流的趋势，表明稳态点蚀开始形成。电流

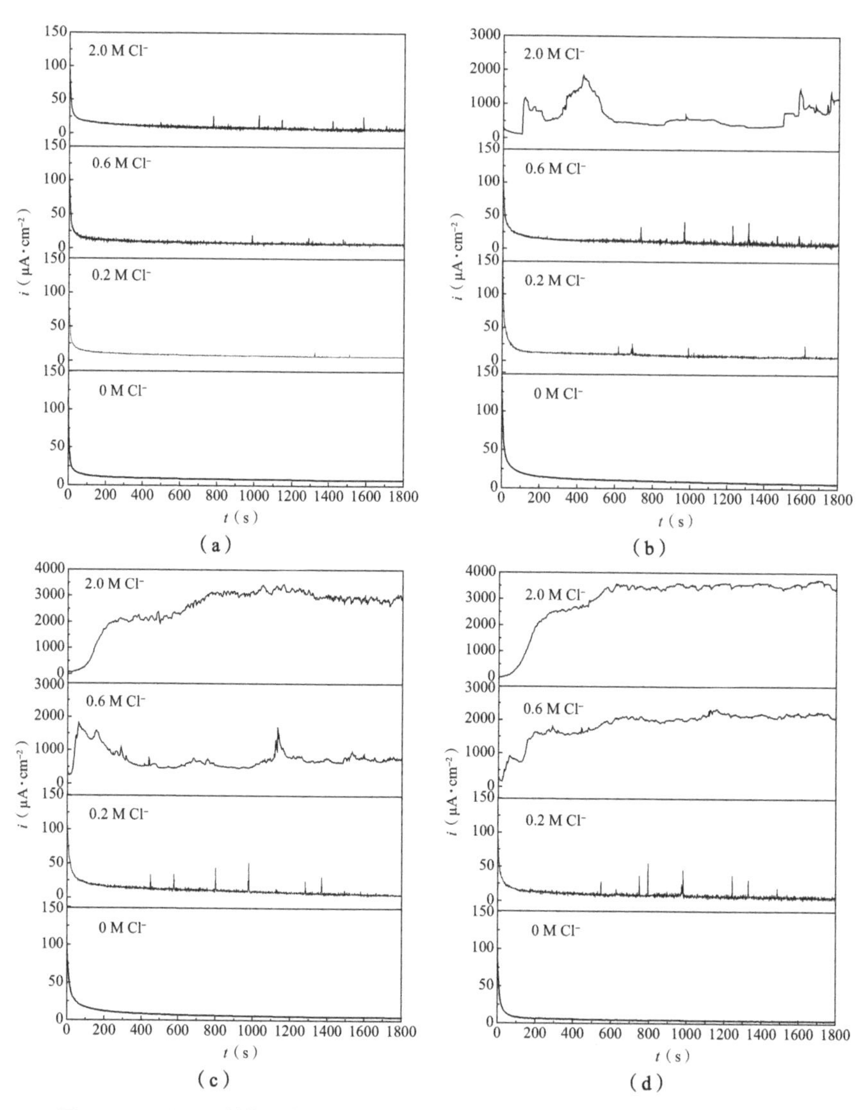

图 4-6-2　不同 pH 模拟混凝土孔溶液中氯盐侵蚀下 CR 钢筋亚稳点蚀电流暂态曲线
（a）pH=13.3；（b）pH=12.0；（c）pH=10.5；（d）pH=9.0

暂态在增加过程中呈现间杂的下降波动，反映了点蚀扩展的阻滞行为：随着稳态点蚀坑的持续活性溶解，坑口逐渐被腐蚀产物覆盖，腐蚀反应的离子传输过程受阻，一定程度降低了点蚀生长速度；当坑口的阻挡层在渗透压作用下破裂后，腐蚀反应物质传输加快，电流暂态再次上升。

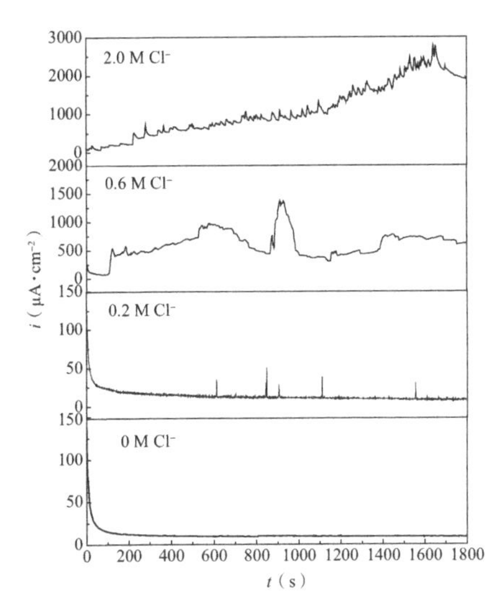

图 4-6-3　pH=13.3 模拟混凝土孔溶液中氯盐侵蚀下 LC 钢筋亚稳点蚀电流暂态曲线

亚稳态点蚀是典型的随机过程，其试验数据分散性大，重现性差，即使是完全相同的表面处理，也未必能得到重现性很好的结果。所以必须在大量试验的基础上，对试验结果进行分析，以得到有关参数的分布规律。典型的单个亚稳点蚀暂态电流峰如图 4-6-4 所示，统计各 pH 环境中不同 Cl^- 浓度侵蚀下 CR 和 LC 钢筋电流暂态峰的平均高度和宽度（表示亚稳点蚀的寿命），并计算它们的平均值。对于单个亚稳点蚀坑的电流暂态峰而言，电流暂态峰上升部分的斜率 K [式（4-6-2）] 反映该点蚀坑金属溶解的快慢程度，即点蚀的发展速率。

$$K=\frac{i_n-i_{n-1}}{t_n-t_{n-1}} \tag{4-6-2}$$

式中：$n \geqslant 1$，i 为暂态电流，t 为蚀坑生长时间。不同 pH 模拟混凝土孔溶液中氯盐侵蚀下 CR 和 LC 钢筋亚稳点蚀发展平均速率 K、电流暂态峰平均值 I_{peak} 及平均宽度 W_{peak} 统计计算结果如表 4-6-1 所示。

由表 4-6-1 可知，各 pH 环境中，随着 Cl^- 浓度增大，CR 和 LC 钢筋亚稳点蚀电流暂态平均峰值总体上呈现增加趋势，表明在高浓度 Cl^- 作用下，亚稳蚀坑内部的溶解更加剧烈，点蚀生长速率加快，这是由于 Cl^- 浓度增大时，金属钝化膜破坏反应加快，金属晶格中的金属原子更易被活化而离开晶格进入溶液。相关研究指出，亚稳点蚀电流暂态峰值越大，亚稳点蚀转变为稳态点蚀的概率也就越大，因此 Cl^- 浓度增大易促进钢筋稳态点蚀的发生。对于 CR 钢筋，pH=13.3 时，侵蚀 Cl^- 浓度达到 0.6M 时，亚稳点蚀电流暂态平均峰值仍不超过 30μA·cm^{-2}，pH 降至 9.0 时，侵蚀 Cl^- 浓度增至 0.6M 后，亚稳点蚀就可发展形成稳态点蚀，说明溶液 pH 降低时 CR 钢筋钝化膜自修复能力减弱。pH=13.3 环境中当 Cl^- 浓度增至 0.6M 后，LC 钢筋也形成持续活性溶解的稳态点蚀，也说明 LC 钢筋钝化膜自修复能力较弱。

从不同 Cl^- 浓度下钢筋单个亚稳点蚀电流暂态峰形状看，电流暂态峰上升部分可分为两个阶段：Ⅰ区和Ⅱ区。在Ⅰ区，K 随时间平缓增加，进入Ⅱ区（发生再次钝化前的极短时间内）后则迅速增大，说明亚稳蚀坑的活性溶解是一个加速过程，这是因为亚稳点蚀形核后蚀坑口阻挡层（金属盐膜或残余钝化膜）破裂，加速了腐蚀反应物质的扩散传输，阳极溶解电流快速增加，造成 K 迅速增大。由于电流暂态峰整个上升部分的斜率 K 并非一定值，为便于比较亚稳点蚀形核后发展速率，表 4-6-1 中 K 均是取自电流暂态峰上升部分（Ⅱ区）。各 pH 环境中当 Cl^- 浓度增大时，CR 和 LC 钢筋亚稳点蚀 K 随之增加，说明高 Cl^- 浓度作用加速了蚀坑的生长，蚀坑内部金属溶解速率加快。同一 Cl^- 浓度下，pH 降低时，CR 钢筋亚稳点蚀 K 呈现明显增大，表明低 pH 环境中 CR 钢筋亚稳蚀坑内金属溶解速率更快，原因是低 pH 液相造成亚稳蚀坑内碱度较低，金属阳极更加活化。

对于亚稳态点蚀来说，其寿命 W_{peak} 也是一个重要参数，寿命越短，则亚稳点蚀萌生、生长和消亡的过程越快。一个亚稳点蚀的寿命包括亚稳蚀坑形核生长的时间和消亡（再钝化）的时间。研究指出，再钝化本身就是一个很快的过程，在不同介质组成环境中，亚稳态点蚀的再钝化时间差别不大，因此可以认为亚稳点蚀的寿命大部分来源于亚稳蚀坑形核与生长的时间，这一时间与环境介质组成有关。表 4-6-1 显示，各 pH 环境中 Cl^- 浓度增大时，CR 和 LC 钢筋的 W_{peak} 值均有所减小，说明高 Cl^- 浓度作用下，钢筋亚稳点蚀寿命缩短，这是因为侵蚀 Cl^- 浓度增大时，一方面钢筋点蚀诱发处钝化膜加速解体破坏，点蚀形核时间变短，另一方面形核亚稳蚀坑内金属溶解速率加速（根据前面钢筋亚稳点蚀电流暂态峰平均值分析结果），覆盖物层更易破裂，蚀坑生长时间缩短。同一 Cl^- 浓度下，pH 降低时，CR 钢筋亚稳点蚀寿命缩短也可从以上两个方面解释。

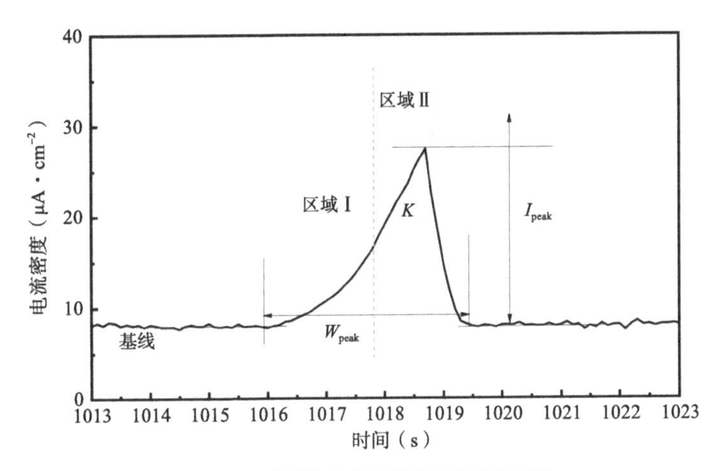

图 4-6-4　典型的单个亚稳点蚀暂态电流峰

不同 pH 模拟混凝土孔溶液中氯盐侵蚀下 CR 和 LC 钢筋亚稳点蚀平均速率 K、电流暂态峰平均值 I_{peak} 及平均宽度 W_{peak} 统计计算结果　　表 4-6-1

钢筋	pH	Cl^- 浓度（M）	K	I_{peak}（$\mu A \cdot cm^{-2}$）	W_{peak}（s）
CR	13.3	0	0	0	0
		0.2	3.45	0.86	3.6
		0.6	7.21	1.51	3.3
		2.0	11.43	3.54	–
	12.0	0	0	0	0
		0.2	6.86	1.73	2.5
		0.6	13.27	3.16	2.1
		2.0	–	–	–
	10.5	0	0	0	0
		0.2	17.92	9.34	1.7
		0.6	–	–	–
		2.0	–	–	–

续表

钢筋	pH	Cl^- 浓度（M）	K	I_{peak}（$\mu A \cdot cm^{-2}$）	W_{peak}（s）
CR	9.0	0	0	0	0
		0.2	21.74	11.78	1.5
		0.6	–	–	–
		2.0	–	–	–
LC	13.3	0	0	0	0
		0.2	16.39	8.49	2.3
		0.6	–	–	–
		2.0	–	–	–

第七节　合金耐蚀钢筋钝化膜局部破坏后的自修复行为及其机制

一、不同 pH 环境中 Cl^- 侵蚀下合金耐蚀钢筋钝化膜自修复效果表征

以上不同环境中钢筋电极恒电位极化结束后，静置 7d 取出，用 SVET 方法测试钢筋表面腐蚀电流密度分布状况。图 4-7-1 为不同 pH 模拟混凝土孔溶液中氯盐侵蚀下 CR 钢筋表面腐蚀电流密度分布图，图 4-7-2 为 pH=13.3 模拟混凝土孔溶液中氯盐侵蚀下 LC 钢筋表面腐蚀电流密度分布图。由图可见，各 pH 环境中，Cl^- 浓度为 0.2M 时，CR 和 LC 钢筋表面电流密度分布非常均匀，且均非常小，处于 1.0 ~ 1.5$\mu A \cdot cm^{-2}$，表明钢筋表面钝化膜各处完好，抑制了钢筋腐蚀发生。当 Cl^- 浓度增至 2.0M 时，pH 为 12.0 ~ 13.3 的 CR 钢筋表面电流密度分布仍比较均匀，不存在明显突起的电流密度峰，监测到的电流密度在 1.0 ~ 1.5$\mu A \cdot cm^{-2}$ 内变化，表明钢筋表面各处电化学状态均匀，这说明高 pH（12.0 ~ 13.3）环境中受 2.0M Cl^- 侵蚀即使 CR 钢筋发生局部点蚀后，经过一定时间愈合，钢筋钝化膜可自行修复，抑制点蚀发生；而 pH 为 9.0 ~ 10.5 环境中 CR 钢筋表面存在许多强电化学活性缺陷，pH=10.5 时缺陷处最大腐蚀电流密度超过 40$\mu A \cdot cm^{-2}$，pH=9.0 时缺陷处最大腐蚀电流密度达 45 ~ 60$\mu A \cdot cm^{-2}$，说

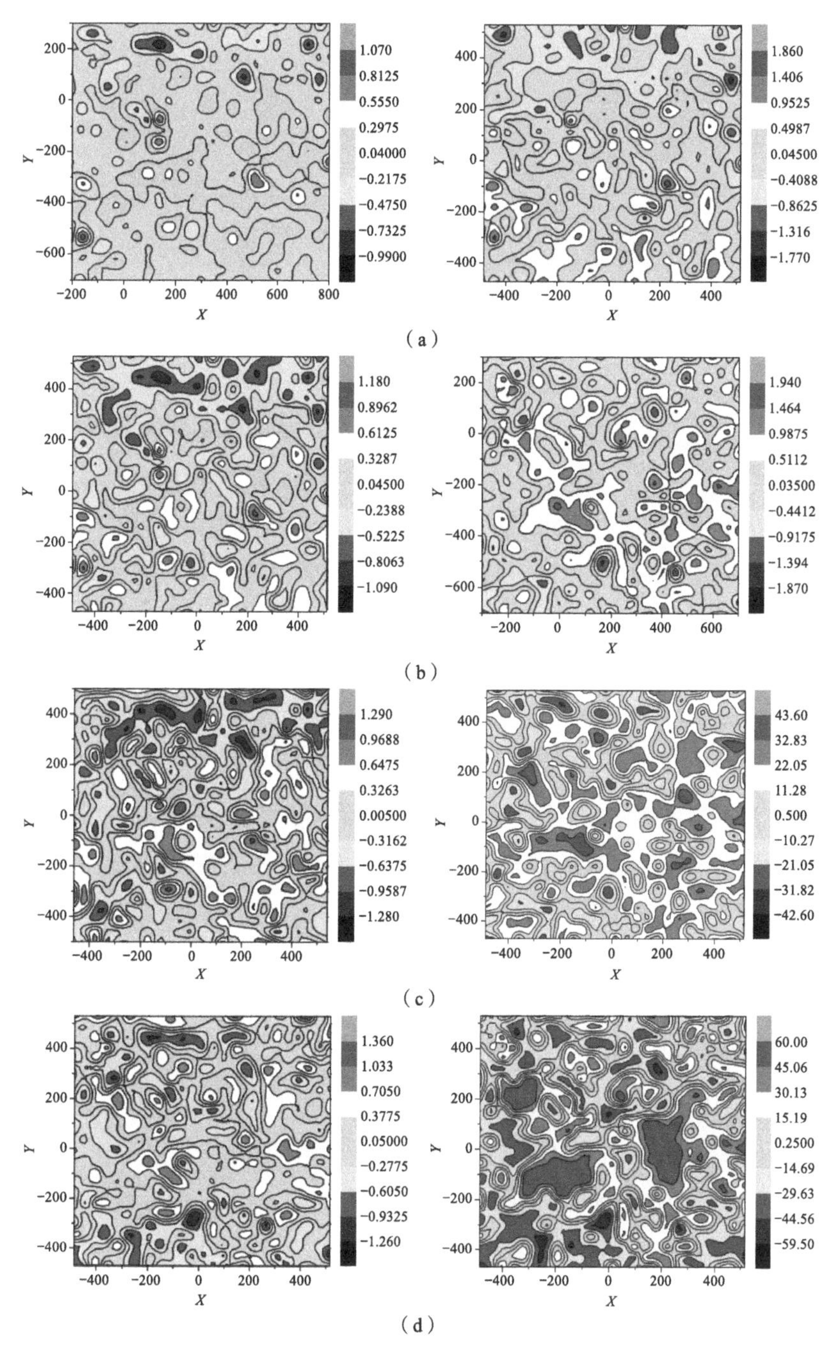

图 4-7-1　不同 pH 模拟混凝土孔溶液中氯盐侵蚀下 CR 钢筋表面腐蚀电流密度（$\mu A \cdot cm^{-2}$）分布图

（a）pH=13.3；（b）pH=12.0；（c）pH=10.5；（d）pH=9.0

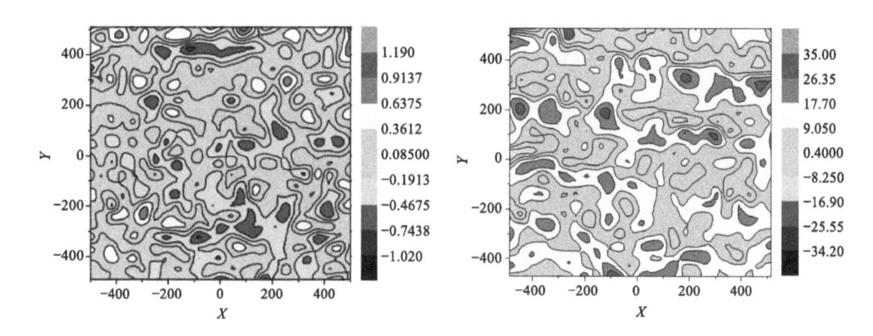

图 4-7-2　pH=13.3 模拟混凝土孔溶液中氯盐侵蚀下 LC 钢筋表面腐蚀电流密度（$\mu A \cdot cm^{-2}$）分布图

明低 pH（9.0 ~ 10.5）环境中 CR 钢筋表面点蚀缺陷处暴露的基体金属正快速溶解，形成严重腐蚀。相比 pH=10.5 的情况，pH=9.0 时 CR 钢筋活性区域面积沿缺陷边缘有所扩大，意味着其点蚀坑尺寸更大。pH=13.3 环境中受 2.0M Cl^- 侵蚀时，LC 钢筋表面亦发现较多点蚀坑缺陷，点蚀坑缺陷处最大腐蚀电流高达 $35\mu A \cdot cm^{-2}$，说明高氯盐侵蚀下 LC 钢筋诱发点蚀后，钝化膜无法自修复，稳定点蚀逐渐扩展。

二、合金耐蚀钢筋钝化膜薄弱处 Cl^- 侵蚀前后形貌高度变化

以上不同环境中钢筋恒电位极化结束后，静置 7 d 取出，采用反射式数字全息显微镜观察样品表面形貌和高度。图 4-7-3 和图 4-7-4 为 pH=13.3 模拟混凝土孔溶液中氯盐侵蚀下 CR 和 LC 钢筋表面形貌和高度变化。图中 *OPL* 为高度，*dist* 为选区长度。由图可见，无 Cl^- 侵蚀时，CR 和 LC 钢筋表面均较平整光滑，无明显高低起伏变化，个别地方凹陷深度（夹杂硫化物）在 40nm 左右，可能是由钢筋打磨抛光引起的（钢筋基体与夹杂物硬度存在差别）。0.2M Cl^- 侵蚀下，钢筋表面凹坑（夹杂硫化物）深度达到 60 ~ 70nm，说明受 Cl^- 侵蚀后钢筋夹杂物发生部分溶解。2.0M Cl^- 侵蚀下，CR 钢筋表面凹坑深度相比 0.2M Cl^- 侵蚀时，由 60nm 左右增至约 75nm，表明其中夹杂物发生了进一步溶解，而 LC 钢筋表面凹坑变得“口宽底深”，其深度最大接近 1500nm，已发展成宏观点蚀坑。比较 Cl^- 侵蚀下 CR 和 LC 钢筋表面形貌和高度变化，可以证实，在氯盐环境中，Cl^- 优先吸附在金属基体 – 夹杂物界面的钝化膜薄弱处，引起薄弱处钝化膜和夹杂物不断

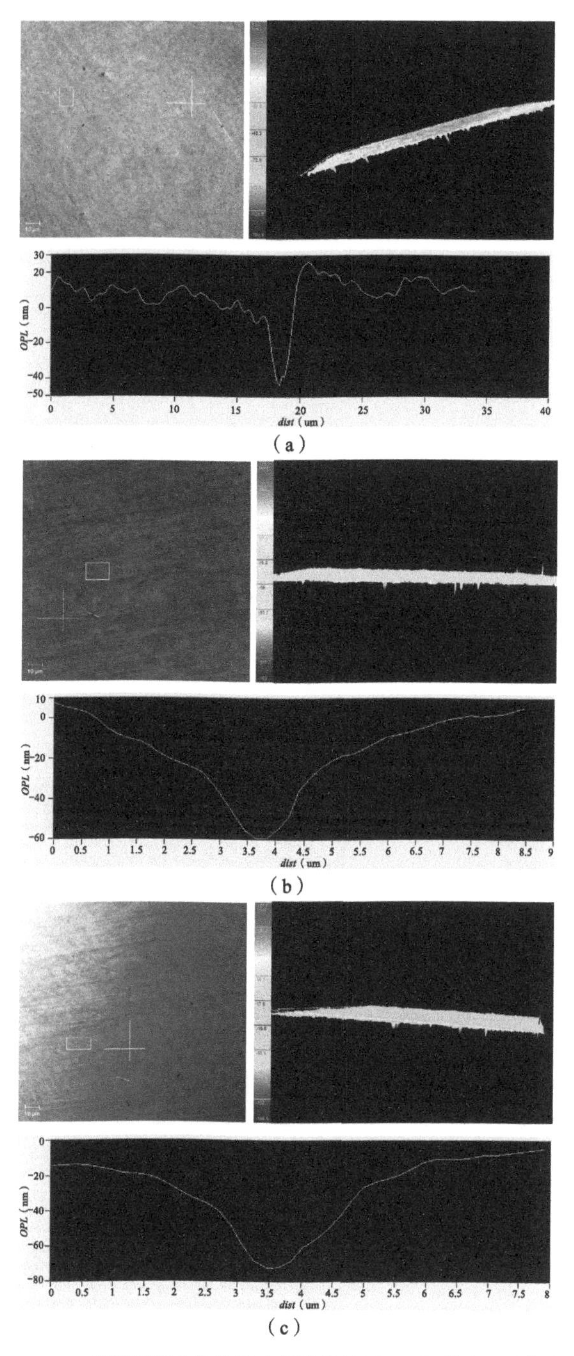

图 4-7-3　pH=13.3 模拟混凝土孔溶液中氯盐侵蚀下 CR 钢筋表面形貌和高度变化

（a）0M;（b）0.2M;（c）2.0M

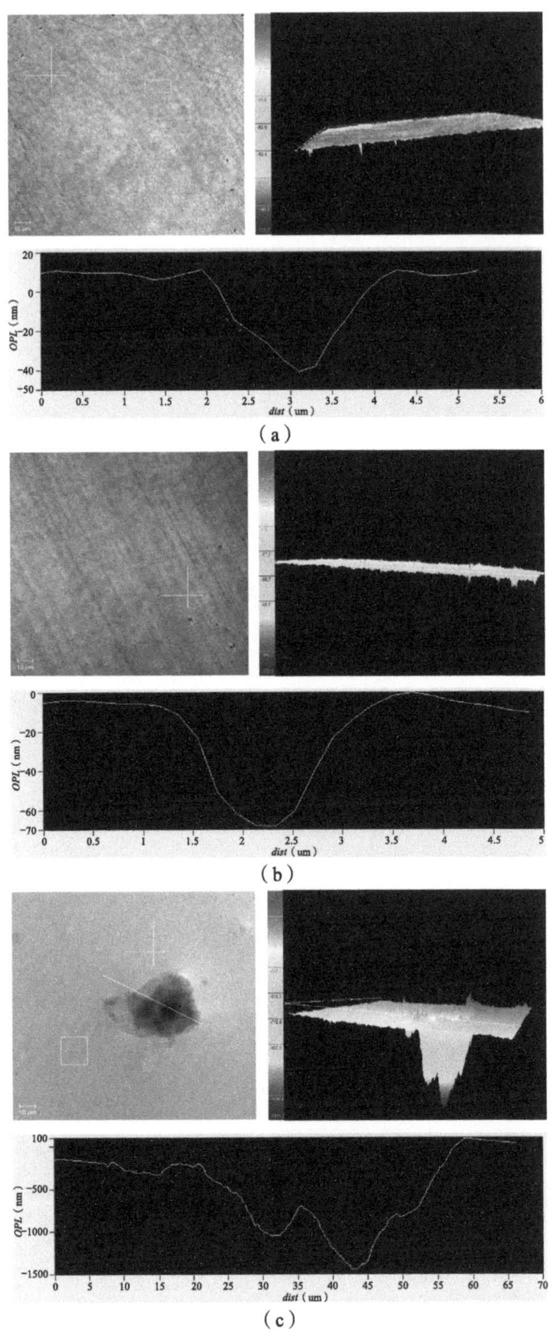

图 4-7-4　pH=13.3 模拟混凝土孔溶液中氯盐侵蚀下 LC 钢筋表面形貌和高度变化

(a) 0M; (b) 0.2M; (c) 2.0M

溶解，形成作为点蚀形核源的凹坑，直至发展成宏观点蚀坑。

三、合金耐蚀钢筋钝化膜薄弱处 Cl^- 侵蚀前后组成变化

以上不同环境中钢筋恒电位极化结束后，静置 7d 取出，SEM 观察钢筋表面形貌，不同 pH 模拟混凝土孔溶液中氯盐侵蚀下 CR 钢筋表面形貌如图 4-7-5 所示，pH=13.3 模拟混凝土孔溶液中氯盐侵蚀下 LC 钢筋表面形貌如图 4-7-6 所示。由图可见，在无 Cl^- 或低浓度 Cl^-（0.2M）时，各 pH

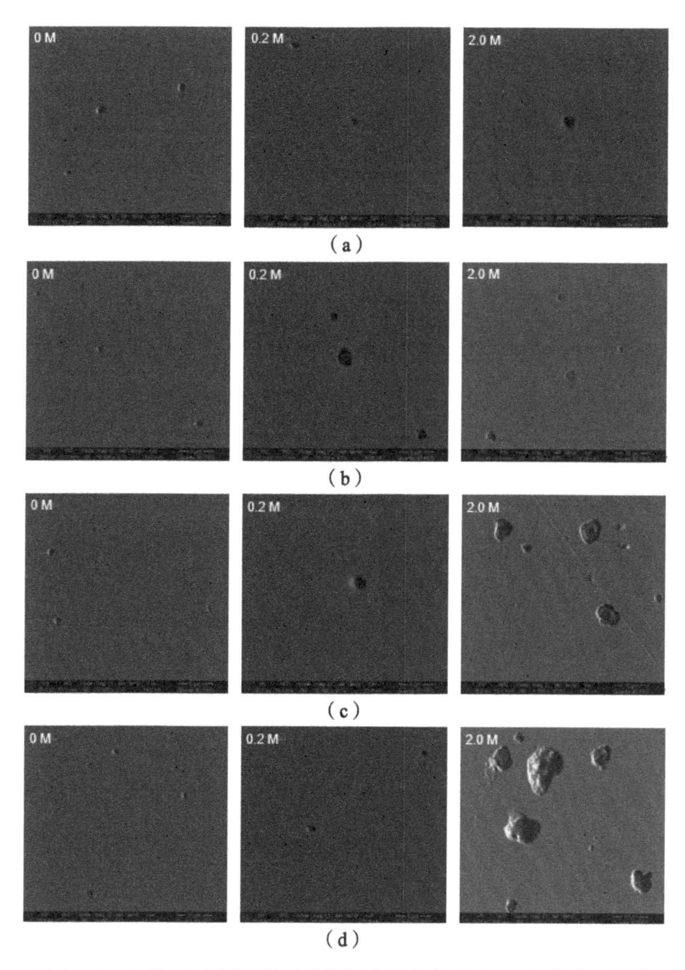

图 4-7-5　不同 pH 模拟混凝土孔溶液中氯盐侵蚀下 CR 钢筋表面形貌

（a）pH=13.3；（b）pH=12.0；（c）pH=10.5；（d）pH=9.0

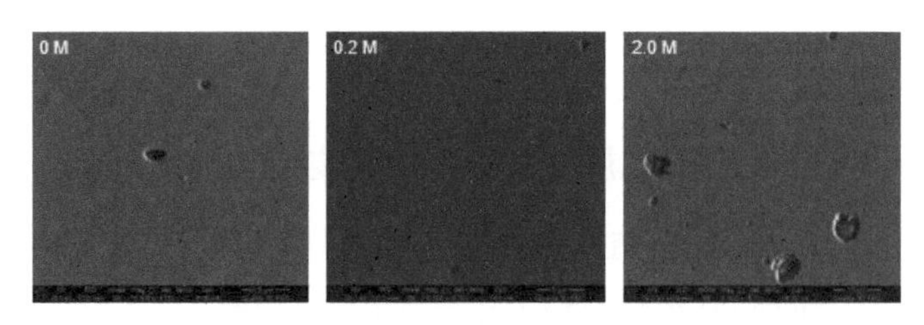

图 4-7-6　pH=13.3 模拟混凝土孔溶液中氯盐侵蚀下 LC 钢筋表面形貌

环境中钢筋均未出现点蚀坑，钝化膜保持完好；当 Cl^- 浓度增至 2.0M 时，除 pH=13.3 环境中 CR 钢筋钝化膜仍然完好，其余各环境中 CR 和 LC 钢筋均形成明显的深凹点蚀坑，这证实了 SVET 方法的分析结论。

钢筋表面薄弱区域元素成分分析 EDS 图谱如图 4-7-7 所示，EDS 分析各 pH 环境中 Cl^- 侵蚀下 CR 和 LC 钢筋钝化膜薄弱处（夹杂物或点蚀坑）元素组成，获取各元素相对含量，计算其中（Mn+S）/（Fe+Cr+O）[或（Mn+S）/（Fe+O）] 及 Fe/Cr 的原子数量比值。图 4-7-8 为不同 pH 模拟混凝土孔溶液中氯盐侵蚀下 CR 钢筋钝化膜薄弱处元素组成变化，图 4-7-9 为 pH=13.3 模拟混凝土孔溶液中氯盐侵蚀下 LC 钢筋钝化膜薄弱处元素组成变化（考虑 EDS 定量分析的误差，每一元素含量比值均取为试样六处测试结果的平均值）。

由图 4-7-8 和图 4-7-9 可见，各 pH 环境中，相比无 Cl^- 存在时，受 Cl^- 侵蚀后，钢筋钝化膜薄弱处（Mn+S）/（Fe+Cr+O）[或（Mn+S）/（Fe+O）] 元素含量比值，均呈现显著减小变化（夹杂物处变成点蚀坑后，Mn、S 元素含量趋于零），说明其中夹杂物 MnS 含量减少，而金属氧化物含量增大，可以推测，Cl^- 侵蚀作用下，钢筋钝化膜薄弱处夹杂物 MnS 不断溶解，同时修复性钝化膜不断形成（Cl^- 浓度达到 2.0M 后钢筋发生点蚀的情况除外）。对于 CR 钢筋而言，钝化膜薄弱处金属氧化物含量增大的同时，Fe/Cr 元素含量比值却在减小，说明 Cr 物相更加富集，体现了 Cr 元素对修复性钝化膜形成的促进作用。pH=13.3 环境中受 2.0M Cl^- 侵蚀后，LC 钢筋早已发生活化腐蚀而 CR 钢筋仍然维持钝态，正是 Cr 促进了 CR 钢筋钝化膜不断修复。

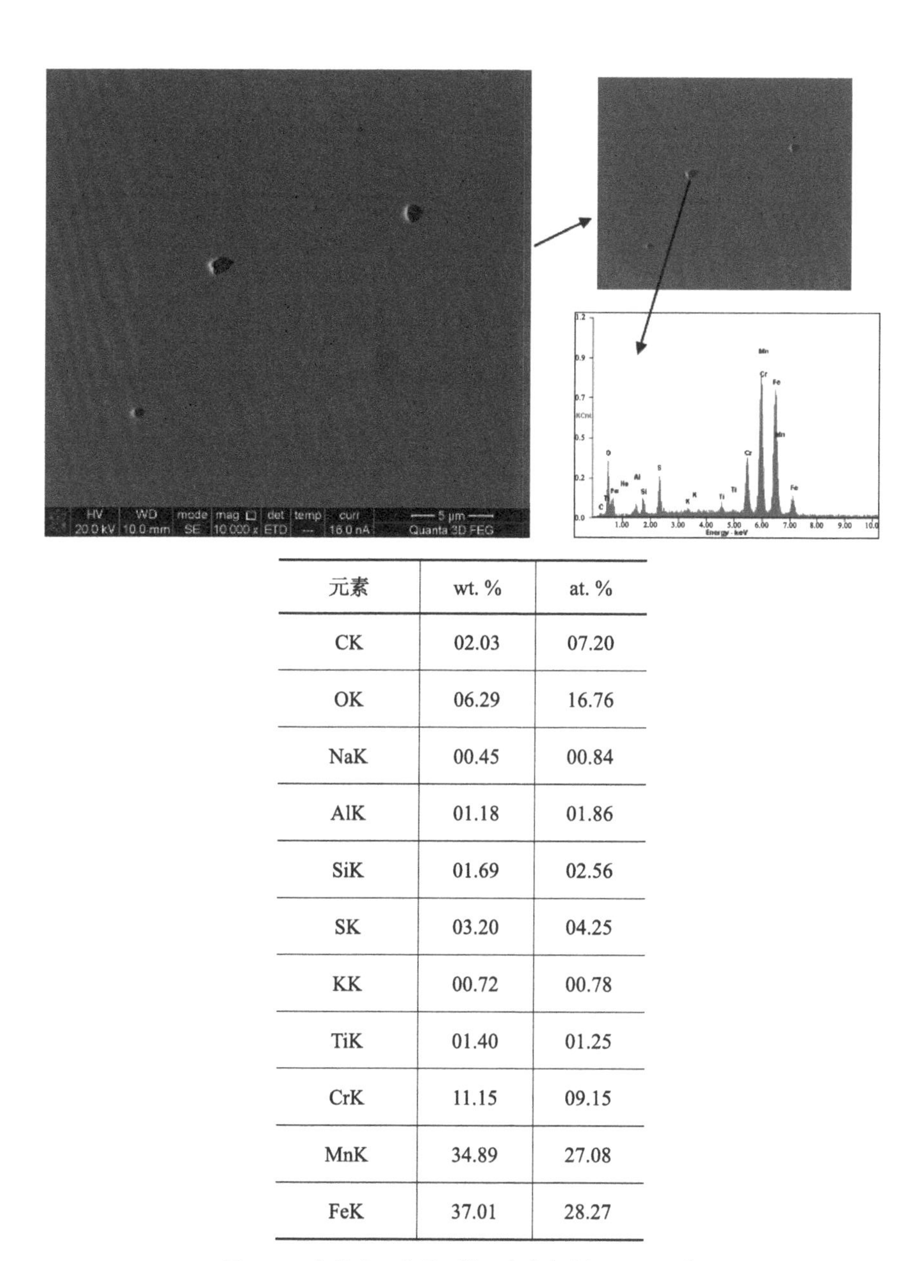

元素	wt. %	at. %
CK	02.03	07.20
OK	06.29	16.76
NaK	00.45	00.84
AlK	01.18	01.86
SiK	01.69	02.56
SK	03.20	04.25
KK	00.72	00.78
TiK	01.40	01.25
CrK	11.15	09.15
MnK	34.89	27.08
FeK	37.01	28.27

图 4-7-7　钢筋表面薄弱区域元素成分分析 EDS 图谱

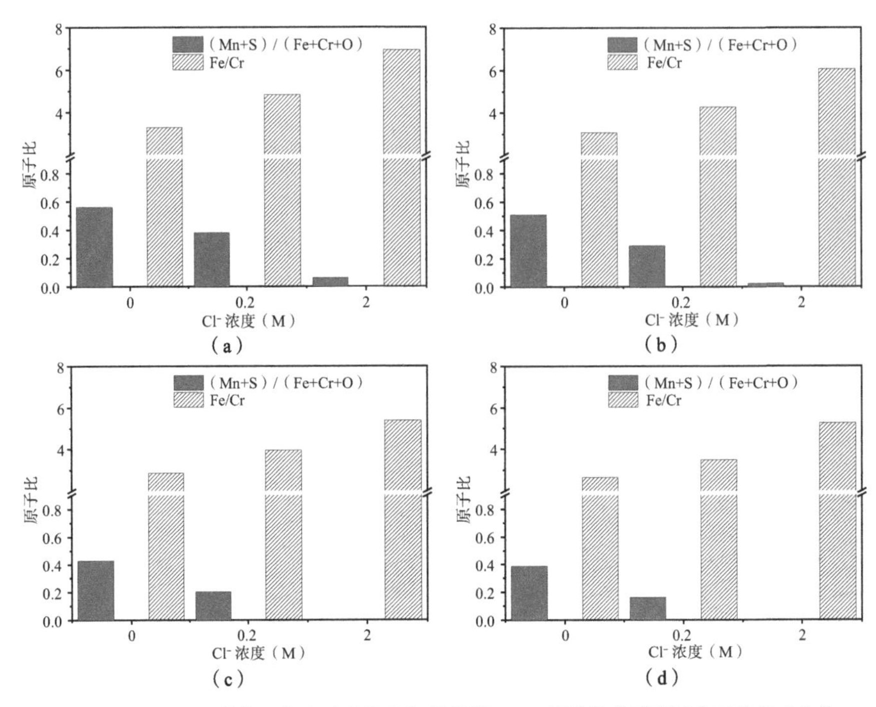

图 4-7-8 不同 pH 模拟混凝土孔溶液中氯盐侵蚀下 CR 钢筋钝化膜薄弱处元素组成变化

（a）pH=13.3；（b）pH=12.0；（c）pH=10.5；（d）pH=9.0

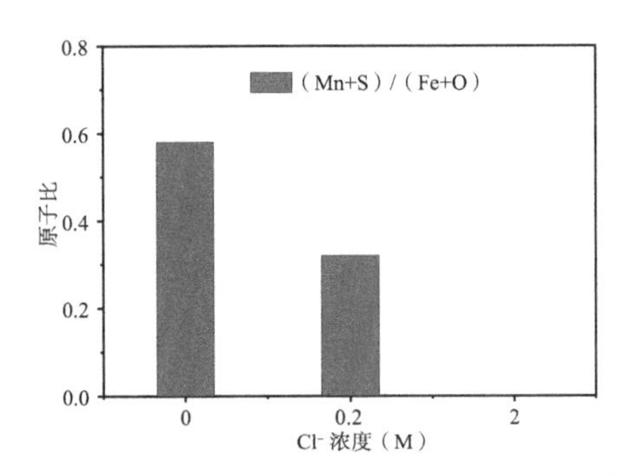

图 4-7-9 pH=13.3 模拟混凝土孔溶液中氯盐侵蚀下 LC 钢筋钝化膜薄弱处元素组成变化

四、合金耐蚀钢筋钝化膜自修复过程

通过上述钢筋亚稳点蚀及其再钝化行为研究，参考前人提出的钢筋表面点蚀形核与生长机理，Cl^- 侵蚀下 CR 钢筋钝化膜局部破坏后的自修复过程如图 4-7-10 所示。

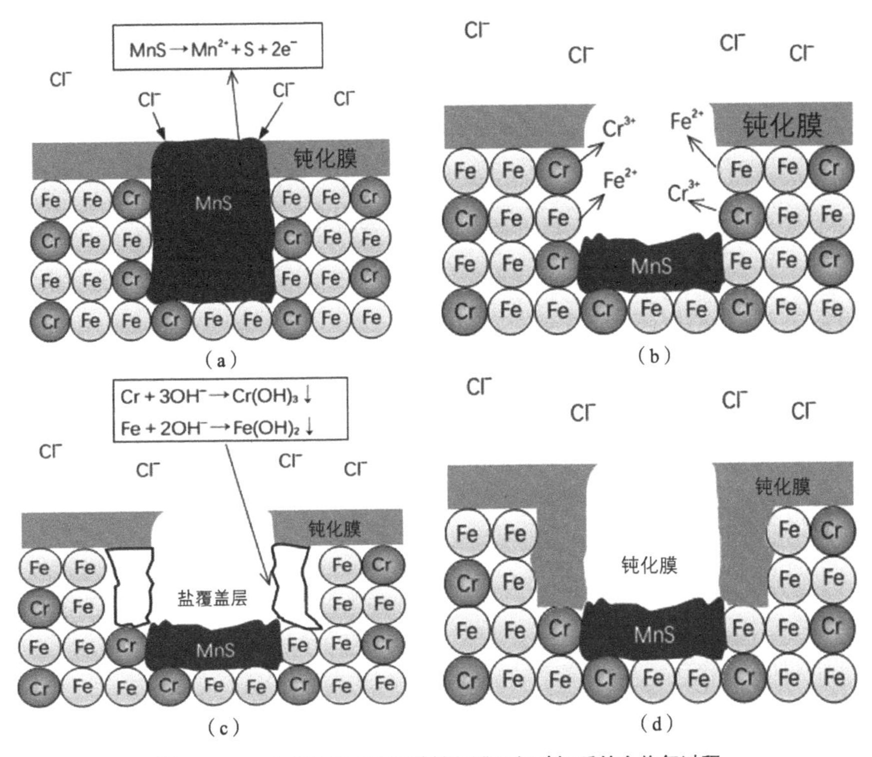

图 4-7-10 Cl^- 侵蚀下 CR 钢筋钝化膜局部破坏后的自修复过程

（1）钢筋本身固有的硫化物夹杂使得钝化膜的连续性与完整性在夹杂物处遭到破坏，钢筋基体与夹杂物界面处钝化膜最薄弱、结构缺陷最多，侵蚀性 Cl^- 离子首先在夹杂物与钢筋基体界面处钝化膜上吸附，如图 4-7-10（a）所示。

（2）Cl^- 吸附于金属基体与夹杂物界面薄弱处钝化后，该处钝化膜快速溶解，同时该处附近含硫夹杂物也逐渐发生溶解，导致该区域形成凹坑。当该区域钢筋基体暴露后，基体金属原子开始发生活性溶解，表现为电流暂态陡然增大，亚稳点蚀形核，如图 4-7-10（b）所示。

（3）亚稳点蚀形核处钢筋基体 Cr、Fe 原子被氧化为 Cr^{3+}、Fe^{2+}，与溶液中 OH^- 结合形成金属氢氧化物盐膜，覆盖于裸露基体表面，形成一微闭塞坑，微闭塞坑区内，金属基体中 Cr、Fe 原子继续被氧化为 Cr^{3+}、Fe^{2+}，微闭塞区内碱度低、Cl^- 聚集的溶液化学性质使得金属溶解速率进一步加快，直至盐膜覆盖层破裂，如图 4-7-10（c）所示。

（4）盐膜覆盖层破裂后，外界溶液中高浓度 OH^- 离子迅速进入，与坑中大量积累的 Cr^{3+}、Fe^{2+} 阳离子反应，形成含 Cr 的高稳定性钝化膜，该处钝化膜得以修复，如图 4-7-10（d）所示。这一阶段点蚀诱发处能否形成修复性钝化膜，与溶液 Cl^- 浓度和 pH 有关，对于 CR 钢筋而言，即使侵蚀 Cl^- 浓度达到 2.0M，溶液 pH 为 12.0 ~ 13.3 时，点蚀诱发处仍能形成含铬修复性钝化膜，而溶液 pH 为 9.0 ~ 10.5 时，点蚀诱发处便难以形成修复性钝化膜，破坏区域不断扩展，形成了电镜下观察到的微观点蚀形态。

第五章　严酷环境下新型合金耐蚀钢筋腐蚀行为

第一节　概述

对海洋工程钢筋混凝土结构钢筋锈蚀耐久性失效的因素来说，氯离子侵入导致钢筋脱钝锈蚀远比碳化导致钢筋锈蚀的影响严重。尽管现阶段钢筋腐蚀行为研究有多种电化学方法，但未必都对耐蚀钢筋适用。因为耐蚀钢筋腐蚀以点蚀为主，点蚀发生时，钢筋表面绝大部分区域仍保持钝态，阴极面积远远大于阳极面积，阳极面积只是整个电极面积的极小部分；而普通低碳钢筋破钝发生腐蚀时，较大部分面积钝化膜被破坏，阳极区域面积占相当比例。Singh 等研究比较了模拟混凝土孔溶液中含微量 Cr 与 Cu 的低合金耐蚀钢筋及普通低碳钢筋长期腐蚀行为，发现该低合金耐蚀钢筋的耐氯盐点蚀能力与普通低碳钢筋相当，但腐蚀后期其耐蚀性表现出高于普通低碳钢 2 ~ 3 倍。钢筋表面成分分析发现，腐蚀后期，钢筋的锈层出现分层现象：低合金耐蚀钢筋的锈层主要包含粘结力强、稳定致密的 γ-Fe_2O_3 与 α-FeOOH，而普通低碳钢筋的锈层则以稳定性较差、疏松多孔的 γ-FeOOH 为主。低合金耐蚀钢筋表面致密的腐蚀产物阻碍其腐蚀后期腐蚀反应的物质传输，可更好保护钢筋基体。施锦杰考察比较了模拟混凝土孔溶液中不同浓度氯盐下普通低碳钢筋与低合金耐蚀钢筋腐蚀行为，研究表明高浓度氯盐（1.0M）的长期侵蚀作用下，低合金耐蚀钢筋腐蚀速率明显低于普通低碳钢筋。观察钢筋横截面锈层微观形貌发现：普通低碳钢筋腐蚀产物疏松，存在明显缝隙；低合金耐蚀钢筋锈蚀产物出现分层现象，即外层疏松稍薄，裂缝较多，内层致密较厚，未见明显裂缝。钢筋锈层成分线扫描分析发现，在低合金耐蚀钢筋内锈层区域，出现 Cr 富集现象，明显高于钢筋基体的 Cr 含量，而外锈层区域基本不含 Cr。因此得出结论，低合金耐蚀钢筋具有较高耐蚀性的一个重要原因是其 Cr 在内锈层中富集，形成了致密稳定的内锈层，致密且黏附性强的内锈层不仅抑制腐蚀后期钢筋腐蚀速率上升，而且阻滞氯离子进一步侵蚀钢筋基体，含 Cr 的致密内锈层对低合金耐蚀钢筋腐蚀后期的耐蚀性起到了主导作用。

第二节　耐蚀钢筋在中性氯化钠溶液中的腐蚀行为研究

一、耐蚀钢筋在中性氯化钠溶液中的电化学测试

图 5-2-1 是钢筋在 3.5wt.% NaCl 溶液中连续浸泡腐蚀电位（*OCP*）时变曲线。由图可见，两种钢筋的 *OCP* 在 0 ~ 15d 均单调上升，这主要是由于钢筋样品表面氧化膜在水溶液中形成水化膜而导致电极电位正移动。当浸泡进行至 16d 后，耐蚀钢筋 *OCP* 陡降，结合腐蚀形貌发现在环氧和钢筋样品的封装缝隙处钢筋发生缝隙腐蚀；而 2205 不锈钢钢筋在所设置的 50d 浸泡测试期间内仍保持缓慢上升，未见腐蚀。由此可见，8-1 钢筋在中性氯化钠溶液中未腐蚀时，其 *OCP* 高于 2205 不锈钢钢筋，但其缝隙腐蚀倾向较为敏感。

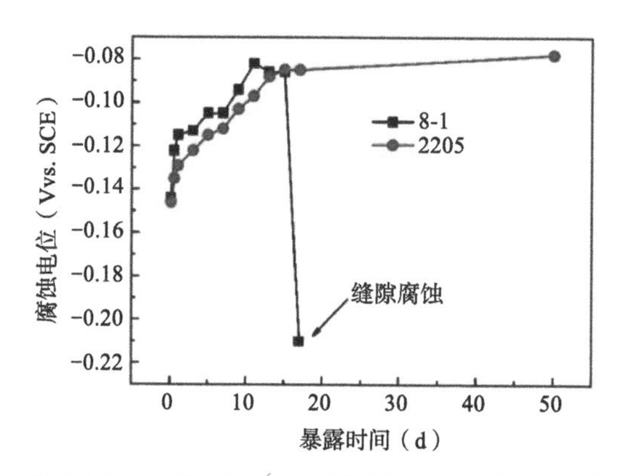

图 5-2-1　钢筋在 3.5wt.%NaCl 溶液中连续浸泡腐蚀电位（*OCP*）时变曲线

图 5-2-2 是钢筋在 3.5wt.% NaCl 溶液中连续浸泡 30min、1d 和 15d 测得的 EIS Nyquist 曲线。由图 5-2-2（a）可知，7-1 钢筋的容抗弧半径明显较小，而 8-1 和 2205 钢筋则相对较大且接近，所以 7-1 钢筋在氯化钠溶液中的耐蚀性较低；随着浸泡时间增加，8-1 和 2205 钢筋的容抗弧半径显著增大，这主要是氧化膜转变成水化膜而引起的；在随后的 15d 连续浸泡中，容抗弧半径仍有所增大，但增幅减缓，容抗弧半径的变化规律与 *OCP* 的时变规律一致。

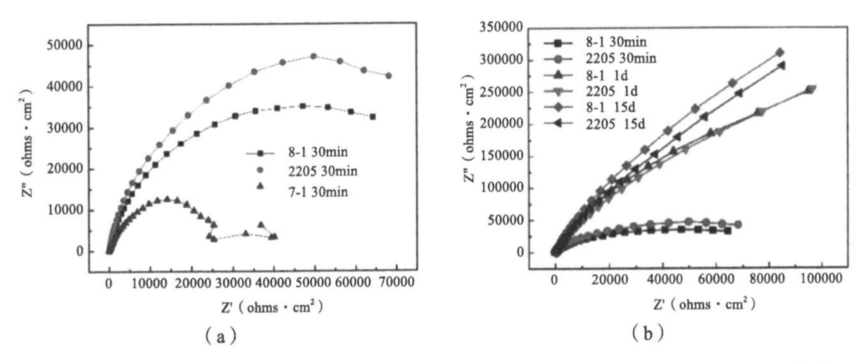

图 5-2-2 钢筋在 3.5wt.%NaCl 溶液中连续浸泡 30min、1d 和 15d 测得的 EIS Nyquist 曲线
（a）三种钢筋浸泡 30min Nyquist 曲线；（b）三种钢筋浸泡 30min 和 15d Nyquist 曲线

图 5-2-3 是钢筋在 3.5wt.%NaCl 溶液中连续浸泡 30min、1d 和 15d 测得的动电位扫描极化曲线（PDP 曲线）。由图 5-2-3（a）可见，三种钢筋的腐蚀电位相差较小，但极化曲线形状有较大区别。7-1 钢筋的阳极极化曲线表现出完全的阳极快速溶解，没有发生钝化现象；8-1 耐蚀钢筋则表现出一定的钝化效果，其点蚀电位约为 –0.05V；2205 耐蚀性最佳，表现出明显的钝化，其点蚀电位高至 0.45V。当浸泡至 1d 后，8-1 耐蚀钢筋的点蚀电位提升至 0.02V，而 2205 不锈钢钢筋点蚀电位则提升至 0.58V；在随后的长周期浸泡过程中，两种钢筋的点蚀电位均有所提升，浸泡 15d 后 8-1 耐蚀钢筋的点蚀电位提升至 0.1V，而 2205 不锈钢钢筋点蚀电位则大幅度提升至 1V。由此可见，水合氧化膜的形成对两种钢筋抗氯盐点蚀能力均能起到促进作用，且对 2205 不锈钢钢筋的作用更为明显。从点蚀电位判断，

8-1 耐蚀钢筋在 3.5wt.% NaCl 溶液中表现出一定的钝化能力，但其耐蚀性与 2205 不锈钢钢筋仍有较大的差距。

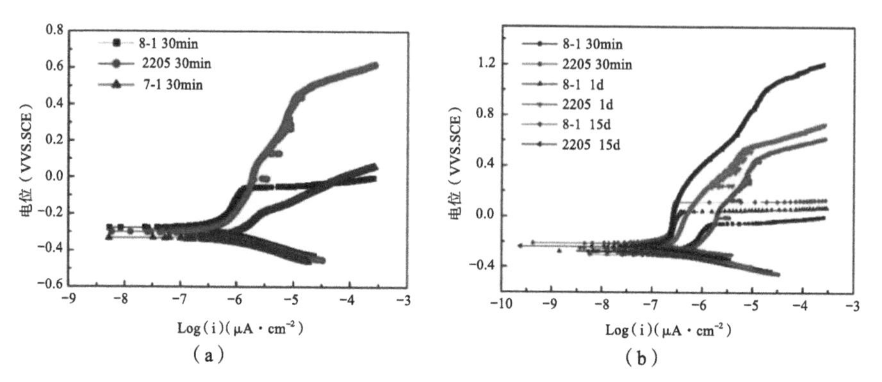

图 5-2-3 钢筋在 3.5wt.% NaCl 溶液中连续浸泡 30min、1d 和 15d 测得的动电位扫描极化曲线（PDP 曲线）

（a）三种钢筋浸泡 30min Nyquist 曲线；（b）三种钢筋浸泡 30min 和 15d Nyquist 曲线

图 5-2-4 是 8-1 耐蚀钢筋在 3.5wt.% NaCl 溶液浸泡 20d 后的缝隙腐蚀形貌及 EPMA 分析。此时，在环氧树脂和样品的边缝处，钢筋已发生了明显的腐蚀，无点蚀特征。通过 EPMA 元素分析可见，样品表面腐蚀区域的 Cr、Mo 耐蚀性元素的含量明显高于未腐蚀的基体区域，说明 Cr、Mo 在锈层中富集，锈层中 Cr、Mo 的含量近 2 倍于基体中的 Cr 含量，锈层中 Fe/Cr 比约为 3：2，远远高出基体中约 9：1 的 Fe/Cr 比。耐蚀合金元素在锈层中的富集，将显著提高锈层对腐蚀介质扩渗的阻滞作用，且抑制锈层的膨胀。

综合腐蚀电化学测试和腐蚀形貌观察分析得出，在 3.5wt.% NaCl 溶液中 7-1 钢筋耐蚀性最低，而 8-1 耐蚀钢筋的耐蚀性则明显优于 7-1 耐蚀钢筋，但与 2205 不锈钢钢筋耐蚀性仍有较大差距；8-1 耐蚀钢筋无点蚀倾向，但缝隙腐蚀较为敏感；8-1 耐蚀钢筋锈层中 Cr、Mo 耐蚀性合金元素富集，将有利于提高锈层对腐蚀介质扩散的阻滞作用，降低锈层的膨胀系数。此外，在钢筋未发生腐蚀时，8-1 耐蚀钢筋 *OCP* 和 E_{corr} 均高于 2205 不锈钢钢筋，这一点与两者的耐蚀性对比关系相反，因此不宜采用电位值对两者进行耐蚀性对比分析，建议用 EIS 和 PDP 测试进行对比分析。

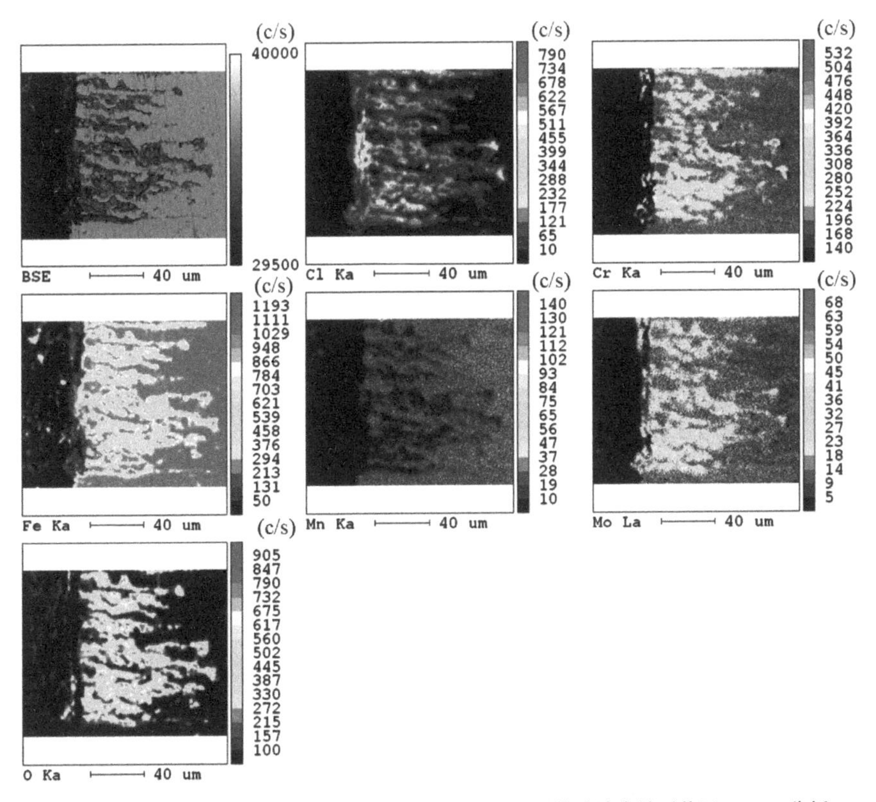

图 5-2-4　8-1 耐蚀钢筋在 3.5wt.% NaCl 溶液浸泡 20d 后的缝隙腐蚀形貌及 EPMA 分析

二、加速腐蚀试验中两种钢的腐蚀性能

两种钢筋在 5.0wt.% 的 NaCl 中性水溶液中经过 72h、168h、360h 盐雾加速腐蚀试验后的试样形貌如图 5-2-5 所示，从图中可以看出，随着试验周期的延长，试样的腐蚀程度逐渐加剧，其中 LC 钢在试验初期表现出全面（均匀）腐蚀的特征，168h 后出现瘤状或溃疡状腐蚀，360h 后锈层加厚，腐蚀程度进一步恶化。而 8-1 钢自始至终都只发生局部腐蚀，对照清洗锈层后的试样表面，均能发现光滑的非锈蚀区域，但 360h 后存在明显的点蚀现象。

同样的试验现象也发生在干湿交替的周浸加速腐蚀试验中，从图 5-2-5 试样腐蚀形貌中可以看出，LC 钢从试验初期的局部点蚀开始慢慢演变为全面（均匀）腐蚀，随着试验周期的延长，最终整个试样表面被一层厚厚的锈层所覆盖。而 8-1 钢在整个试验过程中都表现出优异的耐蚀性能，在试验初期、中期（72h、168h）仅发生轻微的点蚀，绝大部分试样表面仍保持金属光泽，随着试验周期的延长，8-1 钢点蚀程度加剧，进而演化为局部腐蚀，但从清洗锈层后的试样表面上，仍能观察到一定比例的未锈蚀区域。

图 5-2-5 两种钢筋试样在 5.0wt.% NaCl 中性经过 72h、168h、360h 盐雾加速腐蚀试验后的试样形貌

（a）、（b）、（c）分别为 LC 钢筋 72h，168h，360h 腐蚀试验样品；（d）、（e）、（f）为 8-1 耐蚀钢筋 72h，168h，360h 腐蚀试验样品

第三节 耐蚀钢筋在高碱度（pH=13.2）混凝土模拟孔溶液中的腐蚀行为研究

一、高等级耐蚀钢筋的钝化行为研究

图 5-3-1 为 2-2 及 8-1 耐蚀钢筋的线性极化电阻 R_p 与腐蚀电位 E_{corr} 随钝化时间的变化。线性极化电阻法是监测钢筋表面脱钝最常用的方法，并

且可以定量监测。钝化膜中的 R_p 表示钝化膜发生腐蚀电化学反应的电阻，电阻越大则腐蚀电化学反应越慢，钝化膜越致密耐蚀。

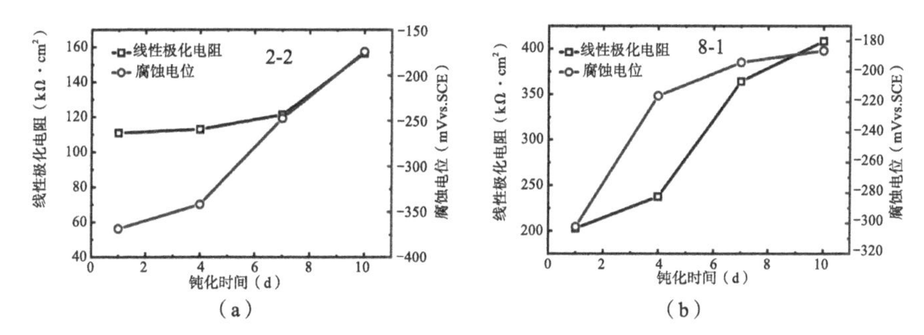

图 5-3-1　2-2 与 8-1 耐蚀钢筋的线性极化 R_p 与腐蚀电位 E_{corr} 随钝化时间的变化

从图中可以看出，首先，2-2 与 8-1 耐蚀钢筋的 R_p 均随钝化时间的增长而逐步增加，表明钢筋在模拟液中钝化膜逐步生长完善，致密耐蚀性逐步上升。其次，通过对比可以发现，钝化 10d 后 8-1 耐蚀钢筋的 R_p 约为 2-2 耐蚀钢筋的 2 倍，表明 8-1 钢筋的钝化膜致密耐蚀性优于 2-2 耐蚀钢筋。腐蚀电位 E_{corr} 是一个热力学参数，表明钢筋发生腐蚀的倾向，E_{corr} 越正则腐蚀倾向越小，表面钝化膜越耐蚀。2-2 与 8-1 耐蚀钢筋的在钝化期间 E_{corr} 均有较大增长，均从钝化初期的 −400 ~ −300mV 逐步增加到 −200 ~ −100mV，腐蚀倾向变低。同时注意到，8-1 耐蚀钢筋的 E_{corr} 和 R_p 在钝化 7d 后增长逐步减缓，钝化膜生长速度减慢。

图 5-3-2 为耐蚀钢筋的钝化膜电化学阻抗谱随钝化时间变化。从 Nyquist 图可以看出，两种钢筋的容抗弧半径均随钝化时间的增加逐步增大，表明钢筋极化电阻值逐步增大，钝化膜逐步致密完善。而从 Bode 相角图可以发现，低频段形状从钝化初期至钝化结束始终保持宽而高，两种钢筋峰值均约为 80°。峰宽而高是由于中频段钝化膜相角峰值与低频段电荷转移电阻相角峰值均较高，因此两段峰重叠形成一个宽而高的相角峰。在钝化 1 ~ 4d 期间，Bode 相角图高频段出现一个峰，钝化 7d 后右移或消失。高频段峰与溶液性质相关。从 Bode 相角图中看到，8-1 耐蚀钢筋钝化 7d 的低频段模量高于钝化膜 10d 的值。由 E_{corr} 和 R_p 结果知，钝化 7d

后钝化膜变化减缓，因此考虑到测试误差，2-2 与 8-1 耐蚀钢筋钝化膜的低频段模量均约为 300kΩ · cm^2。

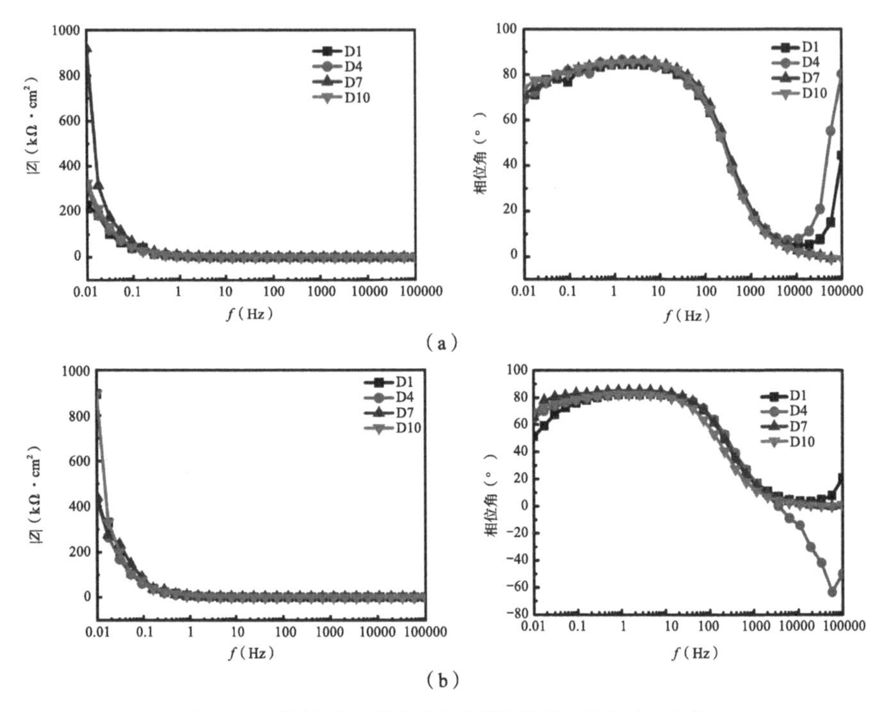

图 5-3-2　耐蚀钢筋的钝化膜电化学阻抗谱随钝化时间变化

（a）2-2 钢筋 Bode 图；（b）8-1 钢筋 Bode 图

二、高等级耐蚀钢筋在氯离子侵蚀下的腐蚀行为研究

图 5-3-3 和图 5-3-4 为 2-2 与 8-1 耐蚀钢筋的 E_{corr} 和 R_p 及电化学阻抗谱在腐蚀过程中的变化。Cl^- 与钢筋钝化膜中的 M^+（Fe^{3+}、Cr^{3+} 等）结合键较强，形成络合物。当 Cl^- 浓度达一定临界值即破坏钝化膜，钢筋发生点蚀。钢筋临界氯离子值越高则钝化膜耐蚀性能越优异。当 i_{corr}>0.2μA/cm^2 时，即 R_p<130kΩ · cm^2 时，钢筋表面开始发生点蚀。因此定义使钢筋表面极化电阻降为 130kΩ · cm^2 的氯离子浓度为钢筋腐蚀临界氯离子值。当 [Cl^-]<5M 时，2-2 与 8-1 钢筋的 R_p 均在 100 ~ 300kΩ · cm^2 范围内波动，始终处于钝化状态未腐蚀；2-2 耐蚀钢筋的 E_{corr} 保持在 −100mV 左右，而 8-1 耐蚀钢筋则在 −25mV 左右，表明在氯盐环境中，8-1 耐蚀钢筋的

腐蚀倾向低于 2-2 耐蚀钢筋。当 $[Cl^-]$ 达 5M 时，2-2 耐蚀钢筋的 E_{corr} 和 R_p 分别陡降至 −360mV 和 75kΩ · cm²，表明开始发生点蚀；8-1 耐蚀钢筋则继续保持钝化状态。从电化学阻抗谱也能对应得到相同结果：当 $[Cl^-]$ 达 5M 时，2-2 耐蚀钢筋的容抗弧半径减小，Bode 相角峰变窄，低频段 Bode 模量减小至 46kΩ · cm²。钢筋发生点蚀可以看作环境中 Cl^- 与 OH^- 在钢筋表面争夺位置的结果。当 Cl^- 达到一定浓度，则 Cl^- 优先在钝化膜表面占据位置，钢筋发生点蚀。因此钢筋的临界氯离子值可以定义为 $[Cl^-]/[OH^-]$，而模拟孔溶液的 pH=13.3，因此 2-2 耐蚀钢筋在模拟混凝土孔溶液中的临界氯离子值为 25，8-1 耐蚀钢筋的临界氯离子值则大于 25。

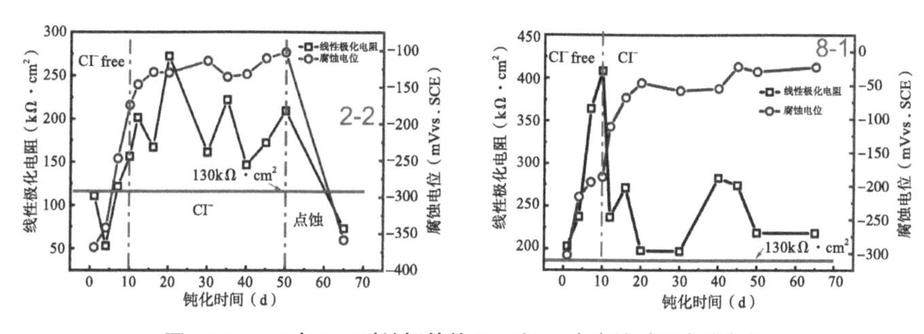

图 5-3-3　2-2 与 8-1 耐蚀钢筋的 E_{corr} 和 R_p 在腐蚀过程中的变化

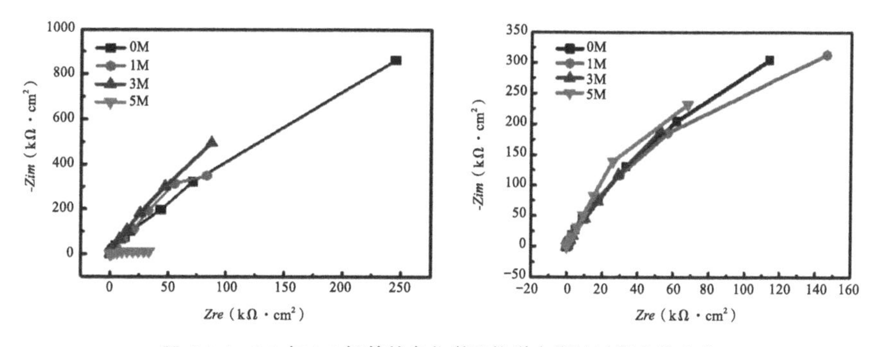

图 5-3-4　2-2 与 8-1 钢筋的电化学阻抗谱在腐蚀过程中的变化

图 5-3-5 为 $[Cl^-]$=5 M 时 2-2 与 8-1 耐蚀钢筋的表面形貌。从图中可以看到 2-2 耐蚀钢筋表面出现点蚀坑，而在 8-1 耐蚀钢筋表面则未发现点蚀坑。

8-1 耐蚀钢筋表面的白色颗粒为模拟液中的 NaCl 等物质由于长时间浸泡出现的结晶体。

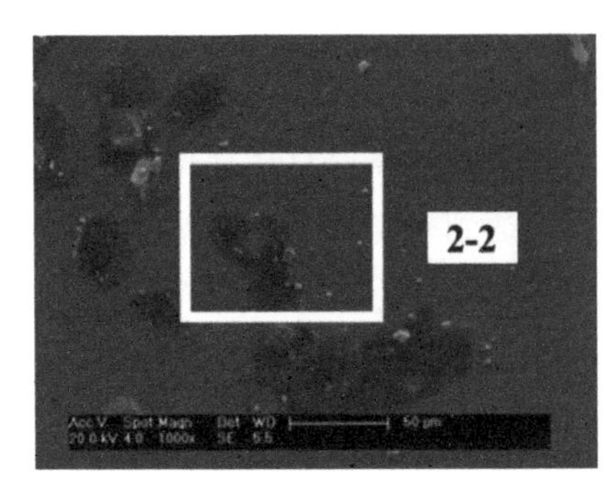

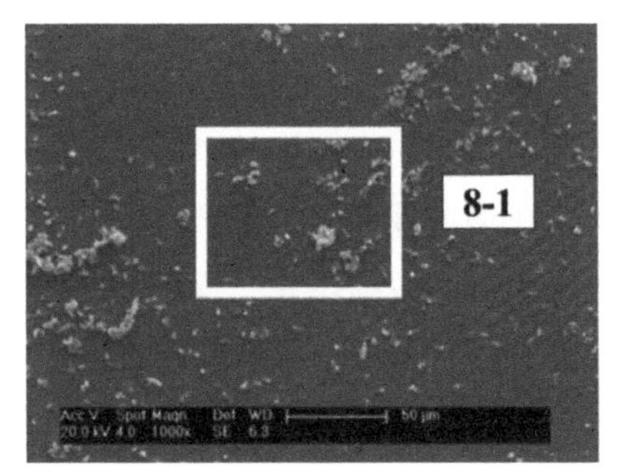

图 5-3-5　$[Cl^-]$=5M 时 2-2 与 8-1 耐蚀钢筋的表面形貌

三、合金元素对多等级耐蚀钢筋耐蚀性的影响研究

在低碳钢中加入合金元素可以改变钢筋力学性能，耐腐蚀性能及焊接性能等。CR、HCR、2-2、8-1 为四种含有不同合金元素成分和比例的耐蚀钢筋，LC 和 SS 分别表示普通低碳钢筋和双相不锈钢钢筋。

（一）对钝化性能的影响

当混凝土模拟孔溶液中未加入 Cl^- 时，钝化 10d 六种钢筋电化学阻抗谱如图 5-3-6 所示。从图中可以看出，LC 钢筋的容抗弧半径小于其他钢筋，HCR 和 CR 钢筋的容抗弧半径较大，2-2、8-1 耐蚀钢筋与 SS 钢筋近似。从 Bode 相角图可以看出，LC 钢筋低频段的相角峰相比于其他钢筋略小，2-2、8-1 及 SS 钢筋 Bode 相角图近似，而 HCR 和 CR 中低频段峰左移。中频段和低频段相位角峰分别与钝化膜和钝化膜 / 模拟液界面电化学反应相关，HCR 和 CR 中低频段左移表明钝化膜峰值相较于 2-2、8-1 及 SS 有所下降，钝化膜致密完整性有所下降。

由于钝化状态的一个宽而高的峰实际上为两个 Bode 相角峰高度重叠，电化学阻抗谱含有两个时间常数。因此用两个时间常数的等效电路可以更准确地拟合阻抗谱，钢筋电化学阻抗谱等效电路图如图 5-3-7 所示。并且，两个时间常数的等效电路也更符合实际物理意义。其中 R_s 表示模拟液电阻，R_f 与 Q_f 分别表示钝化膜的电阻与电容，Q_{dl} 表示钢筋 / 模拟液界面的双电层电容，R_t表示电化学反应过程中的电荷转移电阻。中频段时间常数与R_f和Q_f相关，低频段时间常数与R_t和Q_{dl}相关。需要注意的是，由于界面粗糙且不均匀，Q_f与Q_{dl}为常相位角元件（CPE），用以代替理想电容。

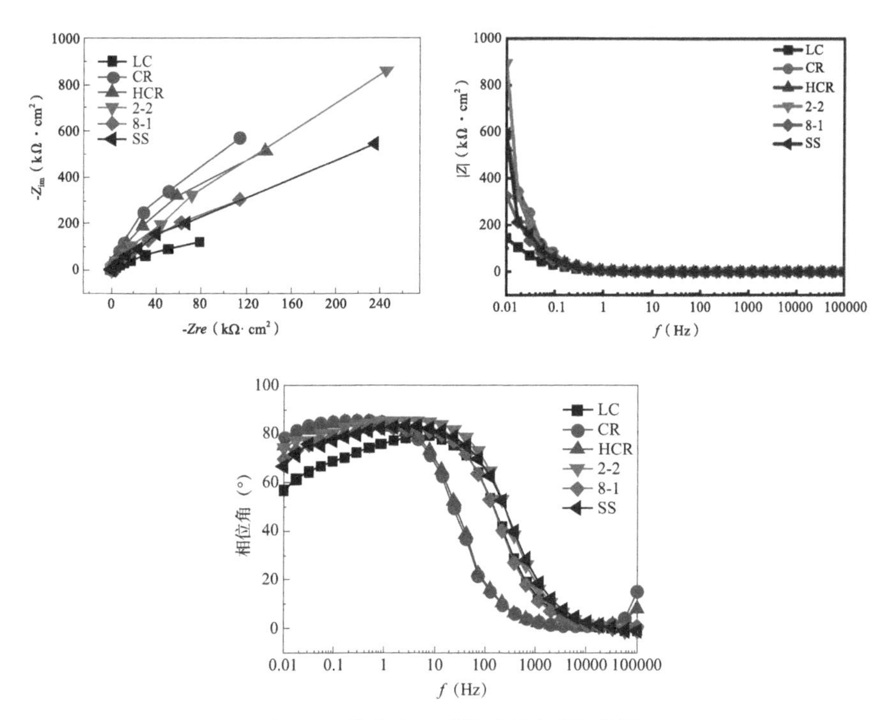

图 5-3-6　钝化 10d 六种钢筋电化学阻抗谱

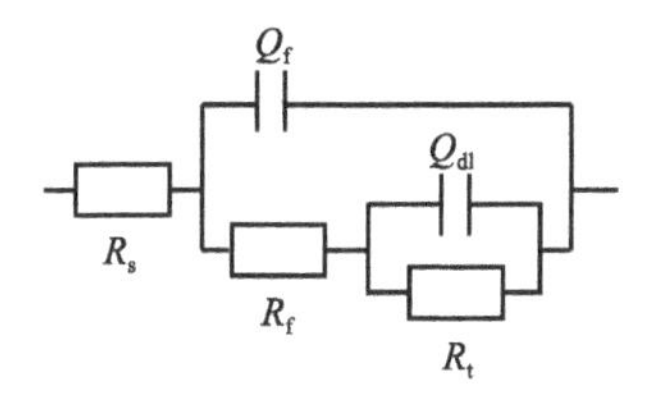

图 5-3-7　钢筋电化学阻抗谱等效电路图

通过拟合结果对比可以得到六种钢筋的不同钝化性能。图 5-3-8 和图 5-3-9 分别为钝化期六种钢筋R_t、R_f、R_p及E_{corr}比较和Y_{dl}、Y_f、n_{dl}及n_f比较。从图 5-3-8 中可以看到，HCR、2-2、8-1 及 SS 钢筋的电荷转移电阻 R_t 相比于 LC 与 CR 钢筋较高，达 3000kΩ · cm^2 以上，其中 SS 钢筋的 R_t 达 3500kΩ · cm^2，高于其余钢筋。六种钢筋的 R_f 和 E_{corr} 则分别按 LC、CR、HCR、2-2、8-1 及 SS 依次增大和减小。六种钢筋的 R_p 在同一数量级。图 5-3-9 为钝化期六种钢筋 Y_{dl}、Y_f、n_t 及 n_f 比较从图 5-3-9 中可以看到，LC 钢筋的 Y_{dl} 与 Y_f 均大于其余钢筋，其余钢筋的 Y_{dl} 与 Y_f 则均依次仅有略微增大。同时注意到，所有钢筋的 Y_{dl} 均小于 Y_f，R_t 均大于 R_f。所有钢筋的 n_f 近似，均为 0.9 ~ 1.0，且 n_f 均大于 n_t。

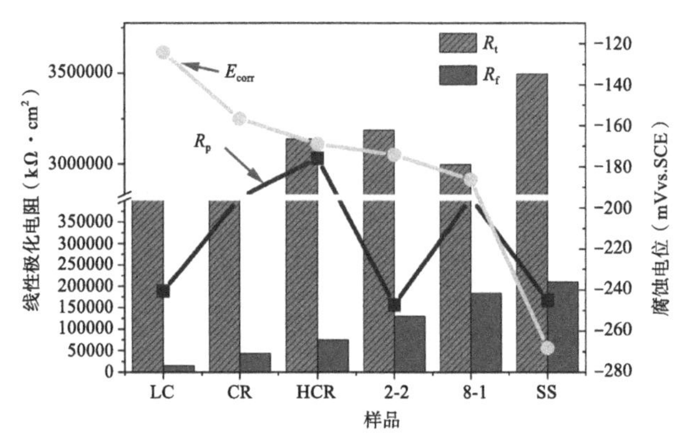

图 5-3-8　钝化期六种钢筋的 R_t、R_f、R_p 及 E_{corr} 比较

有关研究文献表明，含有 Cr、Ni、Mo 等合金元素的钢筋在混凝土中生成的钝化膜不同于普通低碳钢，其表面能形成一层具有保护性的钝化膜，钝化膜在混凝土环境中的形貌、成分、结构及电子结构等对钢筋的耐蚀性有重要影响。这种钝化膜是一个双层结构，外层主要由 Cr 和 Fe 的氢氧化物、碱式氧化物及 Fe_2O_3 等 n 型半导体物质组成，内层由 Fe-Cr-Ni 氧化物组成，这种氧化物最有可能是一种富 Cr 的 p 型半导体尖晶石结构，其八面体位置由 Cr（Ⅲ）和 Fe（Ⅱ）占据。因此，钝化膜内层致密且导电性差，提高了钢筋耐蚀性。合金元素对于钢筋钝化膜的影响及作用如下：

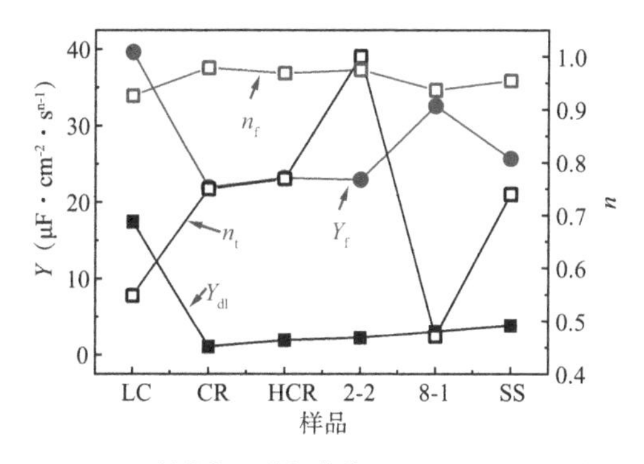

图 5-3-9　钝化期六种钢筋的 Y_{dl}、Y_f、n_t 及 n_f 比较

（1）随着 Cr 等合金元素含量的增加，钝化膜 / 模拟液界面电荷转移电阻值 R_t 增大，界面发生腐蚀电化学反应难度增大。与模拟液接触的钝化膜为近似半导体材料，其载流子浓度，控制着界面双电层的厚度，即电极表面耗尽层的宽度，继而影响电荷转移电阻的大小。

（2）随着 Cr 等合金元素含量的增加，钝化膜本身电阻值 R_f 增加，模拟液与钢筋基体中的电子或离子穿过钝化膜发生腐蚀电化学反应难度增大。由于 Cr 的加入，钝化膜内层形成一种尖晶石结构。这种尖晶石结构其八面体位置由 Cr（Ⅲ）和 Fe（Ⅱ）占据，类似于 p 型半导体。因此相比于普通低碳钢形成的 Fe_3O_4、FeOOH 等钝化膜，这种尖晶石结构导电性更弱，并且更加致密。钢筋腐蚀是由电化学反应产生的，而电子或离子传输是电化学反应的必要条件。因此钝化膜导电性越差，发生腐蚀电化学反应越困难，钢筋耐蚀性越优异。

（3）随着 Cr、Ni、Mo 等合金元素含量的增加，钢筋腐蚀电位不断变负。Cr、Ni、Mo 等元素单独加入对于腐蚀电位具有正移作用，而当同时加入时则有交互效应。

（4）加入 Cr 等合金元素后，双电层电容 Y_{dl} 和钝化膜电容 Y_f 均减小，但随 Cr 等合金元素含量增加其变化不明显。

（二）对耐氯盐侵蚀能力的影响

随着浸泡时间的增加，在模拟液中逐步增加氯离子浓度。图 5-3-10 为六种钢筋的 E_{corr} 和 R_p 随氯离子浓度变化。从图中可以看到，当 $[Cl^-]$=0.05M

时，LC 和 CR 钢筋的 E_{corr} 和 R_p 均下降，表明开始发生点蚀。当 [Cl⁻]=3M 时，HCR 钢筋开始发生点蚀。当 [Cl⁻]=5M 时，2-2 钢筋的 E_{corr} 和 R_p 有所下降，开始发生点蚀。而 8-1 与 SS 钢筋至 [Cl⁻]=3M 始终处于钝化状态。可以看出，随着 Cr 等元素含量增加，钢筋的临界氯离子值不断增大。

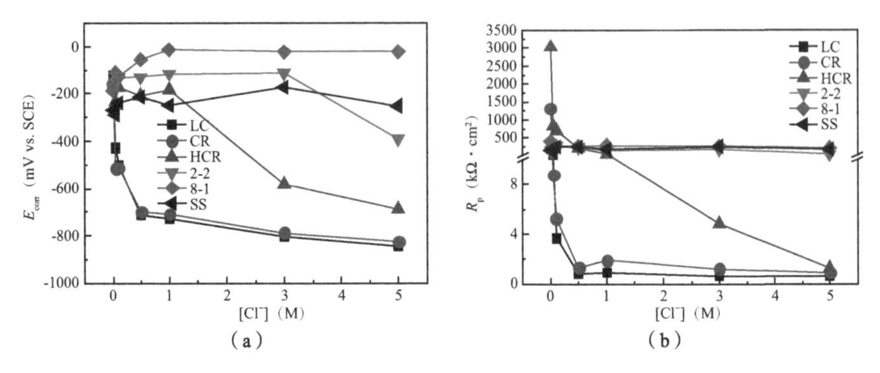

图 5-3-10　六种钢筋的 E_{corr} 和 R_p 随氯离子浓度变化

（a）E_{corr}；（b）R_p

对六种钢筋在不同氯离子浓度下的电化学阻抗谱进行拟合，氯离子作用下六种钢筋电化学阻抗谱拟合结果如图 5-3-11 所示。对于所有钢筋均采用相同的两个时间常数的等效电路。但是需要注意的是，对于处于钝化状态的钢筋，中频段的 R_f 与 Q_f 表示钝化膜的电阻和电容；对于开始发生点蚀的钢筋，由于钝化膜遭到破坏，中频段的 R_f 与 Q_f 则表示钝化膜中出现的孔洞的电阻和电容。从图 5-3-11 可以看出，LC、CR 和 HCR 发生腐蚀后 R_t 值逐渐减小。同时注意到，HCR 腐蚀后的 R_t 值始终大于 LC 和 CR 钢筋。当 [Cl⁻] 从 3M 增加到 5M 时，2-2 钢筋的 R_t 值开始下降，HCR 腐蚀后的 Y_{dl} 始终小于 LC 和 CR 钢筋。当 [Cl⁻] 从 3M 到 5M 时，LC 和 CR 钢筋的 n_f 开始上升，这是由于腐蚀后期随着腐蚀程度的增加，LC 和 CR 钢筋表面腐蚀产物越发平整。[Cl⁻] 从 3M 增加到 5M 时，当 2-2 钢筋的 n_f 和 Y_f 变化并不明显，有可能由于开始腐蚀时，2-2 钢筋钝化膜中的点蚀坑较小且少，钝化膜本身的变化不足以使测试的 n_f 和 Y_f 发生变化。因此在 Cl⁻ 影响下合金元素在钢筋腐蚀中的作用可能为：

（1）使腐蚀后产生的锈层更具有保护性，相较于普通低碳钢筋腐蚀速率减缓。

（2）随着合金元素含量的增加，钢筋的临界氯离子值不断增大，钢筋发生点蚀时表面生成的点蚀坑尺寸减小，发生的破坏类型由普通低碳钢锈层致使混凝土锈胀开裂转化为钢筋本身穿孔开裂。

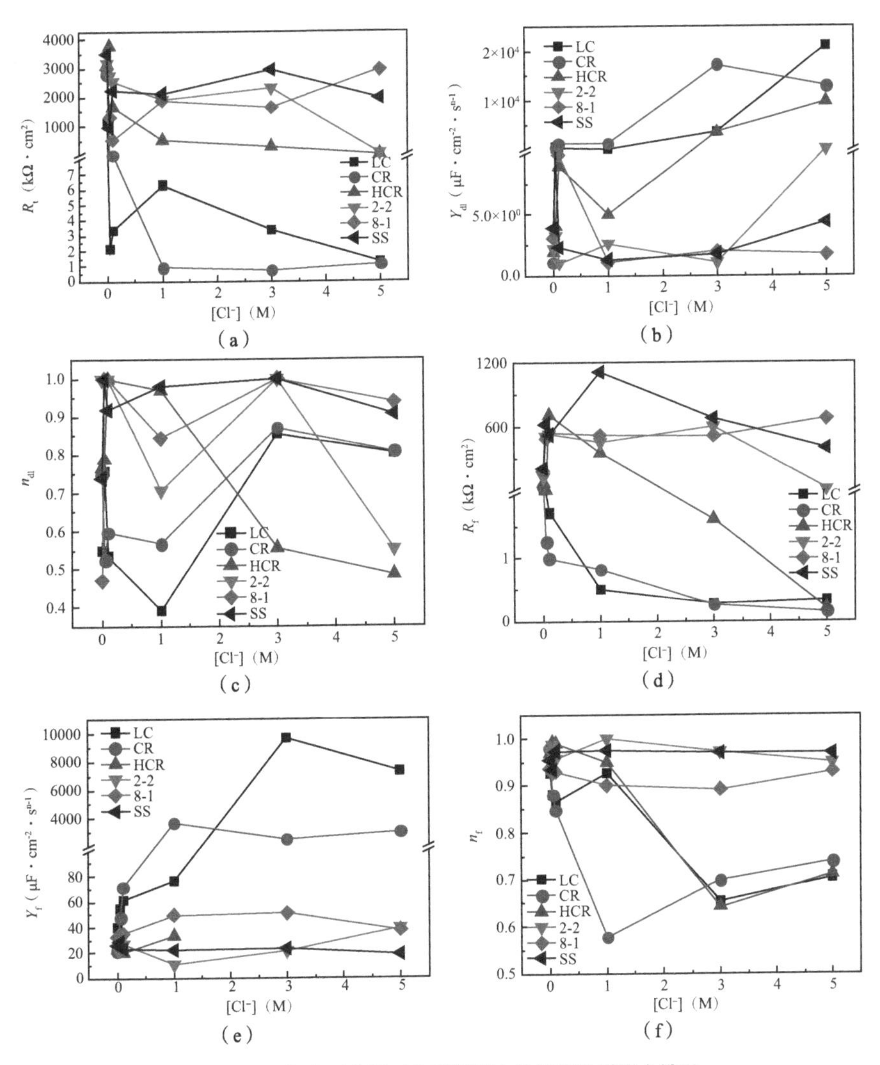

图 5-3-11　氯离子作用下六种钢筋电化学阻抗谱拟合结果

（a）R_t;（b）Y_{dl};（c）n_{dl};（d）R_f;（e）Y_f;（f）n_f

第四节　耐蚀钢筋在中碱度（pH=12.6）混凝土模拟孔溶液中的腐蚀行为研究

图 5-4-1 是钢筋在饱和 Ca（OH）$_2$ 溶液中 10d 钝化及继续添加 0.5M NaCl 后的 *OCP* 时变曲线。10d 钝化之后，三种钢筋均进入稳定钝化。其中，8-1 钢筋的 *OCP* 为 −0.17V，7-1 耐蚀钢筋为 −0.25V，而 2205 双相不锈钢钢筋则最低，为 −0.28V。在继续添加了 0.5M NaCl 之后，8-1 和 7-1 耐蚀钢筋的 *OCP* 继续提高，这主要是由于表面钝化膜成膜作用超过了氯离子侵蚀对钝化膜的破坏作用，钝化膜性能不断提升所引起的；而双相不锈钢钢筋的 *OCP* 则经历了一段时间的下降而后又提升的过程。7-1 钢筋在添加 NaCl 侵蚀 40d 后（即连续浸泡了 50d）发生了 *OCP* 的陡降，这主要是由于钝化膜在氯离子侵蚀下发生活化脱钝所导致的。在之后的 10d 侵蚀中，7-1 耐蚀钢筋 *OCP* 进一步下降，发生明显腐蚀。8-1 耐蚀钢筋和 2205 双相不锈钢钢筋的 *OCP* 则在后续的侵蚀过程中进一步提高，其中 8-1 钢筋在侵蚀 60d 后 *OCP* 保持在 −0.015 ~ 0.02V 的稳定区间，而 2205 双相不锈钢钢筋的 *OCP* 从 −0.23V 下降至 −0.25V。两种钢筋在连续侵蚀 100d 内，均保持 *OCP* 的稳定，未发生活化脱钝，表现出优异的耐蚀性。而从绝对值来看，8-1 耐蚀钢筋的 *OCP* 则大幅度高于 2205 双相不锈钢钢筋。长周期的连续浸泡试验仍在进行，到目前为止已浸泡至 140d，两种钢筋仍未见脱钝。

图 5-4-2 是钢筋在饱和 Ca（OH）$_2$+0.5M NaCl 模拟液中浸泡 2h 测得的 PDP 曲线，用以研究钢筋在钝化初期的抗氯盐侵蚀能力。由图可见，8-1 钢筋和 2205 钢筋在钝化初期均表现出了较好的钝化性能，但从点蚀电位判断，两者的抗氯离子侵蚀能力差异较大。8-1 耐蚀钢筋的点蚀电位为 0.13V，而 2205 钢筋则高达 0.6V。图 5-4-3 为钢筋在饱和 Ca（OH）$_2$ 溶液钝化 10d 再添加 0.5M NaCl 后 30min 测得的 PDP 曲线，用于研究在稳定钝化之后的抗氯盐侵蚀能力。从点蚀电位来看，7-1 耐蚀钢筋为 0.5V，8-1 耐蚀钢筋为 0.6V，2205 双相不锈钢钢筋仍为 0.6V。对比钝化初期的点蚀电位发现，长周期稳定钝化对 8-1 耐蚀钢筋和 7-1 耐蚀钢筋的钝化膜抗氯离子侵蚀能力

的提升作用显著，而对 2205 双相不锈钢的提升作用则不明显。此外，在稳定钝化后 8-1 耐蚀钢筋与 2205 双相不锈钢钢筋的点蚀电位相似，其在完全钝化后短期内的抗氯离子侵蚀能力相当，表现出优异的抗氯盐侵蚀能力。

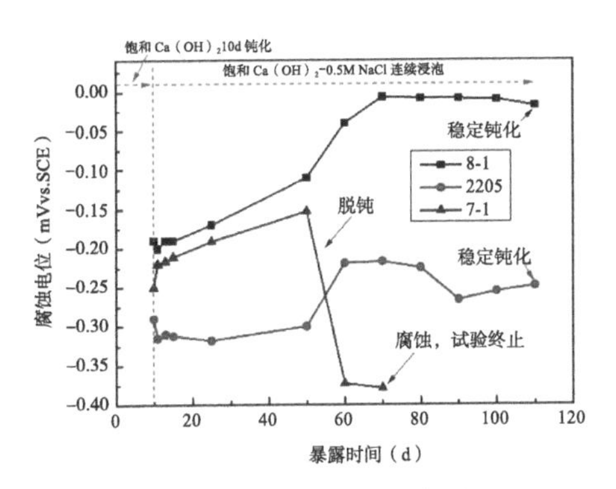

图 5-4-1　钢筋在饱和 Ca（OH）$_2$ 溶液中 10d 钝化及继续添加 0.5M NaCl 后的 *OCP* 时变曲线

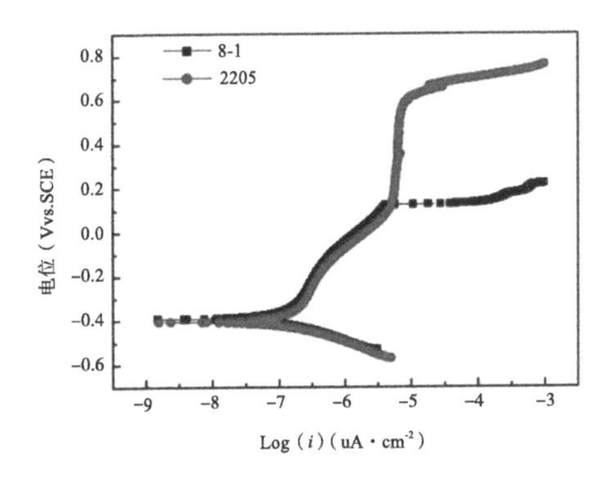

图 5-4-2　钢筋在饱和 Ca（OH）$_2$ +0.5M NaCl 模拟液中浸泡 2h 测得的 PDP 曲线

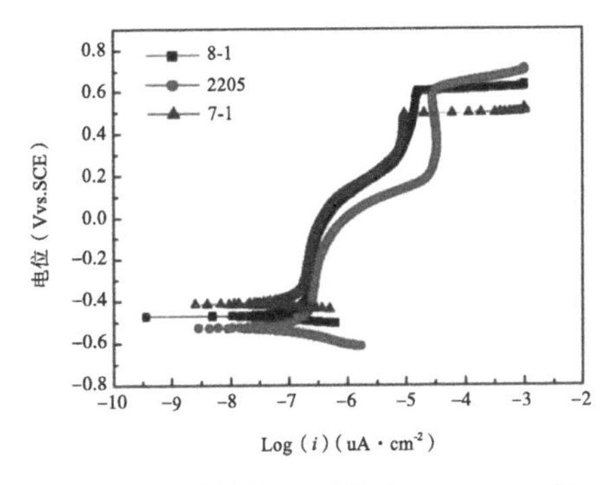

图 5-4-3　钢筋在饱和 Ca（OH）$_2$ 溶液钝化 10d 再添加 0.5M NaCl 后 30min 测得的 PDP 曲线

图 5-4-4 是钢筋在饱和 Ca（OH）$_2$ 溶液钝化 10d 再添加 0.5M NaCl 侵蚀 40d 和 60d 的 EIS Nyquist 曲线。10d 钝化后，8-1 耐蚀钢筋表现出最大的容抗弧半径，而 7-1 耐蚀钢筋和 2205 双相不锈钢钢筋的容抗弧半径则相对较小。添加 NaCl 侵蚀 40d 后，三种钢筋的容抗弧半径均有不同程度的下降，说明钝化膜性能在长周期的侵蚀过程中有所削弱，8-1 钢筋的容抗。弧半径仍保持最大。当侵蚀 60d 后，7-1 耐蚀钢筋由于活化脱钝而导致容抗弧半径明显减小，而 8-1 及 2205 钢筋则保持相对稳定。图 5-4-5 是钢筋在饱和 Ca（OH）$_2$ 溶液中 10d 钝化及添加 0.5M NaCl 后的 EIS-R_t 时变曲线。R_t 的时变规律与容抗弧半径的变化规律一致，均表现为添加氯化钠后 R_t 值下降，而后保持相对稳定，7-1 钢筋在侵蚀 50d 后 R_t 大幅度下降，侵蚀至 60d 后，R_t 值仅为 87kΩ，已发生腐蚀。而 8-1 及 2205 两种钢筋，在侵蚀至 100d 后仍保持良好的钝化状态，未见活化脱钝，表现出优异的耐氯盐侵蚀能力。

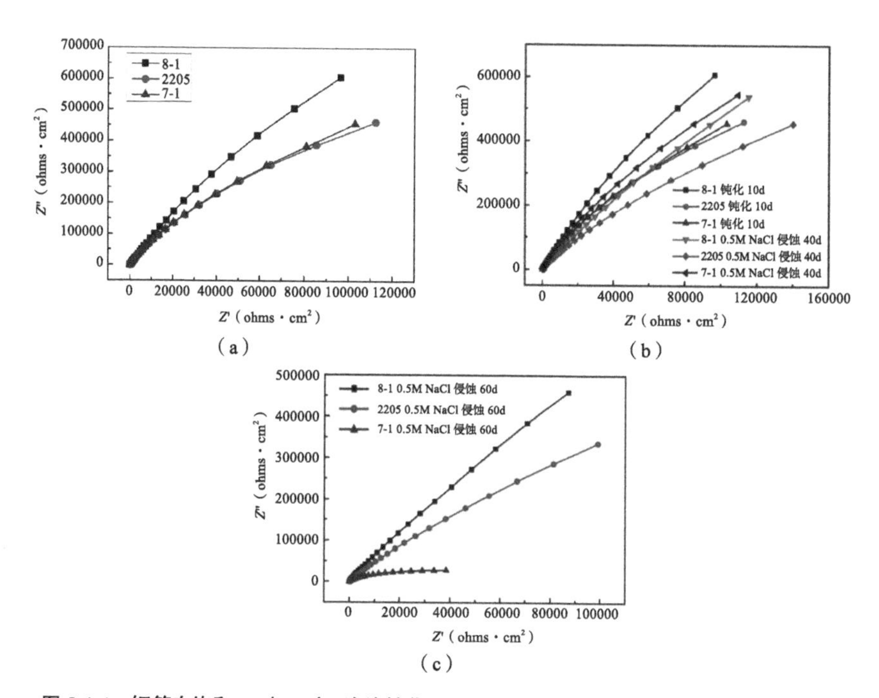

图 5-4-4　钢筋在饱和 Ca（OH）$_2$ 溶液钝化 10d 再添加 0.5M NaCl 侵蚀 40d 和 60d 的 EIS Nyquist 曲线

（a）饱和 Ca（OH）$_2$10d 钝化曲线；（b）钝化后添加 0.5M NaCl 侵蚀 40d 后的曲线；（c）钝化后添加 0.5M NaCl 侵蚀 60d 后的曲线

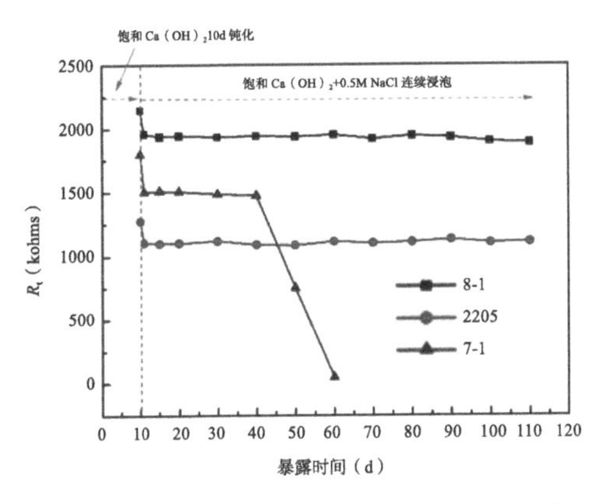

图 5-4-5　钢筋饱和 Ca（OH）$_2$ 溶液中 10d 钝化及添加 0.5M NaCl 后的 EIS-R_t 时变曲线

将添加的 NaCl 浓度提高至 1M，用以进一步测试耐蚀钢筋在高氯盐含量的中等碱度混凝土孔溶液中的耐蚀性。图 5-4-6 是 8-1 耐蚀钢筋和 2205 双相不锈钢钢筋在饱和 Ca（OH）$_2$ 溶液中 10d 钝化及添加 1M NaCl 后的 *OCP* 时变曲线。两种钢筋的 *OCP* 变化规律与其在含 0.5M NaCl 的饱和 Ca（OH）$_2$ 溶液中类似，都显出先增加而稳定的趋势，且 8-1 耐蚀钢筋的 *OCP* 均高于 2205 双相不锈钢钢筋，且在侵蚀 50d 后仍保持稳定钝化，未见活化脱钝。但由于 NaCl 浓度的提高，两种钢筋的 *OCP* 均低于其在 0.5M NaCl 的饱和 Ca（OH）$_2$ 溶液所测得的 *OCP*。图 5-4-7 是 8-1 耐蚀钢筋和 2205 双相不锈钢钢筋在饱和 Ca（OH）$_2$ 溶液钝化后 10d 再添加 1 M NaCl 后 30min 测得的 PDP 曲线。与 0.5M NaCl 时所测的曲线相比，8-1 钢筋的点蚀电位有所下降，约为 0.5V，而 2205 不锈钢钢筋的点蚀电位仍保持 0.6V。

结合上述测试分析可见，8-1 钢筋和 2205 钢筋在含氯盐的中等碱度混凝土孔溶液中具有优异的耐蚀性，在 NaCl 浓度为 0.5M 的混凝土模拟孔溶液中，8-1 耐蚀钢筋表现出接近于 2205 双相不锈钢钢筋的抗氯盐侵蚀能力，但 8-1 钢筋对氯盐浓度较为敏感，随着氯盐浓度增加，其抗氯盐侵蚀能力有所下降。

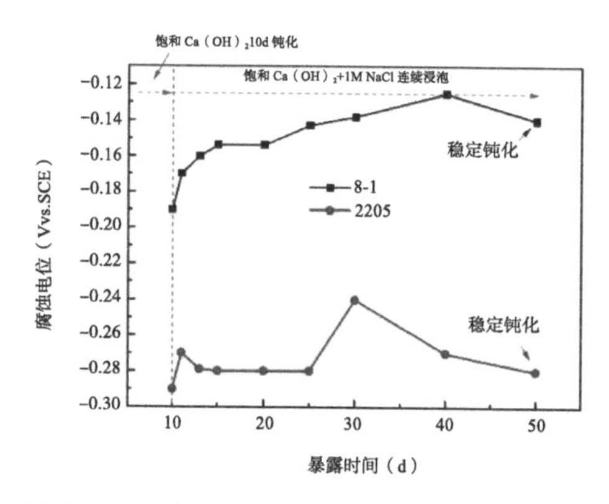

图 5-4-6　8-1 耐蚀钢筋和 2205 双相不锈钢钢筋饱和 Ca（OH）$_2$ 溶液中 10d 钝化及添加 1M NaCl 后的 *OCP* 时变曲线

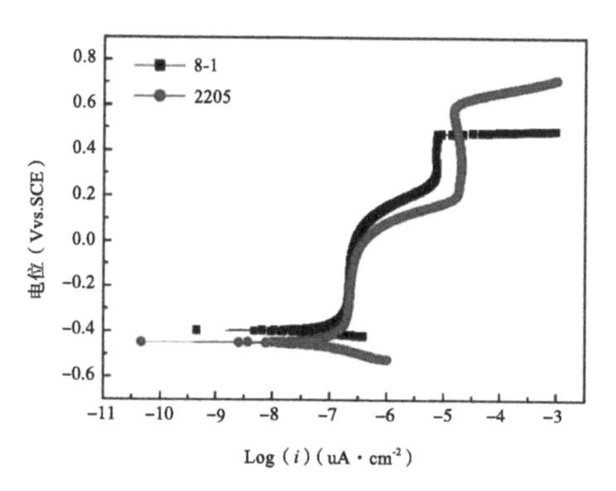

图 5-4-7　8-1 耐蚀钢筋和 2205 双相不锈钢钢筋饱和 Ca（OH）$_2$ 溶液钝化后 10d 再添加 1 M NaCl 后 30min 测得的 PDP 曲线

第五节　耐蚀钢筋在低碱度（pH=11）混凝土模拟孔溶液中的腐蚀行为研究

低碱度（pH=11）混凝土模拟孔溶液用以测试耐蚀钢筋在低碱度混凝土及碳化引起的钢筋 / 混凝土界面 pH 严重下降时的钝化性能和腐蚀行为。图 5-5-1 为 3 种耐蚀钢筋在 pH=11 模拟液中 10d 钝化及添加 0.5M NaCl 后的 *OCP* 时变曲线。在不添加 NaCl 的稳定钝化阶段，8-1 和 7-1 耐蚀钢筋的 *OCP* 接近，且明显高于 2205 不锈钢钢筋。在添加 0.5M NaCl 1d 之后，7-1 钢筋即发生活化脱钝，*OCP* 陡降；8-1 耐蚀钢筋则在添加 NaCl 后侵蚀

5d 后发生活化脱钝；而 2205 不锈钢钢筋则在连续保持稳定钝化。

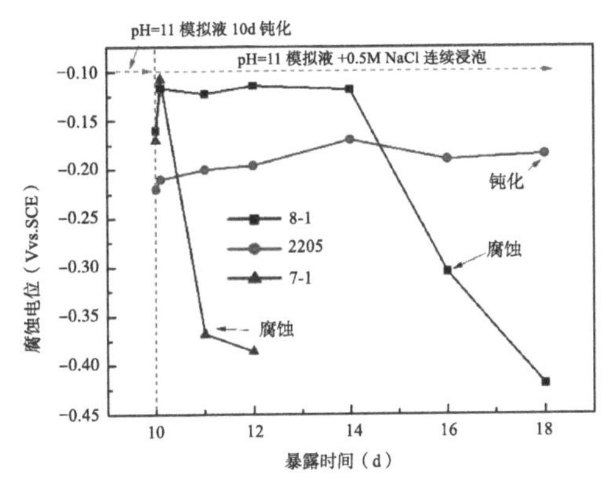

图 5-5-1　3 种耐蚀钢筋在 pH=11 模拟液中 10d 钝化及添加 0.5M NaCl 后的 *OCP* 时变曲线

图 5-5-2 为 3 种耐蚀钢筋在 pH=11 模拟液中钝化 10d 后再添加 1M NaCl 后 30min 测得的 PDP 曲线。与在 pH=12.6 模拟液中测得的 PDP 曲线对比发现，随着 pH 的下降，7-1 耐蚀钢筋的钝化性能最弱，点蚀电位最低（–0.15V）；8-1 耐蚀钢筋的点蚀电位为 +0.1V，点蚀电位较 pH=12.6 模拟液下降非常明显；而 2205 不锈钢钢筋的点蚀电位仍保持在 0.6V 左右。

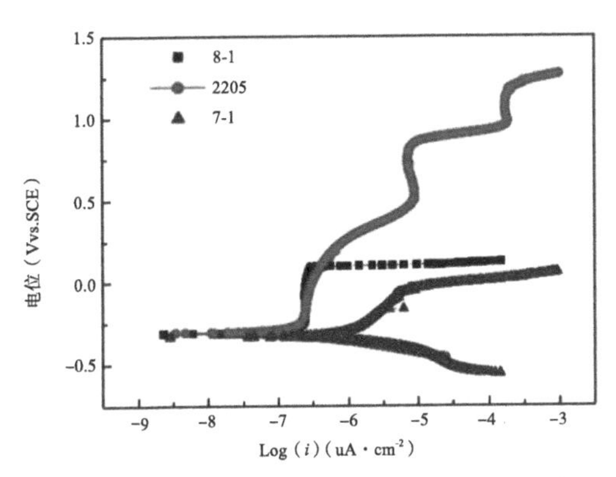

图 5-5-2　3 种耐蚀钢筋在 pH=11 模拟液中钝化 10d 后再添加 1M NaCl 后 30min 测得的 PDP 曲线

结合 *OCP* 和 PDP 曲线分析可见，8-1 和 7-1 耐蚀钢筋在含氯化钠的低碱度混凝土模拟孔溶液中仍能表现出一定的钝化性能，但 8-1 与 7-1

这两种钢筋的抗氯离子侵蚀能力较在 pH=12.6 溶液中明显下降，而 2205 双相不锈钢的抗氯离子侵蚀能力则保持稳定。由此可见，8-1 和 7-1 耐蚀钢筋的抗氯离子侵蚀能力受混凝土碱度影响较为明显，混凝土碱度越高，两种钢筋的耐蚀性越好，而 2205 双相不锈钢钢筋的耐蚀性受混凝土碱度影响小。

第六章　混凝土环境中长寿命耐蚀钢筋氯离子侵蚀机制

第一节　概述

针对钢筋腐蚀已有大量研究，尽管已有大量研究采用电化学方法对钢筋腐蚀进行了宏观尺度研究，但钝化膜生长和破坏实际上是发生于纳米尺度，由钢筋基体元素、相组成及孔溶液成分决定，目前在纳米尺度针对钢筋表面的钝化膜本身形成及破坏过程的研究较少。Montemor 等研究表明，在模拟混凝土孔溶液环境中，氯离子会改变钢筋表面钝化膜的化学组成，并且孔溶液成分对钝化膜性质有影响。Ghods 等研究结果表明，当氯离子浓度超过临界值后，在混凝土模拟孔溶液中的普通低碳钢筋钝化膜中出现 Fe_3C，与钢筋腐蚀相关，且钢筋钝化膜厚度减小，且钝化膜中的化学组成会改变，Fe^{3+}/Fe^{2+} 会增大。

尽管氯离子在钢筋腐蚀中所起的作用已经有明确结论，通过与起钝化膜保护作用的 OH^- 竞争，经验表明，当氯离子浓度达到一定值后，氯离子使点蚀坑的 pH 下降并起催化作用。但氯离子对钝化膜本身的侵蚀作用机理并不明确。

第二节　TEM 结果

尽管宏观电化学测试结果显示 CR 钢筋在 $[Cl^-]$=5M 的模拟液中浸泡 30d 后并没有发生腐蚀，但为了探究 Cl^- 对 CR 钢筋钝化膜的影响以及加入 Cl^- 后 CR 钢筋钝化膜的变化，应用透射电子显微镜 TEM 观察 CR 钢筋

在含 Cl^- 的溶液中浸泡后的 CR 钢筋钝化膜形貌、晶体结构及元素分布。图 6-2-1 为 CR 钢筋在 [Cl^-]=5M 的混凝土模拟孔溶液中浸泡 30d 后不同区域的钝化膜 TEM 形貌图。从图 6-2-1 可以看出，Cl^- 对不同区域的钝化膜有不同的影响结果：

（1）图 6-2-1 区域的钝化膜在 Cl^- 作用下均匀度下降。从图 6-2-1 可以看出，图像上部较黑区域为钢筋基体，中间较白的区域为数纳米的条带状物质为钝化膜。与未加入 Cl^- 时的均匀钝化膜相比，图 6-2-1 区域的钝化膜厚度变得不均匀，为 2 ~ 6nm。同时可以注意到，对于未加入 Cl^- 的钝化膜，在接近钢筋基体 / 钝化膜界面处的晶格与钢筋基体一致，而接近钢筋基体 / 钝化膜界面的钝化膜晶格与钢筋基体的晶格不完全一致，说明在 Cl^- 作用下，钝化膜内层的晶体结构发生变化。根据图 6-2-1 可以推测，Cl^- 使接近钝化膜 / 模拟液界面的钝化膜部分溶解，钝化膜表面开始变得不均匀。

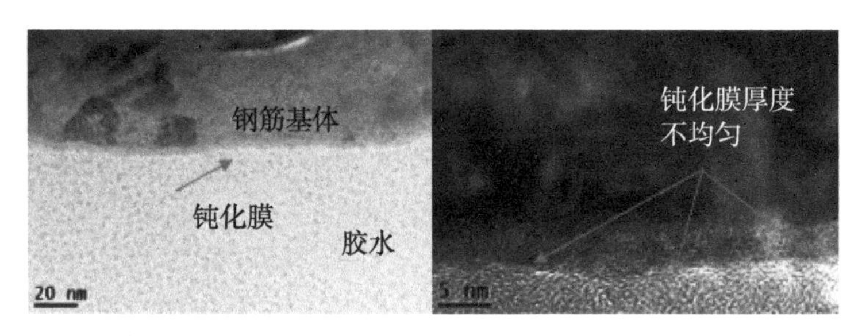

图 6-2-1　CR 钢筋在 [Cl^-]=5m 的混凝土模拟孔溶液中浸泡 30d 后不同区域的钝化膜 TEM 形貌图

（2）Cl^- 作用后，如图 6-2-2 所示 CR 和 SS 钢筋钝化膜增厚。未加入 Cl^- 时，CR 钢筋各区域钝化膜厚度基本保持一致，为 3.5 ~ 5nm。而图 6-2-2 区域钝化膜厚度则增长到 10 ~ 20nm，超过钝化膜厚度平均范围。

（3）当然，对于钢筋表面绝大部分区域，CR 钢筋表面钝化膜均匀（图 6-2-3），即钝化膜形貌在加入 Cl^- 后并未发生改变，厚度均匀，为 3.5 ~ 5nm，在接近钝化膜 / 钢筋基体界面的钝化膜晶格与钢筋基体一致，保持外延生长膜的特性。

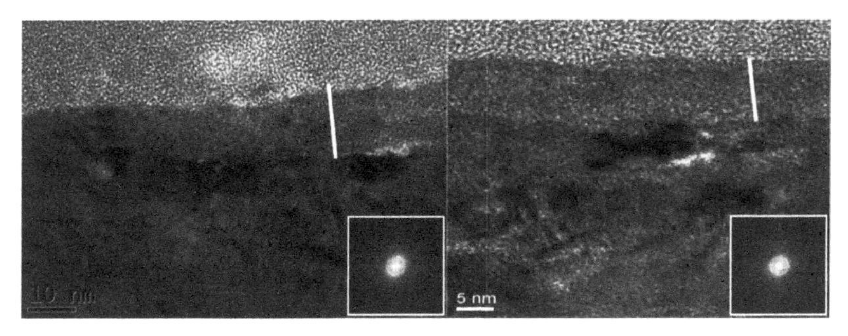

图 6-2-2　CR 和 SS 钢筋钝化膜增厚

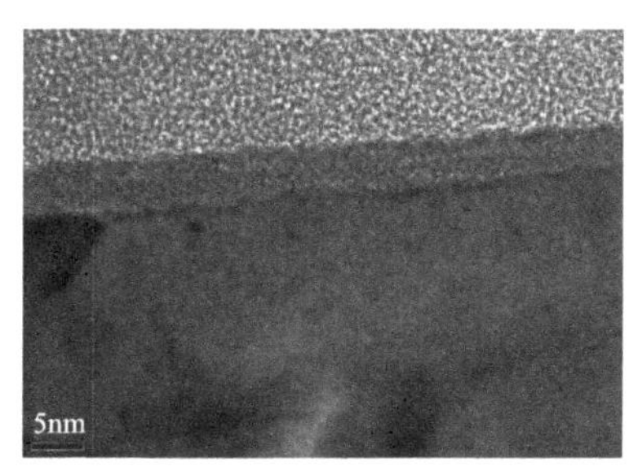

图 6-2-3　CR 钢筋表面钝化膜均匀

图 6-2-4 为沿钝化膜纵向的 EDS 元素分析结果。从图中可以发现，CR 钢筋沿钝化膜纵向元素变化趋势与未加入 Cl^- 时相似，而 SS 钢筋钝化膜中的 O 元素含量上升，表明钝化膜中氧化物增多。

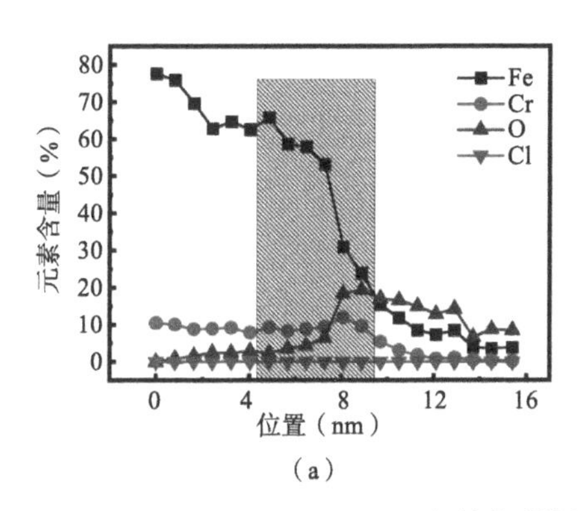

（a）

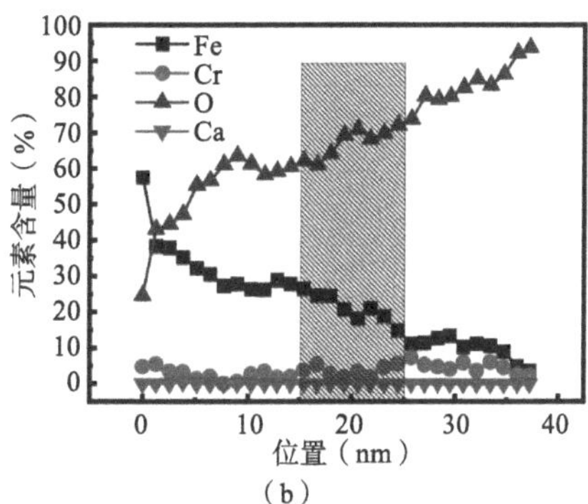

（b）

图 6-2-4　沿钝化膜纵向的 EDS 元素分析结果

（a）CR;（b）SS

第三节 XPS

图 6-3-1 为三种钢筋加入 Cl^- 后的 XPS 深度溅射图。从图 6-3-1 可以看出，两种钢筋钝化膜不同溅射深度的元素成分与未加入 Cl^- 时几乎相同，表明 Cl^- 的加入并未使两种钢筋的总体元素含量发生变化。

图 6-3-2 为加入 Cl^- 后三种钢筋的钝化膜成分分布。从图中可以发现，LC 钢筋中的具有保护性的 FeO 的含量随着溅射深度的增加逐渐增加，$Fe(OH)_3$ 和 FeOOH 均呈现下降趋势。对于 CR 钢筋和 SS 钢筋，FeO 和 Fe_2O_3 含量演变具有相同趋势。但对于 Cr_2O_3 含量，CR 钢筋和 SS 钢筋呈现出不同趋势：CR 钢筋钝化膜内层 Cr_2O_3 含量保持稳定上升趋势，内层先上升后下降；SS 钢筋外层 Cr_2O_3 含量保持稳定，内层呈现先上升后下降的趋势。

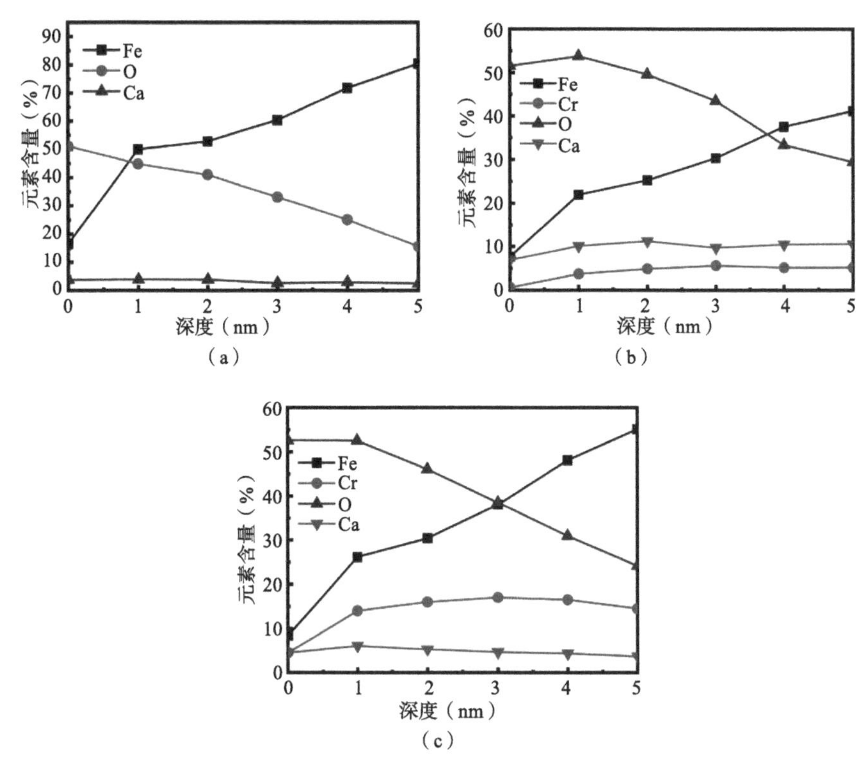

图 6-3-1 三种钢筋加入 Cl^- 后的 XPS 深度溅射图

（a）LC；（b）CR；（c）SS

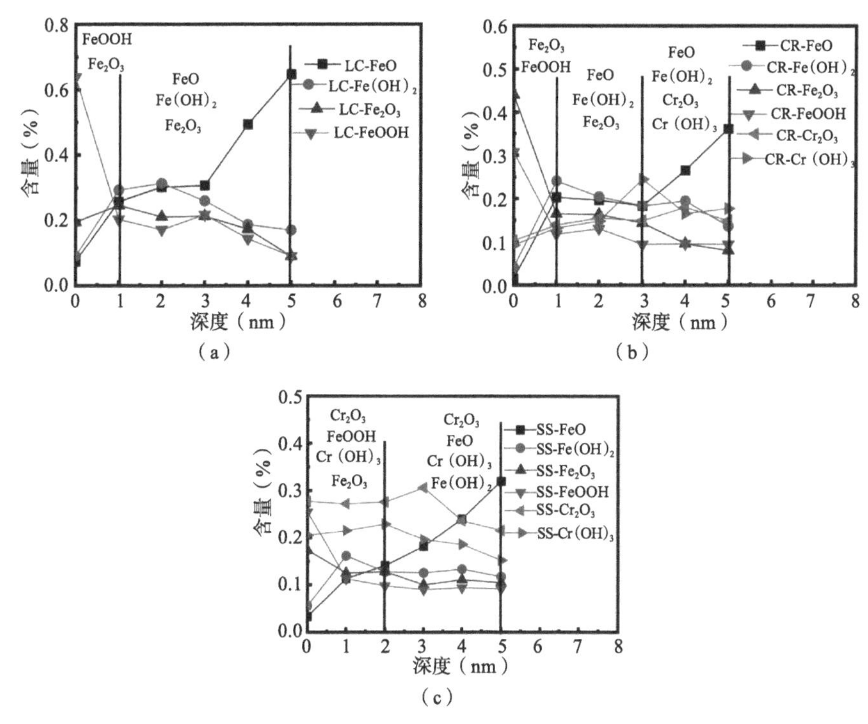

图 6-3-2　加入 Cl^- 后三种钢筋的钝化膜成分分布

（a）LC;（b）CR;（c）SS;

在钝化膜的生长过程中，氧离子缺陷产生于金属 / 膜界面，消耗于膜 / 溶液界面，而金属离子缺陷产生于膜 / 溶液界面，消耗于金属 / 膜界面。氧离子缺陷的迁移导致钝化膜的生长，而金属离子缺陷的迁移使得钝化膜发生溶解。若钝化膜溶解得很慢，则说明是金属离子由内向外运输，即由金属中经底层传输到上层中，若钝化膜溶解得很快，则由于氧离子空缺而向外传输。当膜的生长和溶解最终达到平衡时，得到稳定厚度的膜。

当 Cl^- 与钝化膜中的阳离子形成可溶络合物后，外层 Fe、Cr 等阳离子减少，促进钢筋基体中的 Fe、Cr 等单质发生氧化成为阳离子，通过钝化膜传输进入钝化膜外层。与发生初次钝化不同，钝化膜溶解再钝化过程中，外层钝化膜的溶解促进了钢筋基体 Cr 元素的溶出，并且在内外层钝化膜中形成未发生去水化反应的 Cr（OH）$_3$，从而 CR 和 SS 钢筋中的 Cr（OH）$_3$ 含量增高。但由于 Cr_2O_3 的溶解速率大于生成速率，CR 钢筋中

的 Cr_2O_3 含量下降；SS 钢筋外层钝化膜中的 Cr_2O_3 的溶解速率大于生成速率，内层钝化膜中的 Cr_2O_3 溶解速率较小，小于生成速率，因此 SS 钢筋外层 Cr_2O_3 降低，但最内层升高。

由于 Cl^- 与钢筋钝化膜直接接触，因此 Cl^- 在界面的扩散过程可忽略不计。由钝化膜 EDS 结果可知，Cl^- 仅作用于钝化膜表面，并未进入钝化膜内，因此氯盐浸泡 20d 后钝化膜可视为达到动态平衡状态。可以预测，在氯盐环境中持续浸泡，CR 和 SS 钢筋外层钝化膜中的 $Cr(OH)_3$ 逐渐发生去水化反应生成 Cr_2O_3，Cr_2O_3 与 Cl^- 形成络合物溶解进入溶液，再次促进钢筋基体中的 Cr、Fe 进入钝化膜。由于未形成大阴极小阳极加速反应体系，整个 Cl^- 作用反应过程极为缓慢，因此 CR 和 SS 钢筋始终处于钝化状态。

图 6-3-3 为加入 Cl^- 前后三种钢筋钝化膜 Fe^{3+}/Fe^{2+} 随溅射深度的变化趋势。从图中可以看出，加入 Cl^- 后三种钢筋钝化膜内层的 Fe^{2+} 相对含量仍然高于钝化膜外层。但与未加入 Cl^- 前相比，SS 和 LC 钢筋的 Fe^{2+} 含量下降，溅射深度越大 Fe^{2+} 含量下降越多，表明 Cl^- 使钝化膜部分 Fe^{2+} 转化为 Fe^{3+}，而 CR 钢筋则下降不明显。Fe^{2+} 是 Fe_3O_4 组成部分，Cl^- 促进钢筋中的 Fe^{2+} 发生氧化还原反应从而转变为 Fe^{3+}，可能发生的反应如下：$2Fe_3O_4 + 2OH^- \rightarrow 3Fe_2O_3 + H_2O + 2e^-$。$Cl^-$ 使钝化膜继续氧化，Fe 从 Fe^{2+} 部分转化为 Fe^{3+}，内层 $FeCr_2O_4$ 等尖晶石结构破坏，Fe^{3+} 具有弱的导电性，促使电化学反应继续发生，钝化膜的保护性能下降。但由 CR 和 SS 钢筋中的 FeO、Fe_2O_3、$Fe(OH)_2$、$Fe(OH)_3$ 及 FeOOH 的含量可知，Cl^- 作用并未使钝化膜中 Fe 含量下降，因此钝化膜中 Fe 始终处于动态平衡状态。

图 6-3-4 为加入 Cl^- 前后三种钢筋钝化膜 FeO_x/Fe 随溅射深度的变化趋势。可以发现，在加入 Cl^- 后，三种钢筋的 FeO_x 含量均增大，表明在 Cl^- 作用下，钢筋表面发生氧化还原反应，Fe 氧化物含量增大。与未钝化状态相比，加入 Cl^- 后，三种钢筋平均厚度未发生变化。

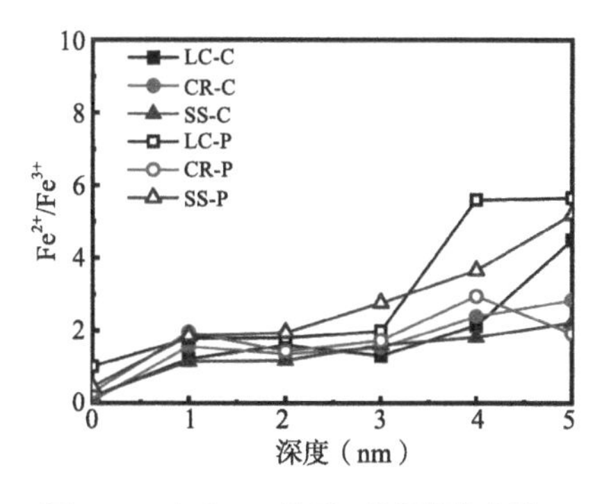

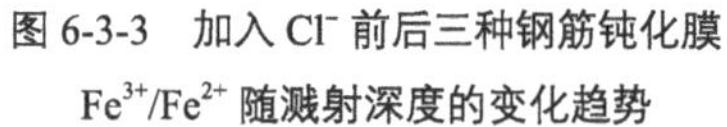
图 6-3-3 加入 Cl^- 前后三种钢筋钝化膜 Fe^{3+}/Fe^{2+} 随溅射深度的变化趋势

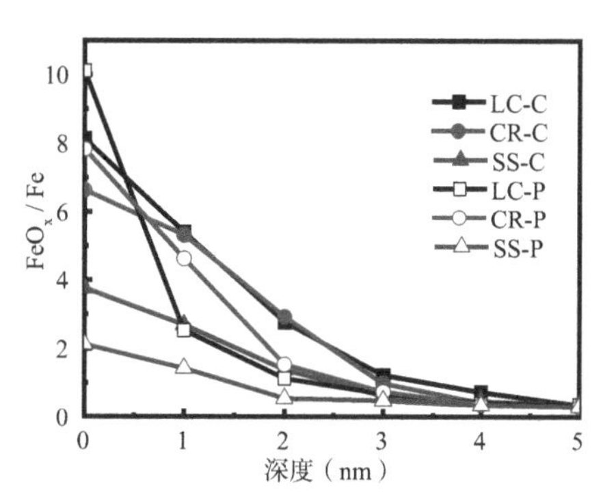

图 6-3-4 加入 Cl^- 前后三种钢筋钝化膜 FeO_x/Fe 随溅射深度的变化趋势

图 6-3-5 为加入 Cl^- 前后三种钢筋钝化膜 $Cr_2O_3/Cr(OH)_3$ 及 Cr_2O_3/Cr 随溅射深度的变化趋势。通过图 6-3-5 可以看到，加入 Cl^- 后 CR 钢筋的 Cr_2O_3 含量下降，Cl^- 的入侵使得 CR 钢筋钝化膜中的 Cr_2O_3 溶解或转化为 $Cr(OH)_3$；SS 钢筋尽管 Cr_2O_3 相对含量下降，但其钝化膜内层的 Cr_2O_3 与未加入 Cl^- 时相比含量上升，表明 Cl^- 仅使 SS 钢筋钝化膜内层中的 $Cr(OH)_3$ 溶解，而 Cr_2O_3 保持稳定，在钝化膜内层富集。

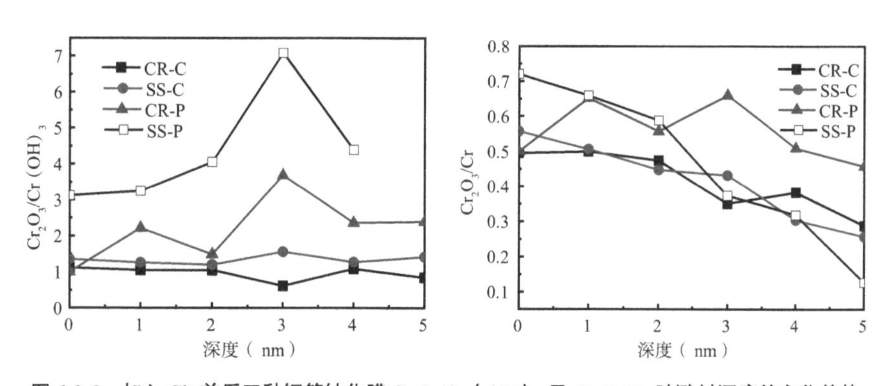

图 6-3-5 加入 Cl^- 前后三种钢筋钝化膜 $Cr_2O_3/Cr(OH)_3$ 及 Cr_2O_3/Cr 随溅射深度的变化趋势

图 6-3-6 为加入 Cl^- 前后三种钢筋钝化膜 FeO_x/CrO_x 随溅射深度的变化趋势。从图中可以发现，CR 钢筋在加入 Cl^- 后 FeO_x 含量上升，而 SS 钢筋钝化膜外层 FeO_x 含量上升，内层 FeO_x 下降。根据热力学理论，Fe 氧化

物比 Cr 氧化物更易溶解，从钢筋基体中溶出的 Fe 比 Cr 多，CR 钢筋钝化膜中的 Fe 氧化物含量大于 Cr 氧化物。

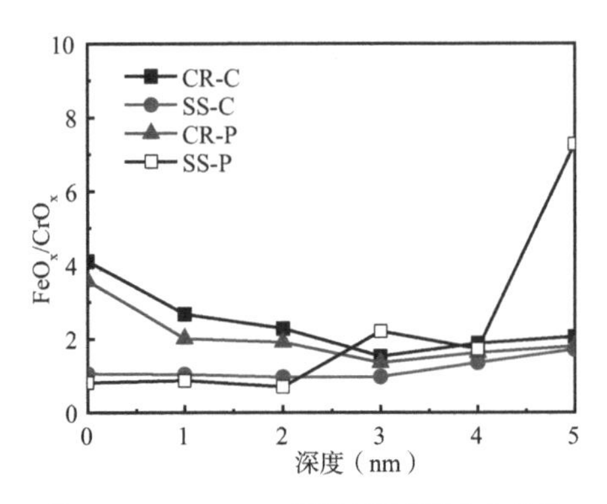

图 6-3-6　FeO_x/CrO_x 随溅射深度的变化趋势

第四节　M-S 曲线结果

图 6-4-1 为三种钢筋在加入 $[Cl^-]$=5M 的模拟混凝土孔溶液中浸泡不同时间的 M-S 结果。从图中可以看出，CR 和 SS 钢筋在氯离子浸泡 20d 过程中的正电压平带电位没有改变，均为 0.5V；随着浸泡时间的增长，负电压平带电位区间逐渐变宽，从 −0.5V 逐渐增宽到 −1.0 ~ −0.5V。对于 LC 钢筋，在氯离子浸泡 5d 后，平带电位并未发生改变；浸泡 10d 后出现两个平带电位区间，分别为 −0.5V 以下及 0.5 ~ 0.75V；而浸泡 15d 后仅有 0.75V 一个平带电位；浸泡 20d 后仅能测试到 0V 以下钝化膜电容行为。由此可以得出，在 $[Cl^-]$=5M 作用下，CR 钢筋和 SS 钢筋钝化膜结构未发生改变，仅钝化膜成分在 Cl^- 作用下有所变化；而 LC 钢筋钝化膜在 Cl^- 作用下结构逐渐发生变化，逐渐无法检测到其半导体特性，表明其钝化膜已破坏。

图 6-4-2 为三种钢筋 M-S 曲线拟合计算得到的载流子浓度随腐蚀时间的变化趋势对比。从图 6-4-2（a）可以看出，CR 和 SS 钢筋钝化膜的受主载流子浓度交替变化，但总体趋势为受主载流子浓度随着 Cl^- 作用时间增长而逐渐变大；在 Cl^- 作用 20d 后，SS 钢筋的受主载流子浓度略大于 CR 钢筋，分别为 $2.9\times10^{20}cm^{-3}$ 和 $2.1\times10^{20}cm^{-3}$，仅为钝化 3h 后两种钢筋的

受主载流子浓度（$5.7\times10^{20}cm^{-3}$）的一半。这表明：（1）Cl^- 对钝化膜的影响与浸泡时间相关，Cl^- 对 CR 及 SS 钢筋表面钝化膜的作用随着浸泡时间的延长而增大；（2）在 Cl^- 作用下，CR 及 SS 钢筋钝化膜的受主载流子浓度增大，钝化膜内层的部分 Fe-Cr 氧化物溶解进入溶液，使阳离子空位增多，钝化膜内层导电性增强，钝化膜致密性可能下降。但与钝化初期相比，CR 钢筋及 SS 钢筋的受主载流子浓度依然较小，钝化膜内层导电性仍然较弱。

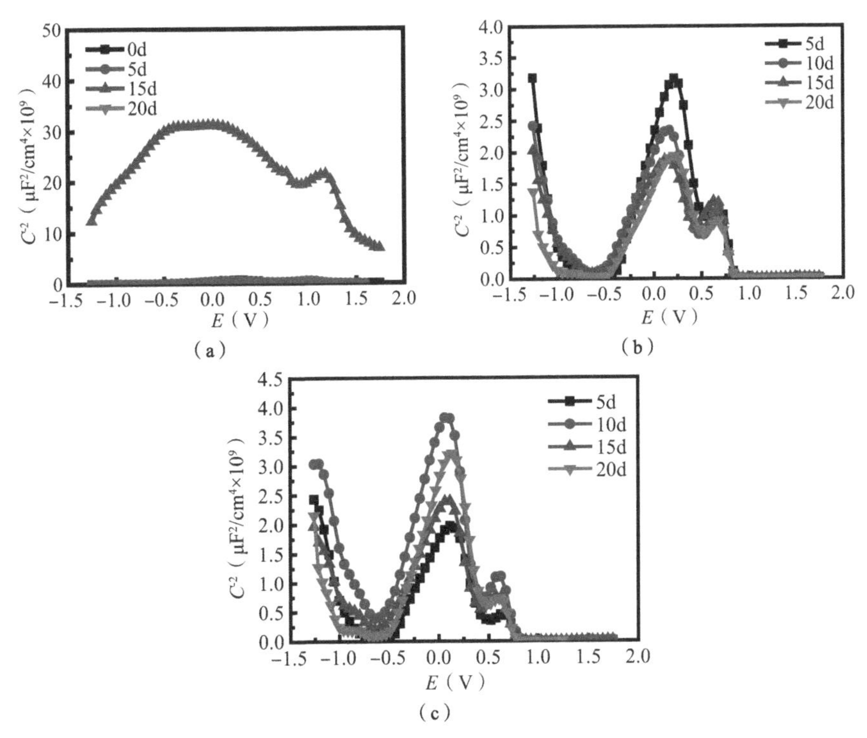

图 6-4-1　三种钢筋在加入 $[Cl^-]$=5M 的模拟混凝土孔溶液中浸泡不同时间的 M-S 结果

（a）LC；（b）CR；（c）SS

从图 6-4-2（b）可以得到三种钢筋钝化膜施主载流子浓度随 Cl^- 作用时间的变化趋势。从图中可以看出，LC 钢筋的施主载流子浓度远大于 CR 和 SS 钢筋，在 Cl^- 作用 5d 后，LC 钢筋钝化膜施主载流子浓度明显增大，从钝化 10d 后的 $4\times10^{20}cm^{-3}$ 增大到 $16\times10^{20}cm^{-3}$；随着 Cl^- 作用时间的增加，

LC 钢筋的施主载流子浓度逐渐降低，这是由于 LC 钢筋表面逐渐达到全面腐蚀，锈层的施主载流子浓度逐渐下降。Cl^- 作用 5d 后，CR 钢筋的施主载流子浓度从 $1.5\times10^{20}cm^{-3}$ 增大到 $1.6\times10^{20}cm^{-3}$，随着 Cl^- 作用时间的延长，施主载流子浓度逐渐增大，在 Cl^- 作用 15d 后钝化膜中的施主载流子浓度区域稳定，保持在 $3.0\times10^{20}cm^{-3}$。这是由于 Cl^- 占据钝化膜外层中的氧空位，与 Fe 阳离子结合形成可溶的络合物溶解进入模拟液中，钝化膜外层部分破坏，根据 PDM 模型，钝化膜外层的氧空位使得钢筋基体中的 Fe 离子化穿过钝化膜内层进入钝化膜外层，施主载流子浓度增大，20d 后 Cl^- 的作用达到动态平衡。对于 SS 钢筋，其施主载流子浓度随着 Cl^- 作用时间不断变化，浸泡 20d 后，其施主载流子浓度小于 CR 钢筋，这是由于 SS 钢筋外层钝化膜中 Cr 含量高于 CR 钢筋，使得钝化膜外层的阳离子间隙浓度减小，施主载流子浓度减小。总体来说，Cl^- 并未改变 CR 钢筋和 SS 钢筋钝化膜的结构，两种钢筋钝化膜的受主载流子浓度有所上升，钝化膜导电性略微增强，CR 钢筋钝化膜导电性与 SS 相近，这与电化学测试结果一致。

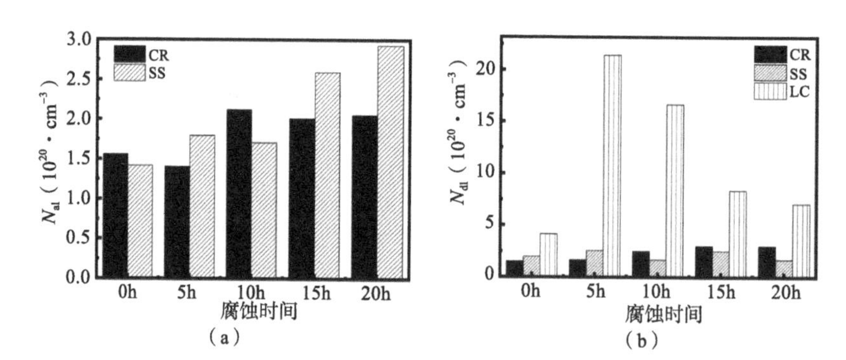

图 6-4-2　三种钢筋 M-S 曲线拟合计算得到的载流子浓度随腐蚀时间的变化趋势对比

（a）N_{a1}；（b）N_{d1}

第五节　Cl^- 作用机理

离子的活化作用对不锈钢氧化膜的建立和破坏均起着重要作用。虽然至今人们对氯离子如何使钝化金属转变为活化状态的机理还没有定论，但大致可分为两种观点：成相膜理论的观点认为，由于氯离子半径小，穿透能力强，故它最容易穿透氧化膜内极小的孔隙，到达金属表面，并与金属相互作用形成了可溶性化合物，使氧化膜的结构发生变化，金属产生腐蚀。吸附理论则认为，氯离子破坏氧化膜主要是因为氯离子有很强的可被金属吸附的能力，它们优先被金属吸附，氯离子和 OH^- 争夺金属表面上的吸附点，甚至可以取代吸附中的钝化离子与金属形成氯化物，氯化物与金属表面的吸附并不稳定，形成了可溶性物质，这样导致了腐蚀的加速。Cl^- 与 M^+ 的结合键较强，因而是侵入钝化膜的有效离子，强烈地吸附在金属表面，Cl^- 与 O^{2-} 交换使膜中产生空位。由钝化膜 EDS 及 XPS 测试结果可知，Cl^- 仅作用于 CR 钢筋表面，未进入钝化膜内部。吸附理论认为，Cl^- 与羟基会在钝化膜的表面发生竞争吸附，生成溶解性较强的金属氯化物，造成钝化膜的生长速度不及钝化膜的溶解速度，钝化膜的薄弱部位最先破裂露出基体，Cl^- 也会吸附于基体金属表面，并且不断取代羟基，阻止了钝化膜的形成，点蚀便会萌生。点蚀电位 E_b 会随 Cl^- 浓度的增加而减小，临界点蚀温度也会随 Cl^- 浓度的增加而降低，表明 Cl^- 的增加使点蚀更容易发生。当氯离子浓度达到一定值时，能替换氧离子和氢氧根离子，吸附于钢筋表面，抑制或破坏钝化膜的形成。

钢筋中破坏表面均匀性的缺陷，如夹杂物、贫铬区、晶界、位错等，使膜在这些地方较为脆弱，与大部分钝化膜相比电位更低，Cl^- 达到一定值，点蚀电位降低到比腐蚀电位更低值，这些部位的钝化膜溶解形成稳定点蚀坑，形成大阴极小阳极腐蚀加速，这是钝化膜被破坏的内因。但对于处于正常模拟混凝土孔溶液环境中的 CR 和 SS 钢筋，由于腐蚀电位相对于点蚀电位较低，且 OH^- 浓度较大，因此 Cl^- 并未达到临界氯离子值，即点蚀电位低于腐蚀电位的值，钝化膜中未形成稳定的点蚀坑。尽管加入 Cl^- 后，钝化膜结构未发生变化，但与钝化状态的钝化膜相比，CR 和 SS 钢筋钝化膜成分分布发生了变化。

亚稳态蚀孔持续溶解最终转变为稳态点蚀坑，需要一定的条件：(1) 较高的溶解电流密度；(2) 较为封闭的蚀坑环境；(3) 一定的蚀坑深度。当亚稳蚀孔的溶解电流密度足够高时，金属离子的产生速度大于或等于金属离子扩散出蚀孔的速度，则孔内能够保持活性溶解所需的金属离子浓度和酸度，而且会有 Cl^- 迁入孔内保持孔内溶液的电平衡，使蚀孔无法再钝化。

钢筋可能的点蚀点为 MnS、CrC_3、第二相或其交界，铁素体中的 CrN、Cr/Mn 的 S 化物（与基体之间的界面）。Zheng 等人的研究进一步表明在不锈钢晶粒间存在着包含氧化物 $MnCr_2O_4$ 的 MnS 纳米颗粒，MnS 的溶解正是起源于 $MnCr_2O_4$，而 MnS 的溶解为不锈钢点蚀提供了诱发源。

结合 PDM 模型，从微观角度讲，当钝化膜中处于含有侵蚀性离子溶液中时，膜 / 溶液界面的氧空缺（V_o）可吸附 Cl^- 并发生反应产生氧空缺 / 金属离子空缺对，生成的氧空缺（V_o）又可以与膜 / 溶液界面其他的 Cl^- 继续反应，产生更多的金属离子空缺（V_M）。对于 LC 钢筋，钝化膜表现为 n 型半导体，钝化膜中仅有阳离子间隙 / 氧空缺，因此，金属离子的产生过程为自催化过程，多余的金属离子空缺在金属 / 膜界面局部堆积，将金属基体与钝化膜隔离，阻止钝化膜的继续生长。最终，由于局部钝化膜的完全溶解，导致点蚀的发生和发展。而 CR 和 SS 钢筋钝化膜中外层缺陷为阳离子间隙 / 氧空缺（V_o），内层缺陷为金属空缺（V_M），当外层钝化膜中的阳离子间隙 / 氧空缺减少，而金属空缺增多，内层中的金属空缺向外层迁移，继续保持钝化膜稳定状态，因此，加入 Cl^- 后 CR 和 SS 钢筋的钝化膜厚度保持不变，但外层缺陷浓度增大，钝化膜中含有越多的氧空缺和金属离子空缺，钝化膜就越容易受到破坏。

SS 钢筋的内层钝化膜 FeO 含量降低，CR 钢筋变化不大；CR 和 SS 钢筋的 $Cr(OH)_3$ 含量均上升；CR 钢筋的 Cr_2O_3 含量降低，SS 钢筋外层 Cr_2O_3 降低，但最内层升高。加入 Cl^- 后三种钢筋钝化膜内层的 Fe^{2+} 相对含量仍然高于钝化膜外层，但与未加入 Cl^- 相比，Fe^{2+} 含量下降，CR 钢筋下降幅度小于 SS 钢筋。三种钢筋的 FeO_x 含量均增大。钝化膜平均厚度未发生变化。CR 钢筋的 Cr_2O_3 含量下降，SS 钢筋尽管 Cr_2O_3 相对含量下降，但其钝化膜内层的 Cr_2O_3 与未加入 Cl^- 时相比含量上升。

LC 钢筋钝化膜的施主载流子浓度在加入 Cl^- 后急剧增大，随着浸泡时间延长不断减小，最终全面腐蚀。CR 和 SS 钢筋钝化膜结构未发生变化，受主载流子浓度均随着 Cl^- 作用时间延长不断增大，CR 钢筋施主载流子浓度同时不断增大，但SS钢筋施主载流子浓度则交替变化。CR和SS钢筋大部分钝化膜处于均匀稳定状态，但逐渐向非晶态转变，成分均匀性仍然较好，局部钝化膜增厚或厚度不均匀。总体来说，CR钢筋和SS钢筋钝化膜导电性略微上升，钝化膜向非晶态转变，CR钢筋钝化膜导电性与SS相近。

图6-5-1为Cl^-对CR钢筋钝化膜的作用机理示意图。由于钝化膜外层为n型半导体，点缺陷为氧空位（V_o），Cl^-与O^{2-}/OH^-争夺，占取钝化膜表面位置，与Fe、Cr等阳离子形成可溶络合物溶解进入溶液，钢筋基体中的Fe、Cr相应发生氧化反应进入钝化膜，形成钝化膜氧化物，钝化膜中的部分Fe^{2+}氧化为Fe^{3+}，Cr_2O_3转化为$Cr(OH)_3$，使钝化膜仍然保持稳定结构。除在钝化膜中平均分布的点缺陷外，钝化膜中存在由于基体缺陷（晶界、夹杂物等）引起的薄弱处。晶界等处的粒子扩散速率远大于点缺陷处，因此钝化膜生长速率增大，钝化膜增厚；在夹杂物等处，钝化膜Cr含量较低，钝化膜保护性能较弱，钝化膜溶解速率大于生长速率，因此发生钝化膜不均匀现象。由于Cl^-浓度小于临界氯离子值，点蚀电位大于腐蚀电位，钝化膜中的腐蚀电流密度较小，钝化膜溶解速率小于生长速率，不足以形成稳定点蚀坑。

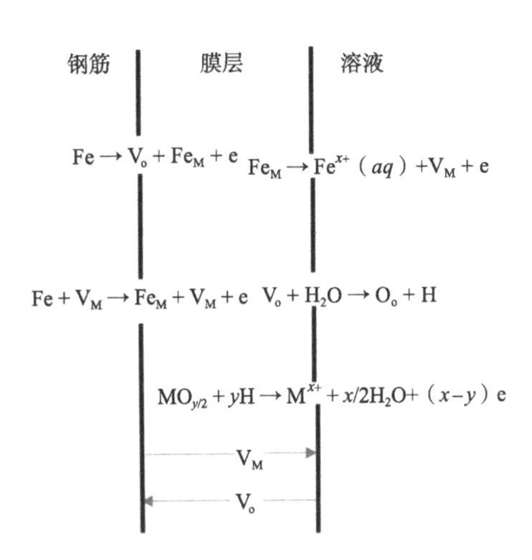

图6-5-1　Cl^-对CR钢筋钝化膜的作用机理示意图

第六节 合金元素的耐点蚀作用机制

一、基体

合金元素作为溶质，以原子状态进入以 Fe 为溶剂的固态溶液中，形成不锈钢的各种基体组织（固溶体）。其中 Cr、Mo 为铁素体形成相，C、Mn、Ni 为奥氏体形成相。根据相图，适当加入不同比例的各元素可形成不同组织的不锈钢。在一定温度条件下，不锈钢中的合金元素不仅决定钢的基体组织，而且在冷、热加工，热处理，焊接及使用过程中，各元素间相互作用还会在不锈钢基体上析出碳化物、氮化物和金属间化合物。铬碳化物及富铬金属间化合物使基体中形成贫铬区，使小区域钢筋耐蚀性降低。此外，在基体中存在晶界位错等线、面缺陷，由于成分及结构与大部分基体不同，因此钝化膜性质及 Cl^- 作用下的粒子传输与大部分钝化膜有所不同，影响了钢筋的耐蚀性能。

二、元素直接作用

由于 Cr 等元素存在，CR 钢筋形成了 p-n 型双相半导体钝化膜，由于钝化膜致密、弱导电性及单向导电性，Cl^- 难以进入钝化膜，点蚀电位高，钝化膜溶解速率小。在钝化膜溶解 - 钝化动态平衡过程中，Cr、Fe 等元素不断从钢筋基体中进入钝化膜，使钝化膜保持稳定状态。

第七章　新型合金耐蚀钢筋在混凝土中的腐蚀行为

第一节　概述

在实际工程中，按照钢筋混凝土结构构件要求使用耐蚀钢筋和普通钢筋，例如混凝土构件中纵筋一般采用耐腐蚀性能较好的合金钢筋，箍筋一般采用低碳钢。当耐蚀钢筋和普通钢筋存在于同一构件相互接触时，两种钢筋之间存在电位差，相互接触时存在电子通道，混凝土作为电解质，可能会发生电偶腐蚀，使得耐蚀钢筋和普通钢筋腐蚀情况不同于其单独存在时的情况，特别是当混凝土发生碳化和氯离子侵蚀时，这种改变更加剧烈。此外，工程实际中不可避免会借助焊接方式对不同种类钢筋进行连接，而焊接部位作为整个钢筋混凝土结构中钢筋的特殊部位，其性能对于钢筋混凝土性能影响巨大。因此，研究碳化和氯离子侵蚀作用下新型耐蚀钢筋和普通钢筋的电偶腐蚀及钢筋焊接件性能，对钢筋混凝土结构的耐久性具有重要意义。

第二节　耐蚀钢筋在混凝土中的电偶腐蚀研究

一、电化学测试

（一）开路电位

图 7-2-1 为两种钢筋在不同溶液中的开路电位，由图 7-2-1 可以看出，CR 和 LC 在氯离子作用下，不同 pH 的混凝土模拟液中开路电位均处于稳定状态。pH=9.0 时，CR 开路电位稳定值约为 −270V，LC 开路电位约

为 −360V；pH=11.3 时，CR 开路电位约为 −260V，LC 开路电位约为 −330V；pH=13.6 时，CR 开路电位约为 −210V，LC 开路电位约为 −256V。在相同 pH 条件下，CR 开路电位值均低于 LC 的开路电位值，LC 比 CR 的腐蚀热力学趋势大，所以在 CR 与 LC 组成的电偶对中，LC 作为阳极，而 CR 作为阴极，且随着 pH 的增加，不会发生电极逆转的情况。由图 7-2-1 还可以看出，随着 pH 的增加，两种钢筋开路电位值之间的差距减小，电偶腐蚀发生的驱动力也减小。特别是当 pH=13.6 时，CR 与 LC 开路电位之差仅为 50mV，理论上它们之间也存在电偶腐蚀推动力，但电偶腐蚀倾向不大，有可能不会发生电偶腐蚀。

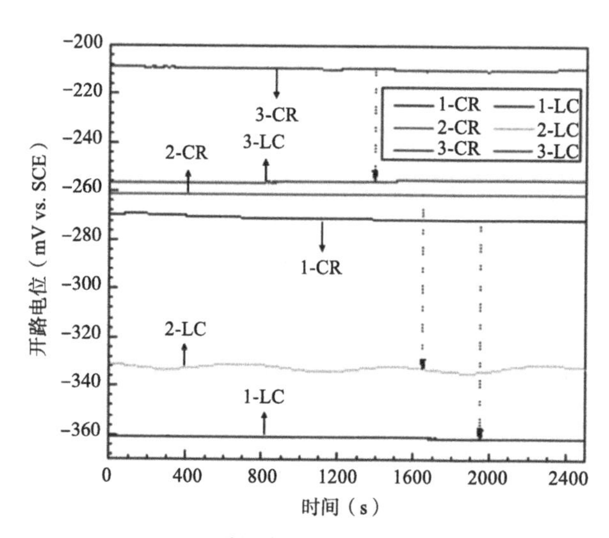

图 7-2-1　两种钢筋在不同溶液中的开路电位

（1-CR 表示在 pH=9.0 溶液中浸泡的 CR，1-LC 表示在 pH=9.0 溶液中浸泡的 LC；2-CR 表示在 pH=11.3 溶液中浸泡的 CR，2-LC 表示在 pH=11.3 溶液中浸泡的 LC；3-CR 表示在 pH=13.6 溶液中浸泡的 CR，3-LC 表示在 pH=13.6 溶液中浸泡的 LC，LC 为普通钢筋）

（二）线性极化

图 7-2-2 为两种钢筋在不同 pH 混凝土模拟液中的线性极化电阻，由图 7-2-2 可以看出，在氯离子作用下，相同 pH 条件下，CR 的线性极化电阻大于 LC 的，CR 的耐腐蚀性优于 LC。此外，随着 pH 的增加，CR 与 LC 的线性极化电阻表现出不同程度的增加，并且 CR 与 LC 线性极化电阻

之间的差距也变大。说明两种钢筋的耐腐蚀性能随着pH的增加而变好，并且CR耐腐蚀变好的趋势更加明显。这主要是因为在氯离子浓度为5M时，CR与LC的钝化能力随着pH的增加而变强。并且对于CR而言，在高碱性环境下即使氯离子作用使得钝化膜发生破坏也可以进行自我修复，而LC这种修复能力较差。

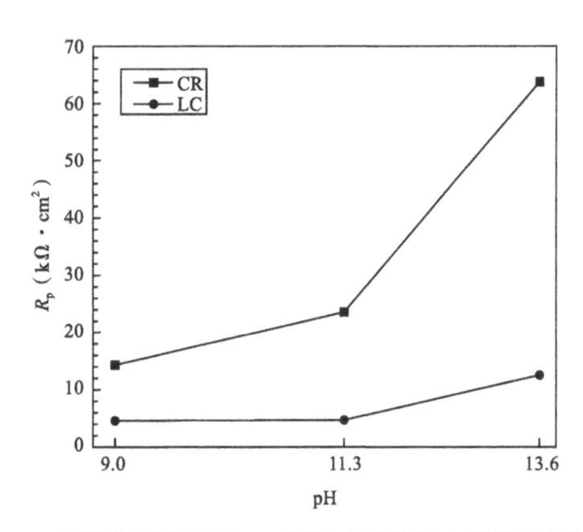

图 7-2-2　两种钢筋在不同 pH 混凝土模拟液中的线性极化电阻

（三）Tafel 曲线

图7-2-3为两种钢筋在不同pH混凝土模拟液中的Tafel曲线，从图7-2-3可以看出，各个极化曲线的阳极区表现为活性溶解特征，阴极区由氧离子化和氧扩散共同控制。在相同pH条件下，以LC的Tafel曲线为基准，CR的Tafel曲线向左上方偏移。pH=9.0时，阴极极化部分，LC与CR的阴极极化曲线形状类似，说明LC与CR阴极腐蚀动力学过程相同；阳极极化部分，CR的阳极电流密度小于LC，这表明CR表面生成的钝化膜具有更强保护性能。LC的平衡电位较CR低，说明LC有更大的腐蚀趋势。pH=11.3时，阴极极化部分，LC与CR均表现出一定程度的浓差极化；阳极极化部分，LC表现出腐蚀加速和点蚀特征。LC极化曲线明显右移，腐蚀速率增大。pH=13.6时，CR与LC极化曲线类似，阳极表现出点蚀特征。

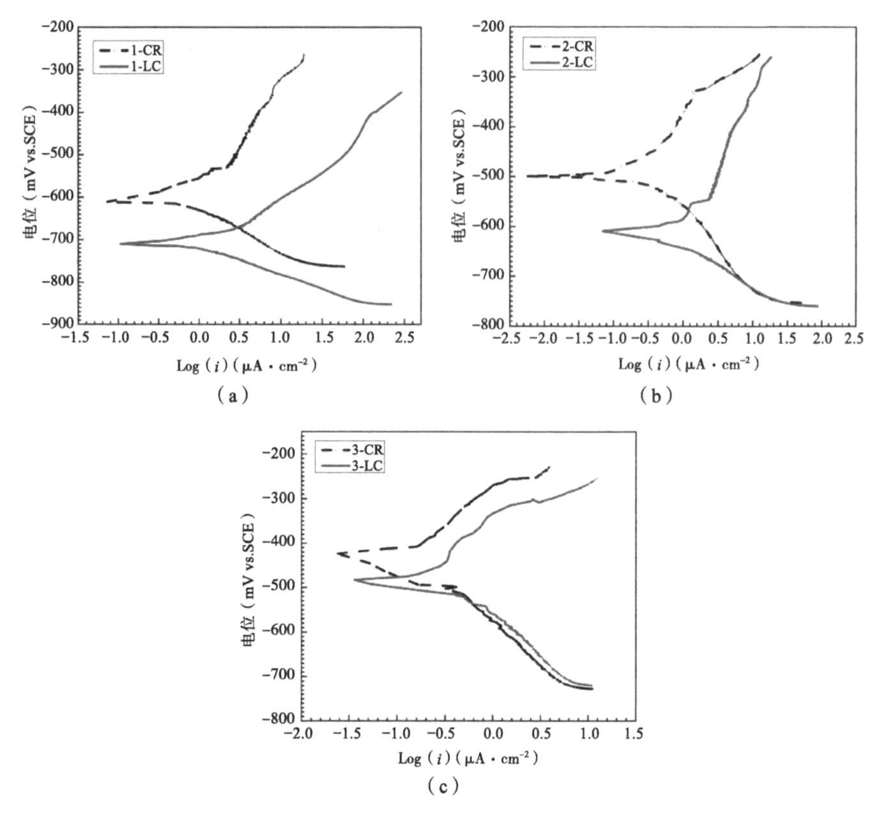

图 7-2-3　两种钢筋在不同 pH 混凝土模拟液中的 Tafel 曲线
（a）pH=9.0；（b）pH=11.3；（c）pH=13.6

表 7-2-1 为 Tafel 曲线拟合电化学腐蚀参数。

Tafel 曲线拟合电化学腐蚀参数　　表 7-2-1

编号	E_{corr}（mV）	i_{corr}（μA）	b_a（mV・dec^{-1}）	b_c（mV・dec^{-1}）
1-CR	−601.277	1.18	290.435	136.875
1-LC	−707.976	2.192	163.839	99.463
2-CR	−496.251	0.38	219.214	159.672
2-LC	−613.031	1.258	316.974	118.594
3-CR	−443.543	0.123	165.278	161.204
3-LC	−477.152	0.358	217.836	182.683

由表 7-2-1 可以看出，相同 pH 条件下，LC 的 E_{corr} 均小于 CR 的 E_{corr}。电偶腐蚀与金属的自腐蚀电位相关，两者的自腐蚀电位相差越大，高电位的阴极越易受到保护，而低电位的阳极越容易发生腐蚀。故可知，LC 与 CR 接触时有发生电偶腐蚀的趋势，并且 LC 作为阳极首先发生腐蚀，CR 作为阴极得到保护。当 pH 为 9.0 时，两者之间的自腐蚀电位差约 100mV；当 pH 为 13.6 时，两者之间的差距减少至约 30mV。说明，随着 pH 的增加，LC 与 CR 之间的自腐蚀电位差减小，两者发生电偶腐蚀的驱动力减小。由表 7-2-1 还可以看出，相同 pH 条件下，LC 的 i_{corr} 较 CR 的 i_{corr} 的大，说明在相同 pH 条件下，CR 比 LC 具有更好的耐腐蚀性。随着 pH 的增加，CR 与 LC 的 i_{corr} 均发生减小，说明 CR 与 LC 均随着 pH 的增加具有更好的耐腐蚀性能。特别是当 pH 为 13.6 时，可以看出 CR 与 LC 的 i_{corr} 明显小于其他 pH 条件下的 i_{corr}，说明在该条件下，CR 与 LC 不易发生腐蚀。对于 CR 与 LC 而言，$b_a>b_c$，说明对于 CR 与 LC 而言，阳极反应是整个反应的主要控制步骤。

结合图 7-2-3 及表 7-2-1 可知，CR 与 LC 接触若发生电偶腐蚀，则电偶腐蚀是由 CR 的阴极极化过程和 LC 的阳极极化过程共同决定的。CR 阴极发生还原反应，即 $O_2 + 2H_2O + 4e^- \rightarrow 4OH^-$；LC 阳极发生金属氧化反应，即 $Fe—2e^- \rightarrow Fe^{2+}$。在碱性环境下，$Fe^{2+}$ 与溶液中的 OH^- 结合生成 $Fe(OH)_2$，由于溶液未经除氧，生成的 $Fe(OH)_2$ 迅速与溶液中溶解的 O_2 继续反应生成 $Fe(OH)_3$，同时 $Fe(OH)_3$ 会迅速分解生成 Fe_2O_3。此外，对于 CR 而言，在同一阴极极化电位下，pH 越高，电流密度越小，这是因为 pH 越高，钢筋表面钝化性能越好，氧透过氧化层到达样品表面参与阴极反应的氧浓度越小，因此电流密度随之减少。对于 LC 而言，在同一阳极极化电位下，pH 越高，电流密度越小，这是由于溶液中 OH^- 浓度增加，使得腐蚀产物在电极表面积累，影响了阳极过程阳离子的溶解和迁移速率，减缓了反应速率，因此电流密度随之减少。由于 LC 与 CR 反应均由阳极反应控制，故当 CR 与 LC 发生电偶腐蚀时，电偶对电极的整个电化学反应由阳离子溶解和迁移速率决定，电偶腐蚀速率随 pH 的增加而降低。

二、SVET分析

图7-2-4为pH=9.0时CR与LC连接的SVET电流密度图，由图7-2-4可以看出，在电流密度图中存在两个相对的峰。如预期所示，LC与CR发生电偶腐蚀，且LC作为阳极被腐蚀，CR作为阴极被保护。LC因表面发生氧化反应释放出金属阳离子，其电流密度为正；CR因其表面发生还原反应生成氢氧根离子，其电流密度为负。由图7-2-4（a）可以看出，CR与LC电流密度约为500μA · cm^{-2}。同时也可以观察到阳极与阴极区的电流分布不具有相同的特征，LC上电流在整个样品表面分布较为均匀，而CR则表现出局部分布的特点。结合图7-2-4（b）可以进一步观察到LC电流密度的均匀分布，以及CR在局部位置表现出明显的电流密度高尖峰，这可能是因为溶液中氯离子对其表面的攻击。

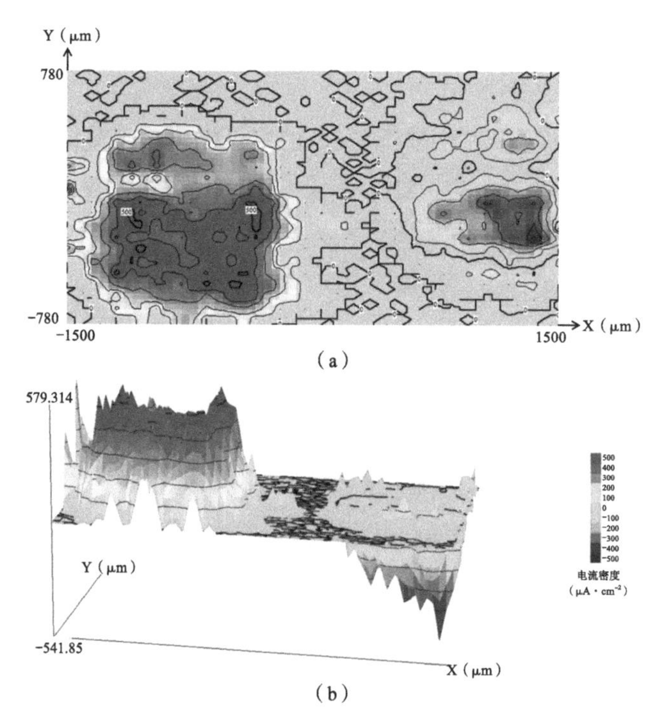

图7-2-4　pH=9.0时CR与LC连接的SVET电流密度图

（a）SVET电流密度二维图；（b）SVET电流密度三维图

图 7-2-5 为 pH=11.3 时 CR 与 LC 连接的 SVET 电流密度图，由图 7-2-5 可以看出，LC 与 CR 发生电偶腐蚀，LC 为阳极，CR 为阴极。CR 与 LC 电流密度约为 200μA・cm^{-2}。同时也可以观察到阳极与阴极区的电流分布不同，阳极区电流密度较阴极区电流密度大。

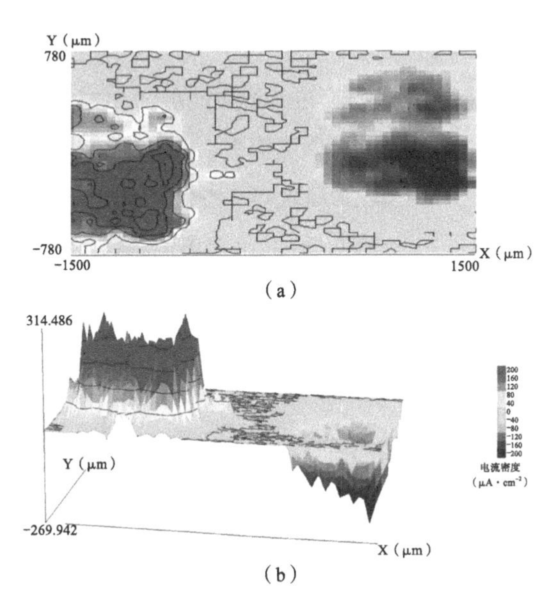

图 7-2-5　pH=11.3 时 CR 与 LC 连接的 SVET 电流密度图
（a）SVET 电流密度二维图；（b）SVET 电流密度三维图

由以上分析可以看出，pH 为 9.0 和 pH 为 11.3 时，CR 与 LC 偶合会发生电偶腐蚀，并且在较高 pH 时，阳极和阴极在碱性介质中使用较小的电流来维持电化学腐蚀过程。由图 7-2-4 和图 7-2-5 可以看出，电偶腐蚀时，LC 因表面活性较高表现出较高的电流密度，并且电流密度分布均匀，可以认为此时 LC 主要发生均匀腐蚀，局部位置可能存在点蚀；而 CR 在电偶腐蚀中被保护，但其表面局部位置出现阴极电流密度峰，这是因为在氯离子作用下 CR 虽作为阴极但因其表面局部活性较大发生点蚀导致出现电流密度峰。此外，pH 为 11.3 时较 pH 为 9.0 时电流密度小，这首先是由于在较高 pH 时，CR 与 LC 之间电位差相差较小，电偶腐蚀驱动力较小；其次是由于在氯离子浓度为 5MCR 与 LC 在混凝土模拟液中的钝化能力增加，使得 CR 与 LC 的抗腐蚀能力增加。

图 7-2-6 为 pH=13.6 时 CR 与 LC 连接的 SVET 电流密度图，由图 7-2-6 可以看出，在 pH 为 13.6 时，LC 与 CR 接触但并未发生电偶腐蚀，而是各自反应。这是由于在 pH 为 13.6 时，CR 与 LC 之间电位差较小，电偶腐蚀驱动力不足难以使两者接触时发生电偶腐蚀。由图 7-2-6（a）可以看出，LC 腐蚀电流密度较大，约为 100 μA・cm^{-2}，CR 腐蚀电流密度较小，约为 50 μA・cm^{-2}。这是因为在高碱性环境下，CR 较 LC 更易形成钝化膜，并且即使在氯离子侵蚀作用下，CR 也具有良好的钝化膜修复能力。由图 7-2-6（b）可以看出，CR 与 LC 的电流密度均存在较多电流密度峰。由已有研究可知，CR 与 LC 在各自腐蚀条件下，腐蚀主要为点蚀。所以在 SVET 图中出现较多电流密度峰。

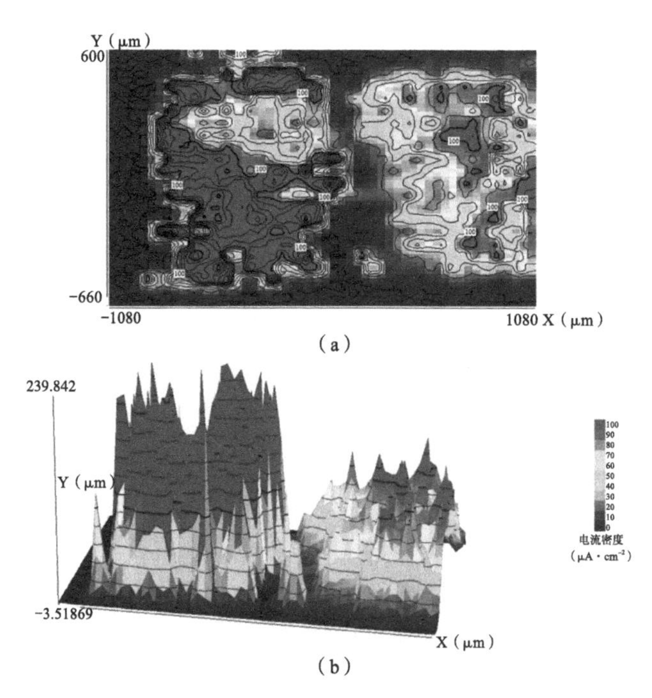

图 7-2-6　pH=13.6 时 CR 与 LC 连接的 SVET 电流密度图

（a）SVET 电流密度二维图；（b）SVET 电流密度三维图

三、SEM、DHM 分析

图 7-2-7 为 CR 与 LC 表面腐蚀形貌，由图 7-2-7（a）可以看出，未进

行任何测试的 LC 与 CR 表面平整。由图 7-2-7（b）可以看出，在 pH=9.0、氯离子浓度为 5M 的混凝土模拟液①中，LC 与 CR 发生电偶腐蚀后，LC 表面腐蚀严重，有大量腐蚀产物生成，腐蚀产物在 LC 表面均匀分布；CR 表面粗糙化，局部位置有一些小坑出现。由图 7-2-7（c）可以看出，在 pH=11.3、氯离子浓度为 5M 的混凝土模拟液②中，LC 与 CR 发生电偶腐蚀后，LC 表面存在腐蚀产物堆积并可以明显看到点蚀坑；CR 表面平整，仅在局部位置出现凹坑。由图 7-2-7（d）可以看出，在 pH=13.6、氯离子浓度为 5M 的混凝土模拟液③中，CR 与 LC 各自发生腐蚀，表面出现明显点蚀坑，并且 LC 的腐蚀程度较 CR 严重。从以上分析可知，CR 与 LC 发生电偶腐蚀时，LC 作为阳极腐蚀程度远大于作为阴极被保护的 CR，为进一步分析电偶腐蚀中 LC 与 CR 腐蚀产物，对 pH=9.0 和 pH=11.3 时 LC 与 CR 进行 EDS 分析。

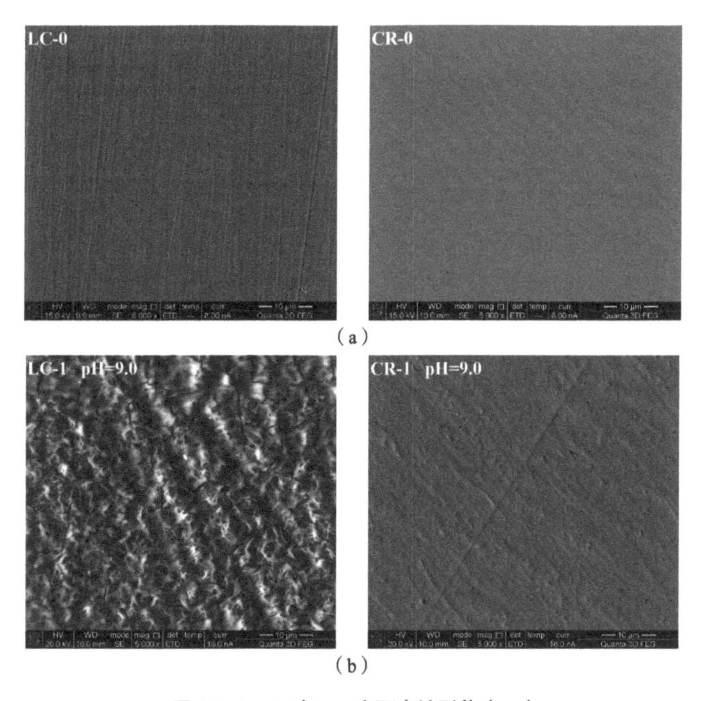

（a）

（b）

图 7-2-7 CR 与 LC 表面腐蚀形貌（一）

（a）LC-0 和 CR-0 为 LC 与 CR 的原始表面；
（b）LC-1 和 CR-1 为在溶液①中电偶腐蚀后的 LC 与 CR 表面；

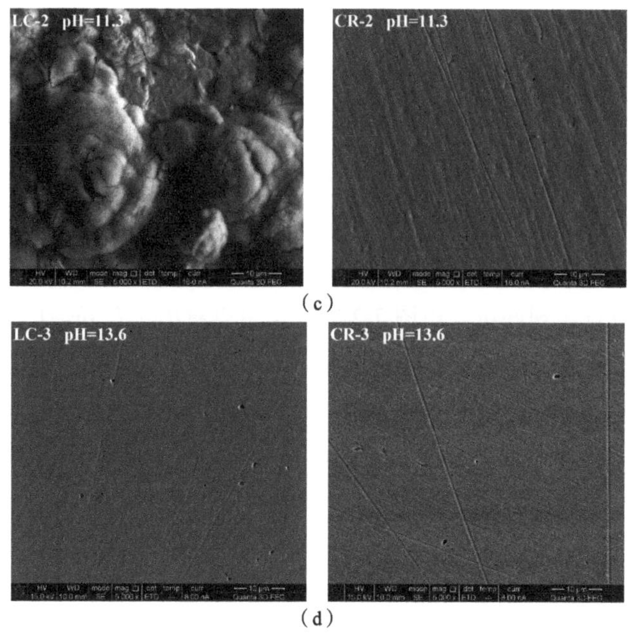

图 7-2-7 CR 与 LC 表面腐蚀形貌（二）
（c）LC-2 和 CR-2 为在溶液②中电偶腐蚀后的 LC 与 CR 表面；
（d）LC-3 和 CR-3 为在溶液③中接触后的 LC 与 CR 表面

图 7-2-8 为 pH=9.0 和 pH=11.3 时 CR 与 LC 电偶腐蚀 EDS 图，由图 7-2-8 可以看出，发生电偶腐蚀时，LC 表面腐蚀产物主要是铁的氧化物；CR 表面有轻微腐蚀，并且腐蚀发生在 Mn 含量较高的位置，可以推测 CR 的点蚀可能与合金 Mn 的掺杂有关，CR 在氯离子作用下会在 Mn 的夹杂物处率先发生腐蚀，进一步发展为点蚀坑。为对 CR 表面形貌有一个更为清晰的认识，对 CR 进行 DHM 测试。

图 7-2-9 为 pH=9.0 和 pH=11.3 时 CR 与 LC 电偶腐蚀后的 CR 三维表面形貌图，由图 7-2-9 可以看出，pH=9.0 时，发生电偶腐蚀后可以明显看出 CR 表面粗糙化，并且表面有深度为纳米级的坑；pH=11.3 时，发生电偶腐蚀后的 CR 表面较为平整，但在局部位置也出现深度为纳米级的坑。这表明在 LC 的阳极牺牲保护下，CR 的点蚀现象即使在低碱性环境仍然不明显，仅受均匀腐蚀影响，使表面粗糙均匀。

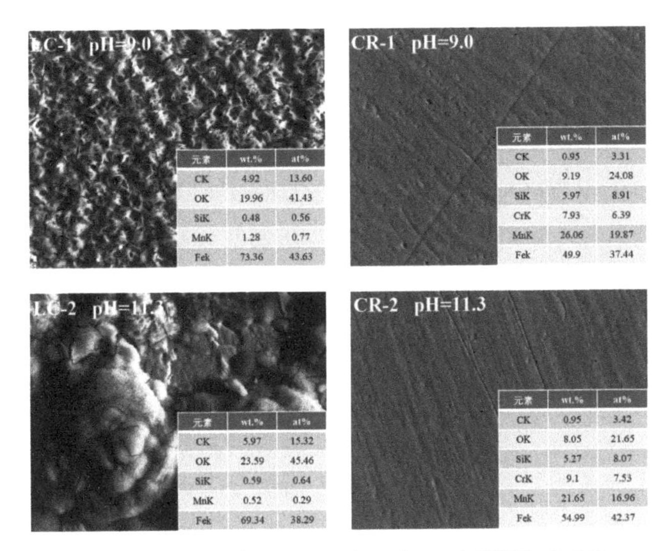

图 7-2-8　pH=9.0 和 pH=11.3 时 CR 与 LC 电偶腐蚀 EDS 图

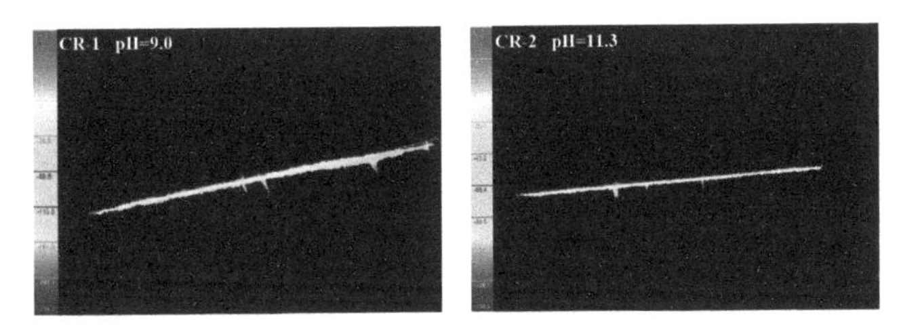

图 7-2-9　pH=9.0 和 pH=11.3，CR 与 LC 电偶腐蚀后的 CR 三维表面形貌图

第三节　耐蚀钢筋焊接件力学性能与腐蚀行为研究

一、显微形貌分析

焊接接头由焊缝、焊接热影响区及母材等三部分组成。焊接区金属的结晶形态及焊接热影响区的组织变化与焊接热循环有着直接的关系。图 7-3-1 为钢筋焊接样品的显微形貌图。

从图 7-3-1 可以看出，作为同种金属的 CR+CR、LC+LC 焊接，并没有观察到明显的焊缝，且 CR 钢筋之间焊接的焊缝更不易观察。说明采用此种闪光对焊技术，能够很好地保留钢筋之间的连接强度。此外，对于异种金属焊接，如图 7-3-1（a)、图 7-3-1（d)，可以很明显地观察到焊缝的存在。在图 7-3-1（a）中，由于 CR 钢筋与 2205 钢筋有着较强的弹性模量，因此，可以发现 CR 钢筋与 2205 钢筋之间的焊接，并没有对比十分明显的焊缝。且对于同样的腐蚀溶液与腐蚀时间，可以观察到，图 7-3-1（a）焊缝左部分可以观察到金相组织（此为 CR 钢筋部分），而焊缝右部分则存在抛光的痕迹（此为 2205 双相不锈钢钢筋部分）。从腐蚀程度上，可以间接地证明 CR 钢筋与 2205 钢筋强度差别。此外，与 CR 钢筋与 2205 钢筋异种金属焊接情况类似，CR 钢筋与 LC 钢筋焊接 [图 7-10（c）]、2205 钢筋与 LC 钢筋焊接 [图 7-3-1(d)] 中均可以发现明显的焊缝。在图 7-10(c) 与图 7-10（d）中，可以观察到，对于同样的腐蚀溶液与腐蚀时间，LC 钢筋已经发生非常明显腐蚀，但对于 CR 钢筋与 2205 钢筋，腐蚀程度并不明显。

在焊缝区，温度处于固液相线之间，此区在化学成分和组织性能上均有着较大不确定性，特别是异种金属焊接时，情况更为复杂。焊缝区的金属组织处于过热状态，塑性很差。在闪光对焊条件下，焊缝区位置很窄，对钢筋之间的连接强度、塑性都有很大的影响。在许多情况下是产生裂纹、局部脆性破坏的发源地，因此焊缝强度对钢筋焊接性能起着直接作用。

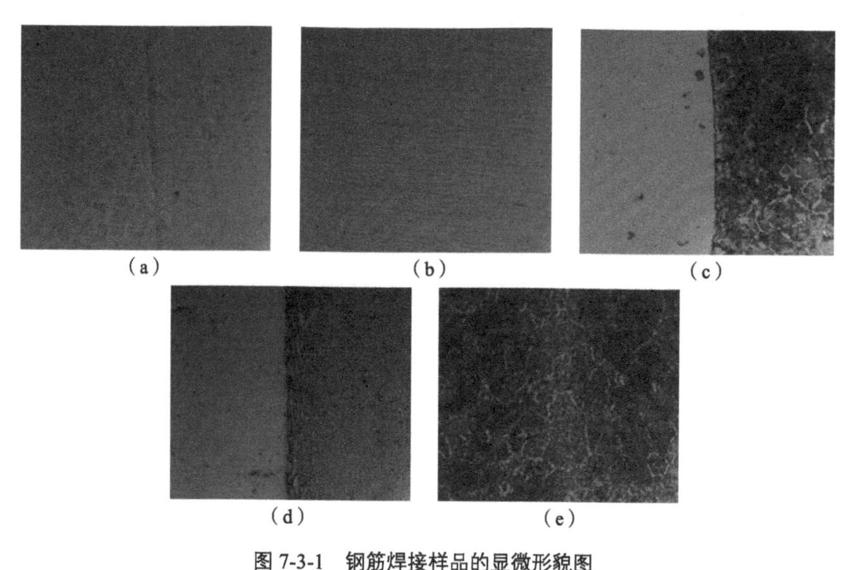

图 7-3-1　钢筋焊接样品的显微形貌图

（a）CR+2205；（b）CR+CR；（c）CR+LC；（d）2205+LC；（e）LC+LC

二、钢筋焊接力学性能测试

（一）钢筋焊接拉伸试验测试

图 7-3-2 为钢筋焊接试样及断裂后的照片。表 7-3-1 为不同母材焊接体系下拉伸试验结果。

通过对图 7-3-2 及表 7-3-1 进行分析发现，直径为 20mm 的 LC 钢筋的抗拉强度为 615 ~ 630MPa，CR 钢筋的抗拉强度达到了 685MPa。对 LC 钢筋、2205 钢筋与 LC 钢筋焊接试样、LC 钢筋与 LC 钢筋焊接试样进行仔细对比发现，尽管破坏形式均为 LC 钢筋基体断裂。但是 LC 钢筋自身断裂的抗拉强度稍微高于 2205 钢筋与 LC 钢筋焊接试样和 LC 钢筋与 LC 钢筋焊接试样，说明焊接过程对 LC 钢筋基体组织有着轻微影响。且在 CR+LC 焊接试样、2205+LC 焊接试样和 LC+LC 焊接试样的断裂位置可以发现，三者的断裂位置均距离焊接处相差不大，说明焊接不仅轻微改变 LC 钢筋基体组织，而且是对组织改变呈现抛物线形影响。

对于 CR+CR、CR+2205 试样，断裂位置均是位于焊缝处，结合 CR 钢筋与 2205 钢筋有着较大抗拉强度及其余三样均是 LC 钢筋基体断裂的结果，可以证明焊缝的结合强度位于 LC 钢筋抗拉强度与 655MPa 之间。在工程的实际应用中，多数是将 CR 钢筋与常用的 LC 钢筋进行焊接，因此，可以得出结论，采用闪光对焊技术，可以较好地对 CR 钢筋、2205 钢筋及 LC 钢筋之间进行连接，且有着较好的抗拉强度，能够满足实际工程需要。

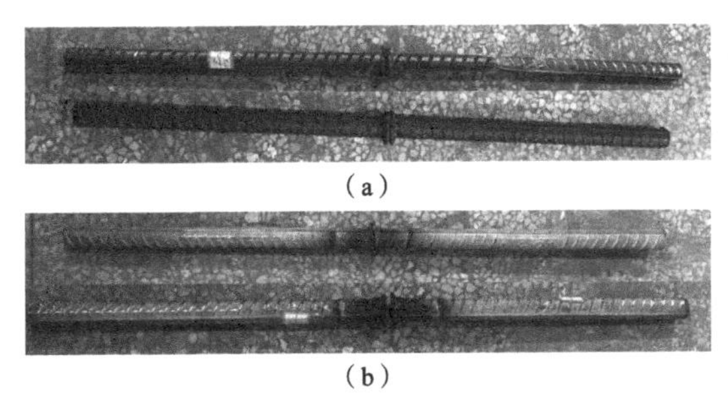

（a）

（b）

图 7-3-2　钢筋焊接试样及断裂后的照片（一）

（a）CR+CR；（b）LC+LC

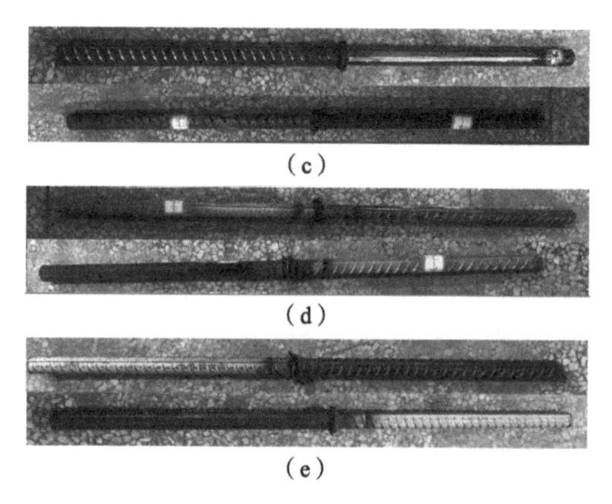

（c）

（d）

（e）

图 7-3-2 钢筋焊接试样及断裂后的照片（二）
（c）2205+LC;（d）CR+LC（e）CR+2205

不同母材焊接体系下拉伸试验结果 表 7-3-1

编号	断裂类型	R_m（抗拉强度，MPa）	L_0（原始标距，mm）
CR	基体断裂	685	600
LC	基体断裂	630	600
CR+CR	焊缝断裂	540	600
CR+2205	焊缝断裂	655	600
CR+LC	LC 断裂	620	600
2205+LC	LC 断裂	620	600
LC+LC	LC 断裂	615	600

（二）钢筋焊接抗弯试验测试

在实际工程应用过程中，在台风、车辆、海浪等动荷载对钢筋混凝土结构的冲击作用下，钢筋混凝土结构中极易产生一定的弯曲挠度，进而对钢筋产生弯曲应力。因此，研究钢筋焊接的弯曲效应是验证焊接钢筋能否实际工程应用的基础。

钢筋弯曲试验结果如图 7-3-3 所示，可以发现，弯曲过程中基体材料只是轻微氧化皮脱落，筋材基体均没有发现基体明显的裂痕，说明筋材基体完全满足抗弯性能要求。通过对图 7-3-3（a）~ 图 7-3-3（c）详细对比发现，CR 钢筋与 2205 钢筋有着较大的强度，在弯曲过程中，并没有发生二次弯折，而LC在抗弯试验完成之前，发生了二次弯折，此种现象只是与筋材基体自身强度有关，但并没有引起筋材基体的抗弯破坏。

对比图7-3-3（d）图7-3-3（h）可以发现，不同筋材之间焊接试样，均达到了抗弯试验要求。因此，可以说明CR钢筋、2205钢筋与LC钢筋之间的焊接，完全可以达到抗弯要求，而不会在外荷载的作用下发生弯曲破坏。由于筋材基体自身强度不同，使得不同焊接试样的抗弯试验的弯曲曲率不同，弯曲大小顺序为LC钢、CR钢筋、2205钢筋。因此，通过抗弯试验可以得到，CR钢筋、2205钢筋与LC钢筋之间的焊接，可以满足实际工程的需要，在台风、车辆、海浪等动荷载的作用下，不会由于弯曲而引起结构破坏。

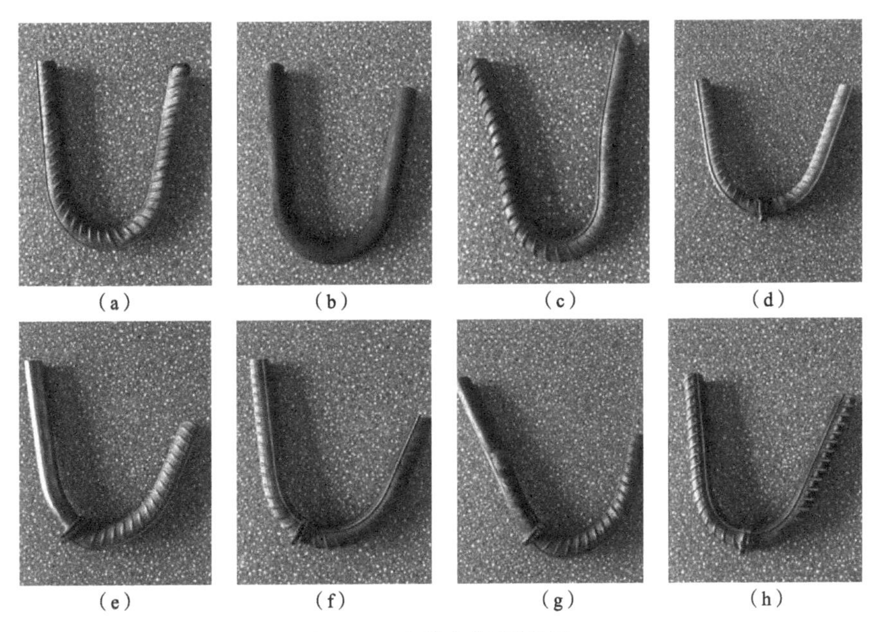

图7-3-3　钢筋弯曲试验结果

（a）CR;（b）2205;（c）LC;（d）CR+CR;（e）2205+CR;（f）CR+LC;（g）2205+LC;（h）LC+LC

三、钢筋焊接接头腐蚀行为

根据极化产生的原因，可简单地将极化分为两类：浓差极化和电化学极化。对于电解质相中的传质过程（如迁移过程和扩散过程等）引起的极化为浓差极化，若该过程在整个电极反应中的速度最慢，则该电极反应由扩散过程控制，称为扩散控制；对于电极表面电子得失引起的极化为电化学极化，腐蚀速度由电化学步骤控制的腐蚀体系称为活化控制的腐蚀体系。

图 7-3-4 为模拟海洋环境下钢筋焊接接头腐蚀的 Tafel 极化曲线，从图 7-3-4 中可以发现，腐蚀电流的大小与焊接样品自身基材的性能有着直接的关系，CR 钢筋与 2205 钢筋之间的焊接样品腐蚀电流远小于 LC 钢筋之间的焊接。对图 7-3-4 进行仔细分析发现，在阳极区存在着一个电流突变状态，即图中圆圈中标示的曲线部分。在阳极区的电流急剧增大，可能是由焊缝处 Fe^{2+} 的瞬间大量释放而引起。此结果与 EIS 测试中结果相一致，说明焊接样品的腐蚀机理是由于焊缝固溶体中异相 Fe^{2+} 释放而引起的腐蚀。

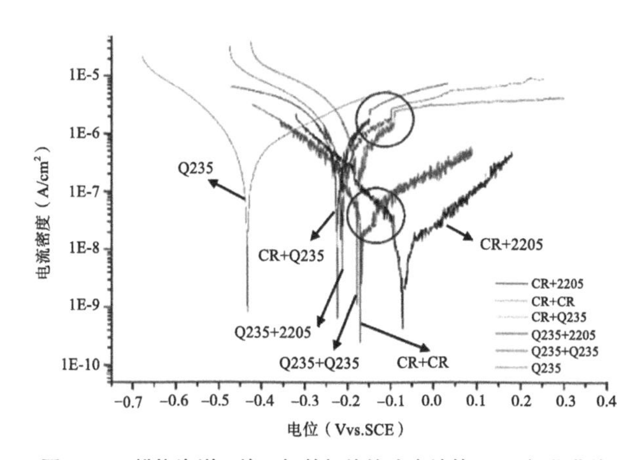

图 7-3-4　模拟海洋环境下钢筋焊接接头腐蚀的 Tafel 极化曲线

第八章　基于概率统计理论的新型合金耐蚀钢筋混凝土服役寿命预测

第一节　概述

预测混凝土耐久性使用寿命的关键问题是合理地确定其耐久性极限状态。关于耐久性极限状态，目前国内外学者对此持有不同观点：鉴于钢筋开始发生锈蚀到混凝土锈胀开裂所需时间很短，有人建议以钢筋脱钝开始锈蚀作为寿命终结点；但是以钢筋开始锈蚀作为使用寿命终止显得过于保守，同时锈胀开裂后钢筋锈蚀速率明显加快，因此有学者以锈胀开裂作为寿命终点；鉴于钢筋脱钝甚至锈胀开裂对于大多数结构的安全性和适用性影响不大，大多数结构允许带裂缝工作，有学者建议以混凝土锈胀开裂达到一定的裂缝宽度作为耐久性寿命终点；也有人考虑钢筋锈蚀引起抗力退化，以构件承载力降低到某一限值作为耐久性极限状态。因此，在混凝土耐久性评估和寿命预测之前，必须根据结构的使用功能、使用环境及结构的重要性等有关因素，对混凝土耐久性极限状态进行选取。

第二节　氯离子侵蚀下新型合金耐蚀钢筋混凝土耐久性分析模型

一、日本 JSCE 方法

（一）分析模型

日本 JSCE 标准中关于海洋环境下混凝土结构的耐久性设计分析模型如式（8-2-1）所示。

$$\gamma_i \gamma_{cl} C_{ca}\left[1-\mathrm{erf}\left(\frac{x}{2\sqrt{\gamma_c \cdot D_{RCM,0} \cdot t}}\right)\right] \leqslant C_{cr} \tag{8-2-1}$$

式中：γ_i——表示结构重要性系数，重要结构取 1.1，一般结构取 1.0；

γ_{cl}——表示钢筋表面氯离子浓度变异系数，一般取 1.3；

C_{ca}——表示混凝土表面氯离子浓度（kg/m^3）；

γ_c——表示混凝土材料性能变异系数，结构上部取 1.3，其他部位取 1.0；如果结构混凝土质量与标准养护试块质量没有差别时，全部取 1.0；

x——表示混凝土保护层厚度（mm）；

C_{cr}——表示混凝土临界氯离子浓度，一般取 $1.2kg/m^3$；

$D_{RCM,0}$——表示混凝土氯离子扩散系数（cm^2/年）；

t——表示混凝土结构设计使用寿命。

（二）主要参数

上述分析模型中主要参数的选取方法如下：

（1）表面氯离子浓度

JSCE 标准中混凝土表面氯离子浓度的取值是根据结构所处的具体位置而划分的，JSCE 标准中混凝土表面氯离子浓度（与混凝土质量的比值）见表 8-2-1。

JSCE 标准中混凝土表面氯离子浓度（与混凝土质量的比值）　　表 8-2-1

浪溅区	离海岸距离（km）				
	岸线附近	0.1	0.25	0.5	1.0
0.65%	0.45%	0.225%	0.15%	0.1%	0.085%

（2）临界氯离子浓度

JSCE 标准规定海洋环境下混凝土结构的临界氯离子浓度统一取为 $1.2kg/m^3$。

（3）氯离子扩散系数

JSCE 标准中定义氯离子扩散系数不随时间变化，这种方法显然与实际不符。由于持续水化等原因，随着混凝土（尤其是掺有矿物掺合料的混凝土）龄期的增长，混凝土抵抗氯离子扩散能力会进一步提高。所以，氯离子扩散系数采用定值会导致耐久性设计过于保守。

二、Duracrete 耐久性设计指南

Duracrete 耐久性设计指南中关于海洋环境下混凝土结构的耐久性设计方法分为分项系数法和全概率设计方法，本文主要介绍分项系数法。

分项系数法的分析模型如式（8-2-2）所示。采用该方法对海洋环境下混凝土结构进行耐久性设计时，应该针对结构所处的实际环境以及施工条件选取参数。

（1）分析模型

$$\frac{C_{cr}}{\gamma_{C_{cr}}}-A_{C_s,cl}\cdot\left(\frac{W}{B}\right)\gamma_{C_s,cl}\left[1-\mathrm{erf}\left(\frac{x-\Delta x}{2\sqrt{\gamma_{R_{cl}}\cdot k_{e,cl}\cdot k_{c,cl}\cdot D_{RCM,0}\cdot\left(\frac{t_0}{t}\right)^{n_{cl}}\cdot t}}\right)\right]\geqslant 0 \tag{8-2-2}$$

式中：C_{cr}——表示临界氯离子浓度特征值；

$\gamma_{C_{cr}}$——表示临界氯离子浓度分项系数；

$A_{C_s,cl}$——表示混凝土表面氯离子浓度与水胶比关系回归系数；

W/B——表示水胶比；

$\gamma_{C_s,cl}$——表示混凝土表面氯离子浓度分项系数；

x——表示混凝土保护层厚度（mm）；

Δx——表示保护层厚度施工偏差，根据维修成本的高低可取 20mm，14 mm 或者 8 mm；

γ_{Rcl}——表示混凝土氯离子扩散系数分项系数；

$k_{e,cl}$——表示混凝土氯离子扩散系数环境影响系数；

$k_{c,cl}$——表示混凝土氯离子扩散系数养护系数；

$D_{RCM,0}$——表示混凝土氯离子扩散系数（cm^2/年）；

t_0——表示混凝土氯离子扩散系数测试龄期；

n_{cl}——表示混凝土氯离子扩散系数衰减指数；

t——表示混凝土结构设计使用寿命。

（2）主要参数

上述分析模型中主要参数的选取方法如下：

1）表面氯离子浓度

Dura Crete 采用式（8-2-3）计算表面氯离子浓度，公式各参数按照表 8-2-2 和表 8-2-3 选取。

$$C_{cr} = A_{c_s,\ cl} \cdot \left(\frac{W}{B}\right) \gamma_{c_s,\ cl} \tag{8-2-3}$$

混凝土表面氯离子浓度与水胶比关系回归系数 $A_{c_s,\ cl}$　　表 8-2-2

暴露环境	胶凝材料			
	硅酸盐水泥	粉煤灰	矿粉	硅灰
大气区	2.57%	4.42%	3.05%	3.23%
潮汐区，浪溅区	7.76%	7.45%	6.77%	7.96%
水下区	10.3%	10.8%	5.06%	12.5%

混凝土表面氯离子浓度分项系数 $\gamma_{c_s,\ cl}$　　表 8-2-3

维修成本	高	中等	低
$\gamma_{c_s,\ cl}$	1.70	1.40	1.20

2）临界氯离子浓度

DuraCrete 规定混凝土临界氯离子浓度可以按表 8-2-4 取用。混凝土临界氯离子浓度分项系数详见表 8-2-5。

混凝土临界氯离子浓度（胶凝材料的质量百分数，%）　表 8-2-4

水灰比	0.3	0.4	0.5	水灰比	0.3	0.4	0.5
水下区	2.3	2.1	1.6	潮汐区、浪溅区	0.9	0.8	0.5

注：氯离子临界浓度与胶凝材料种类有关，表中浓度为硅酸盐水泥混凝土情况。

混凝土临界氯离子浓度分项系数 表 8-2-5

维修成本	高	中等	低
$\gamma_{c_{cr}}$	1.20	1.06	1.03

3）氯离子扩散系数

DuraCrete 采用氯离子扩散系数随时间变化的计算模型，在这个模型中混凝土龄期为 t 时间的氯离子扩散系数随时间 t 的增长而衰减，以混凝土龄期的幂指数来表示，如式（8-2-4）所示。其各参数取值详见表 8-2-6 ~ 表 8-2-9。

$$D_{\rm t} = \gamma_{\rm Rcl} \cdot k_{\rm e,\ cl} \cdot k_{\rm c,\ cl} D_{\rm RCM,\ 0} \cdot \left(\frac{t_0}{t}\right)^{n_{\rm cl}} \cdot t \tag{8-2-4}$$

混凝土氯离子扩散系数分项系数 表 8-2-6

维修成本	高	中等	低
$\gamma_{\rm Rcl}$	3.25	2.35	1.50

混凝土氯离子扩散系数环境影响系数 表 8-2-7

暴露环境	胶凝材料	
	硅酸盐水泥	矿渣水泥
大气区	0.68	1.98
浪溅区	0.27	0.78
潮汐区	0.92	2.70
水下区	1.32	3.88

混凝土氯离子扩散系数养护系数 表 8-2-8

养护时间	$k_{\rm c,\ cl}$
1d	2.08
3d	1.50
7d	1
28d	0.79

混凝土氯离子扩散系数衰减指数　　表 8-2-9

暴露环境	胶凝材料			
	硅酸盐水泥	粉煤灰	矿粉	硅灰
大气区	0.65	0.66	0.85	0.79
潮汐区，浪溅区	0.37	0.93	0.60	0.39
水下区	0.30	0.69	0.71	0.62

三、美国 Life 365 混凝土耐久性计算程序耐久性设计方法

（一）分析模型

Life 365 计算程序中关于海洋环境下混凝土结构的耐久性设计分析模型如式（8-2-5）所示。

$$C_{cr}-C_{s}\left[1-\operatorname{erf}\left(\frac{x}{2\sqrt{D(T)\cdot\left(\frac{t_{ref}}{t}\right)^{m}\cdot t}}\right)\right]\geqslant 0 \qquad (8\text{-}2\text{-}5)$$

式中：C_{cr}——表示临界氯离子浓度特征值；

C_s——表示混凝土表面氯离子浓度；

x——表示混凝土保护层厚度（mm）；

$D(T)$——表示在温度 T 作用下 t 时刻混凝土的表观氯离子扩散系数（cm^2/年）；

t_{ref}——表示混凝土氯离子扩散系数参考龄期；

m——表示混凝土氯离子扩散系数衰减指数；

t——表示混凝土结构设计使用寿命。

（二）主要参数

上述分析模型中主要参数的选取方法如下：

（1）表面氯离子浓度

美国 ACI 365.1R-2000：*Service-Life Prediction—State-of-the-Art Report* 计算程序中混凝土表观表面氯离子浓度取值有两种方式，一种是输入一个定值，另一种是输入一个随时间线性增加的值，在这种情况下，当表观表面氯离子浓度达到最大值后，其值维持恒定。表观表面氯离子浓度线性增长规律可以根据构筑物所处的地理位置按照计算程序的推荐值进行计算，

ACI 365.1R-2000：*Service-Life Prediction—State-of-the-Art Report* 计算程序中混凝土表面氯离子浓度（与混凝土质量的比值）如表 8-2-10 所示，也可以采用当地实际数据。

ACI 365.1R-2000：*Service-Life Prediction—State-of-the-Art Report* **计算程序中混凝土表面氯离子浓度（与混凝土质量的比值）**　　**表** 8-2-10

暴露环境	C_s 累积速度（%/ 年）	最终定值（%）
潮汐区，浪溅区	瞬时到定值	0.8
海上盐雾区	0.10	1.0
离海岸 800m 内	0.04	0.6
离海岸 1.5km 内	0.02	0.6

（2）临界氯离子浓度 C_{cr}

ACI 365.1R-2000：*Service-Life Prediction—State-of-the-Art Report* 计算程序规定钢筋混凝土的临界氯离子浓度为一定值，取为 0.05%（混凝土质量百分数）。但是，该计算程序还考虑了阻锈剂和不锈钢钢筋对临界氯离子浓度的影响。其中，计算程序给出了亚硝酸盐类阻锈剂和有机阻锈剂对临界氯离子浓度的影响，如表 8-2-11 所示。从表中可以看出，阻锈剂的使用能够有效提高临界氯离子浓度，随着阻锈剂掺量的增加，临界氯离子浓度提高到未掺加阻锈剂的 2.4 ~ 8 倍。而对于不锈钢钢筋对临界氯离子浓度的影响，ACI 365.1R-2000：*Service-Life Prediction—State-of-the-Art Report* 计算程序中仅给出了 316 不锈钢钢筋的参考值，其临界氯离子浓度为 0.5%，是普通钢筋临界氯离子浓度的 10 倍。

阻锈剂对临界氯离子浓度的影响（与混凝土质量的比值）　　**表** 8-2-11

阻锈剂类型	用量（L/m^3）	临界氯离子浓度（%）
Rheocrete 222+ 等有机阻锈剂	5	0.12
亚硝酸盐类阻锈剂	10	0.15
	15	0.24
	20	0.32
	25	0.37
	30	0.40

（3）氯离子扩散系数

ACI 365.1R-2000：*Service-Life Prediction—State-of-the-Art Report* 计算程序中关于氯离子扩散系数的计算考虑的环境温度和不同矿物掺合料的影响。随时间变化的氯离子扩散系数如式（8-2-6）所示。其中，Life-365 计算程序中认为用纯水泥配置的混凝土的 28d 氯离子扩散系数仅与其水灰比有关。而环境温度对氯离子扩散系数的影响如式（8-2-7）所示。另外，ACI 365.1R-2000：*Service-Life Prediction—State-of-the-Art Report* 计算程序中认为粉煤灰和矿粉对氯离子扩散系数的影响主要体现在对氯离子扩散系数衰减指数的影响，如式（8-2-8）所示。而硅灰对氯离子扩散系数的影响如式（8-2-9）所示。

$$D(t)=D(T)\cdot\left(\frac{t_{ref}}{t}\right)^{m} \tag{8-2-6}$$

$$D_{28}=1\times10^{\left(-12.06+2.4\left(\frac{w}{c}\right)\right)} \tag{8-2-7}$$

$$D(T)=D_{ref}\cdot\exp\left[\frac{U}{R}\cdot\left(\frac{1}{T_{ref}}-\frac{1}{T}\right)\right] \tag{8-2-8}$$

式中：D_{ref}——表示在温度 T_{ref} 作用下 t_{ref} 时刻混凝土的表观氯离子扩散系数（cm^2/年），其中 T_{ref}==293K（20℃），t_{ref}=28d；

U——表示活化能，取 35000J/mol；

R——表示气体常数；

T_{ref}——表示参考温度，取 293K（20℃）；

T——表示绝对温度，取月平均气温。

$$m=0.2+0.4(\%FA/50+\%SG/70) \tag{8-2-9}$$

式中：$\%FA$——表示粉煤灰掺量；

$\%SG$——表示矿渣掺量。

粉煤灰掺量小于 50%，矿渣掺量小于 70%，这样其龄期系数的变动为 0.2 ~ 0.6。

$$D_{\mathrm{SF}} = D_{\mathrm{PC}} e^{-0.165SF} \tag{8-2-10}$$

式中：D_{SF}——表示掺有硅灰混凝土的氯离子扩散系数；

D_{PC}——表示不含硅灰混凝土的氯离子扩散系数；

SF——表示硅灰掺量，其最大掺量为 15%。

四、Fib 2006 和 Fib 2010 耐久性设计方法

Fib 2006 和 Fib 2010 中关于海洋环境下混凝土结构的耐久性设计有多种方法，包括指定设计法（首先根据结构所处的环境确定其环境作用等级，然后根据环境等级确定混凝土最大水胶比，最小水泥用量，最小胶凝材料用量，最小保护层厚度，最大裂缝宽度等，这些方法与我国相关规范的方法类似，只不过分类和取值不同），避免劣化的战略性策略，分项系数法，全概率设计方法。其中，Fib 2006 和 Fib 2010 中关于全概率方法介绍得比较细。所以本节将详细介绍 Fib 2006 和 Fib 2010 中氯盐环境下混凝土结构耐久性全概率设计方法。概率分析模型如式（8-2-11）所示。

$$p\left\{C_{\mathrm{crit}} - C\left(a, t_{\mathrm{SL}}\right)\right\} = p\left\{C_{\mathrm{crit}} - \left[C_0 + (C_{\mathrm{S},\Delta x} - C_0)\cdot\left(1 - \mathrm{erf}\frac{a-\Delta x}{2\cdot\sqrt{D_{\mathrm{app,C}}\cdot t}}\right)\right]\right\} < p_0 \tag{8-2-11}$$

式中：$p\{\}$——表示失效概率（此处以钢筋开始锈蚀作为极限状态）；

C_{crit}——表示临界氯离子浓度（用总氯离子浓度表示），占胶凝材料的占比。服从 β 分布，其参数取值为 m=0.6（平均值），s=0.15（标准差），a=0.2（下限），b=2.0（上限）；

a——表示保护层厚度（mm），服从正态分布；

t_{SL}——表示设计使用寿命；

C_0——表示混凝土表面氯离子浓度；

$C_{\mathrm{s},\ \Delta\mathrm{x}}$——表示 t 时刻 Δx 位置处的氯离子浓度；

Δx——表示对流区深度（mm）。其取值与构件所处的位置有关，

取值如表 8-2-12 所示；

$D_{app,C}$——表示混凝土的表观氯离子扩散系数（mm^2/ 年）；

t——表示服役寿命。

不同区域混凝土构件对流区深度取值（mm） 表 8-2-12

区域	分布类型	参数取值
浪溅区	β 分布	m=8.9，s=5.6，a=0.1，b=50.0
潮汐区	β 分布	没有给出推荐值，根据实际工程确定
水下区	确定值	0

注：m 表示平均值，s 表示标准差，a 表示下限，b 表示上限。

$$D_{app,c}=k_e\cdot D_{RCM,0}\cdot\left(\frac{t_0}{t}\right)^a \tag{8-2-12}$$

式中：k_e——表示氯离子扩散系数环境温度影响系数；

t_0——表示氯离子扩散系数参考龄期，取 0.0767 年（28d）；

a——表示氯离子扩散系数衰减指数，取值见表 8-2-13。

氯离子扩散系数衰减指数 表 8-2-13

混凝土	衰减指数分布类型	参数取值
波特兰水泥配制的混凝土 CEMI; 0.40 ≤ W/C ≤ 0.60	β 分布	m=0.30，s=0.12 a=0.0，b=1.0
粉煤灰水泥配制的混凝土 f ≥ 0.20z; k=0.50; 0.40 ≤ W/C_{eqv} ≤ 0.62	β 分布	m=0.60，s=0.15 a=0.0，b=1.0
矿粉水泥配制的混凝土 CEM Ⅲ /B; 0.40 ≤ W/C ≤ 0.60	β 分布	m=0.45，s=0.20 a=0.0，b=1.0

$D_{RCM,0}$——表示用 RCM 方法测得的氯离子扩散系数（mm^2/ 年），服从正态分布，其取值详见表 8-2-14，标准差为平均值的 0.2 倍，即 s=0.2 × m；

$D_{RCM,0}$ 取值　　　　表 8-2-14

胶凝材料种类	$D_{RCM,0}$[（m^2/s）$\times 10^{-12}$]					
	W/C_{eqv}					
	0.35	0.40	0.45	0.50	0.55	0.60
CEMI42.5 *R*	*n.d.*	8.9	10.0	15.8	19.7	25.0
CEMI42.5 *R+FA*（*k*=0.5）	*n.d.*	5.6	6.9	9.0	10.9	14.9
CEMI42.5 *R+SF*（*k*=2.0）	4.4	4.8	*n.d.*	*n.d.*	5.3	*n.d.*
CEMIII/B 42.5	*n.d.*	1.4	1.9	2.8	3.0	3.4

注：W/C_{eqv} 表示等效水灰比，*n.d.* 表示对于这一组混凝土没有参考值。

$$k_e = \exp\left[b_e\left(\frac{1}{T_{ref}} - \frac{1}{T_{real}}\right)\right] \tag{8-2-13}$$

式中：b_e——表示回归系数，服从正态分布，平均值 m=4800K，标准差 s=700K；

T_{ref}——表示标准试验温度（K），取 293K（20℃）；

T_{real}——表示构件实际温度或者构件周围环境温度（K），服从正态分布，平均值和标准差根据实际数据进行计算。

第三节　氯离子在混凝土中扩散过程相关参数的随机分析

在混凝土结构寿命预测和耐久性评估中，由于各影响因素是随机变量，甚至是随时间变化的随机过程，所以本文以可靠指标和随机分析理论为依据，研究了钢筋混凝土关键耐久性参数对严酷环境下混凝土结构使用寿命的影响。分析了氯离子侵蚀主要影响因素的概率特性，得出混凝土保护层厚度、表面氯离子浓度、临界氯离子浓度和氯离子扩散系数及其衰减系数的概率分布特征。

一、混凝土保护层厚度

目前国内外大部分研究认为混凝土保护层厚度的概率分布服从正态分布。图 8-3-1 为某工程主筋保护层厚度的频数直方图、图 8-3-2 为该工程箍筋保护层厚度的频数直方图、图 8-3-3 为该工程描述在正态概率纸上的主筋保护层厚度、图 8-3-4 为该工程描述在正态概率纸上的箍筋保护层厚度。数据均是一条直线，表明该地下工程主筋和箍筋的保护层厚度服从正态分布。对其正态分布函数作 Jarque-Bera 检验和 Kolmogorov-Smirnov 检验，检验的结果都不否定其服从正态分布的假设。

美国 Virginia 工业学院 1996 年对当地的一些氯离子侵蚀环境下的桥梁进行了调查，建立了考虑侵蚀相关因素统计特性的寿命预测模型。利用其中的调查数据，对各桥梁保护层厚度进行了检测统计，数据也较好地服从正态分布的特点。

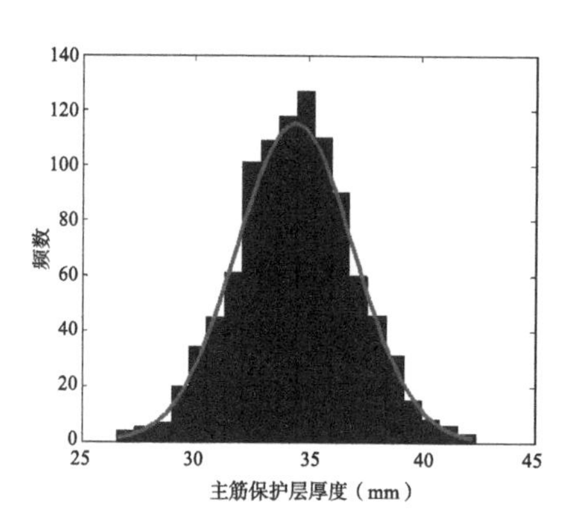

图 8-3-1　某工程主筋保护层厚度的频数直方图

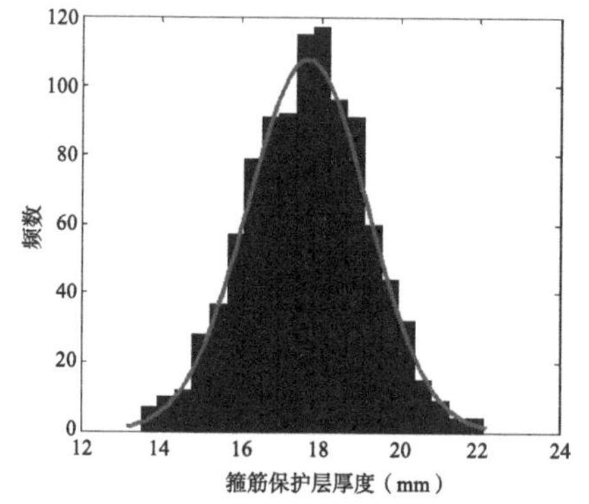

图 8-3-2　该工程箍筋保护层厚度的频数直方图

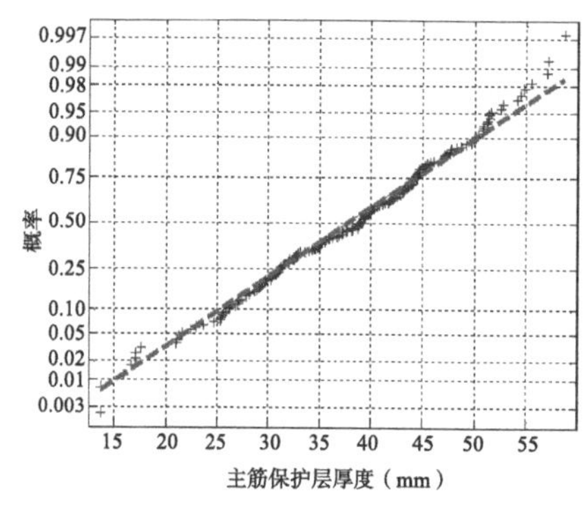

图 8-3-3　该工程描述在正态概率纸上的主筋保护层厚度

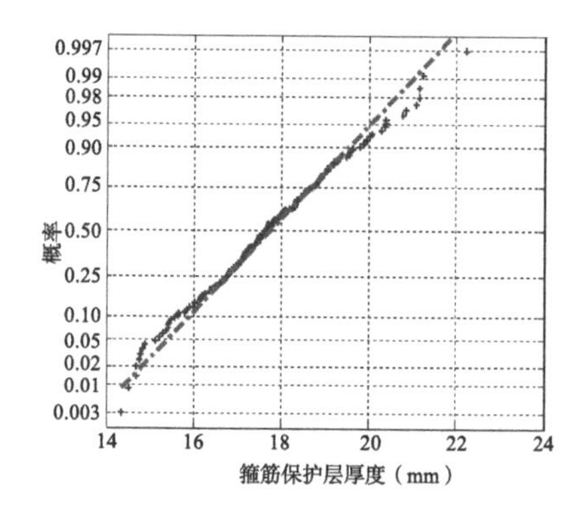

图 8-3-4　该工程描述在正态概率纸上的箍筋保护层厚度

1992 年挪威针对 Gimsoystraumen 桥 3612 个监测点的监测结果和中交第一航务工程局有限公司测定的 1985 个保护层厚度数据均表明，混凝土保护层厚度服从正态分布，变异系数为 7% ~ 15%。1996 年，美国 Virginia 工业学院对当地一些氯离子侵蚀环境下的桥梁进行了调查，建立了考虑侵蚀相关因素统计特性的寿命预测模型。利用其中的调查数据，对各桥梁保护层厚度进行了检测统计，数据也较好地服从正态分布的特点。所以，后文分析中混凝土保护层厚度采用正态分布。

二、表面氯离子浓度

海洋环境下，海水和海风携带的氯盐在混凝土表面聚积，形成了混凝土表面与内部氯离子的浓度差，混凝土表面氯离子浓度受混凝土所处环境的影响较大。一般处于浪溅区、水位变动区的混凝土构件表面氯离子浓度高于水下区、大气区的同类混凝土构件，但混凝土表面氯离子浓度与海水的盐度关系不大。

目前，混凝土结构表面氯离子浓度的确定一般通过对氯离子分布曲线反推得到，而混凝土中氯离子含量的分布曲线是长期扩散累积的结果，混凝土结构经过相当长时间的暴露后，其表面氯离子基本达到饱和，在稳定的使用环境中，不会发生太大的变化，因此可以假定混凝土结构表面氯离子浓度恒定。但如果混凝土结构服役环境变异性较大，则理论上应将其作为随机变量处理。

Paullson 和 Johan 对 Gullmarsplan 和 Teg 两座大桥不同部位表面氯离子浓度经三年的长期监测结果显示，C_s 以年为周期发生近似余弦三角函数形式的周期波动，高峰值与低谷值相差大于 2.5 倍。Kim 和 Mark 认为，C_s 不仅与检测区域的环境因素有关，而且 C_s 的累积过程受到众多随机因素的影响而具有随机变量的特征，而且他们还给出了不同环境中混凝土表面氯离子浓度的概率分布模型。

挪威科技大学 Odd E. Gjørv 教授认为表面氯离子浓度符合正态分布，海洋环境下混凝土表面氯离子浓度经验值如表 8-3-1 所示。

海洋环境下混凝土表面氯离子浓度经验值　　表 8-3-1

表面氯离子浓度	C_s（氯离子与胶凝材料质量之比，%）	
	平均值	标准差
高	5.5	1.3
中	3.5	0.8
较低	1.5	0.5

三、临界氯离子浓度

Cl^- 临界浓度受到多种因素的影响，如水泥中 C_3A 含量、碱含量、硫酸盐含量、温度、混凝土中粉煤灰掺量、钢筋品种和施工质量等。国内外对 Cl^- 临界浓度进行大量试验研究，引起钢筋锈蚀始发的氯离子临界值如表 8-3-2 所示。

由于 Cl^- 临界浓度 C_{cr} 受多种客观因素和试验条件的影响，理论上它是一个随机变量，Cl^- 临界浓度 C_{cr} 应在大量统计的基础上进行取值。从表 8-3-2 可看出，游离 Cl^- 临界浓度 C_{cr} 基本上占胶凝材料的 0.15% ~ 0.4%，从实用角度来看，可用于预测寿命的上下限。

Enright 和 Frangopol 认为临界氯离子浓度服从对数正态分布，Odd E. Gjørv 等人则在其研究分析中采用正态分布，后文在分析中采用正态分布。

引起钢筋锈蚀始发的氯离子临界值　　表 8-3-2

作者及年代	总氯离子（wt.%C）	游离氯离子（M）	$[Cl^-]/[OH^-]$	暴露条件	试样类型	检测方法
Stratful et al.（1975）	0.17 ~ 1.4			室外	结构	—
Vassie（1984）	0.2 ~ 1.5			室外	结构	—
Elsener and Bhni（1986）	0.25 ~ -0.5			试验室	砂浆	—
Hennksen（1993）	0.3 ~ 0.7			室外	结构	—
Treadaway et al（1989）	0.32 ~ 1.9			室外	混凝土	—
BamfoRth et al（1994）	0.4			室外	混凝土	—

续表

作者及年代	总氯离子（wt.%C）	游离氯离子（M）	[Cl⁻]/[OH⁻]	暴露条件	试样类型	检测方法
page et al（1986）	0.4	0.11	0.22	试验室	净浆	—
Andrade and page			0.51 ~ 0.69 0.12 ~ 0.44	掺氯盐	普通水泥 矿渣水泥	腐蚀速度
hansson et al（1990）	0.4 ~ 1.6			试验室	砂浆	—
schessl et al（1990）	0.5 ~ 2			试验室	混凝土	宏观电流
thomas et al（1990）	0.2 ~ 0.7			海水	混凝土	质量减少
Tuutti（1993）	0.5 ~ 1.4			试验室	混凝土	—
Locke and siman（1980）	0.6			试验室	混凝土	—
lambeRt et al（1994）	1.6 ~ 2.5		3 ~ 20	试验室	混凝土	腐蚀速度
Lukas（1985）	1.8 ~ 2.2			室外	结构	—
Pettersson（1993）		0.14 ~ 0.18	2.5 ~ 6	试验室	净浆 / 砂浆	腐蚀速度
Goni and Andrade（1990）			0.26 ~ 0.8	试验室	溶液	腐蚀速度
Diamond（1986）			0.3	试验室	净浆 / 溶液	线性极化
Hausmann（1967）			0.6	试验室	模拟孔溶液	电位变化
tonezawa et al（1988）			1 ~ 40	试验室	砂浆 / 溶液	—
gouda			0.35	试验室	模拟孔溶液	阴极极化
Gouda and halaka	1.21 ~ 2.42			试验室	砂浆	阴极极化
Lewia（1962）		0.15				
Knofel（1975）		0.15				

续表

作者及年代	总氯离子（wt.%C）	游离氯离子（M）	$[Cl^-]/[OH^-]$	暴露条件	试样类型	检测方法
Clear（1976）		0.20				
Browne（1983）		0.20 ~ 0.40				
ACI Committee222（1985）		0.20 ~ 0.40				
Weigler（1973）		0.40				
Hope（1985）		0.40				
Everett（1980）		0.40				
BS8110（1985）		0.10 ~ 0.40				
Hope and Alorn		0.20 ~ 0.40				
浪溅区		0.154 ~ 0.221				
水位变动区		0.250 ~ 0.379				
水下区		0.298 ~ 0.483				

四、氯离子扩散系数

氯离子扩散系数 D 是反映混凝土对氯化物侵蚀抵抗能力的参数。在工程建设过程中，混凝土的原材料、生产配料、浇筑振捣与养护等的质量均会有一定波动，混凝土的质量与性能也因此而波动，而混凝土内在的渗透性也因此受到影响。

目前，氯离子扩散系数分布特性的研究结果还不太统一，有人认为服从正态分布，也有人认为服从对数正态分布、极值 I 型分布或者其他分布类型的。

E C Bentz 进行了共计 264 组（每组 3 个试件）混凝土试件的电迁移试验。图 8-3-5 Gullfaks A 石油平台的氯离子扩散系数频数直方图，图 8-3-6 为描绘在正态概率纸上的氯离子扩散系数，扩散系数服从正态分布，变异系数最大为 20%，最小为 5%。此外，将挪威 Gimsoystraumen 桥的详细调查和北海石油平台混凝土氯离子扩散调查结果（表 8-3-3）描述在正态概率纸上为一条直线，表明氯离子扩散系数服从正态分布，用 Kolmogorov-Smirnov 检验和 Jarque-Bera 检验其正态分布函数，结果也都不否定氯离子扩散系数服从正态分布的假设。

北海石油平台混凝土氯离子扩散系数调查结果　　　　**表** 8-3-3

测点	扩散系数（$\times 10^{-12} m^2/s$）		
	平均值（D_{mean}）	标准偏差（σ_D）	特征值（$D_{mean+\sigma D}$）
Troll B 石油平台	0.41	0.13	0.54
Gullfaks A 石油平台	0.19	0.1	0.29
Gullfaks C 石油平台	0.89	0. 25	1.11
Oseberg A 石油平台	0.54	0.22	0.79
Ekofisk 石油平台	0.79	0.16	0.95

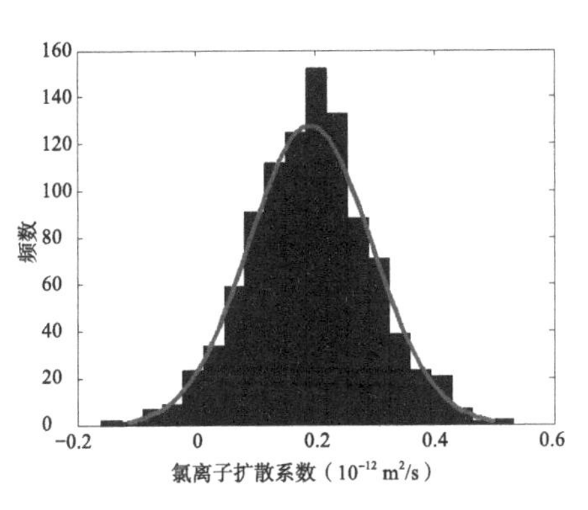

图 8-3-5　Gullfaks A 石油平台的氯离子扩散系数频数直方图

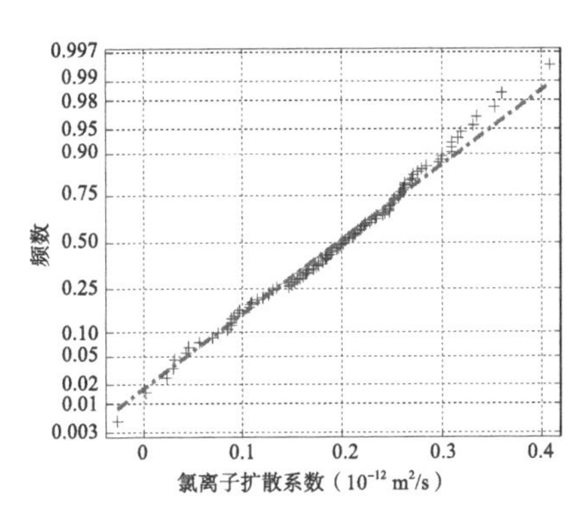

图 8-3-6　描绘在正态概率纸上的氯离子扩散系数

五、氯离子扩散系数的衰减系数

随时间的延长，混凝土中的氯离子扩散系数并不是一成不变的。通过实际检测结果可以发现，龄期较长的混凝土结构的氯离子扩散系数较小，尤其在开始的 1 ~ 3 年内，扩散系数的降低尤为明显，因此扩散系数是一个时间的函数。

根据胶凝材料类型和暴露条件的不同，DuraCrete 建立的数据库中给出了氯离子扩散系数的衰减指数 α 的统计分布规律，如表 8-3-4 所示。

氯离子扩散系数的衰减指数 α 的统计分布规律　　　表 8-3-4

胶凝材料的类型	暴露条件					
	水下区		潮汐区、浪溅区		大气区	
	均值	方差	均值	方差	均值	方差
普通硅酸盐水泥	0.30	0.05	0.37	0.07	0.65	0.07
硅酸盐水泥添加粉煤灰	0.69	0.05	0.93	0.07	0.66	0.07
硅酸盐水泥添加矿渣	0.71	0.05	0.80	0.07	0.85	0.07
硅酸盐水泥添加硅粉	0.62	0.05	0.39	0.07	0.79	0.07

第四节　混凝土中新型合金耐蚀钢筋表面氯离子浓度的随机模型

由以上分析可得，扩散系数 $D(t)$、混凝土表面 Cl^- 浓度 C_s、混凝土保护层厚度 x 均为随机变量，则钢筋表面积累 Cl^- 浓度 $C(x,t)$ 亦为随机过程。由上得：

$$C(x,t)=C_s\left[1-\frac{2}{\sqrt{\pi}}\sum_{n=1}^{\infty}(-1)^{n-1}\frac{1}{(2n-1)(n-1)!}\left(\frac{x}{2\sqrt{\frac{D_0 t_0^{\alpha}}{1-\alpha}t^{1-\alpha}}}\right)^{2n-1}\right]$$

$$=C_s\left[1-\frac{2}{\sqrt{\pi}}\sum_{n=1}^{\infty}(-1)^{n-1}\frac{1}{(2n-1)(n-1)!}\left(\frac{x}{2\sqrt{Dt^{1-\alpha}}}\right)^{2n-1}\right] \quad (8\text{-}4\text{-}1)$$

$C(x,t)$ 是 C_s、x、D（令$D=\frac{D_0 t_0{}^{\alpha}}{1-\alpha}$，$D$ 设为有效扩散系数）的多随机变量函数，按照多随机变量函数的 Taylor 级数展开法则，可得混凝土中 Cl^- 分布（一阶近似项）的均值为：

$$\overline{C}(x,t)=\overline{C}_s\left[1-\frac{2}{\sqrt{\pi}}\sum_{n=1}^{\infty}(-1)^{n-1}\frac{1}{(2n-1)(n-1)!}\left(\frac{\bar{x}}{2\sqrt{\overline{D}t^{1-\alpha}}}\right)^{2n-1}\right] \tag{8-4-2}$$

方差为：

$$Var(C)=\overline{C}_s\left[1-\frac{2}{\sqrt{\pi}}\sum_{n=1}^{\infty}(-1)^{n-1}\frac{1}{(2n-1)(n-1)!}\left(\frac{\bar{x}}{2\sqrt{\overline{D}t^{1-\alpha}}}\right)^{2n-1}\right]^2\mathrm{Var}(C_s)$$

$$+\frac{\overline{C}_s^{\,2}}{\pi\overline{D}t^{1-\alpha}}\left[\mathrm{Var}(x)+\frac{\bar{x}^2}{\overline{D}^2}\mathrm{Var}(D)\right]\left[\sum_{n=1}^{\infty}(-1)^{n-1}\frac{1}{(n-1)!}\left(\frac{\bar{x}}{2\sqrt{\overline{D}t^{1-\alpha}}}\right)^{2n-2}\right]^2 \tag{8-4-3}$$

第五节　耐蚀钢筋混凝土服役寿命预测

考虑耐蚀钢筋对混凝土临界氯离子提高的不同幅度，采用概率的方法，考虑了表面氯离子浓度 C_s、临界氯离子浓度 C_{cr}、时间因子 α、氯离子扩散系数 D_{coef}、混凝土保护层厚度 x_c 的离散性，进行蒙特卡罗模拟 10000 次，计算在不同临界氯离子浓度情况下，各种因素对可靠度指标及混凝土结构失效概率的影响。

一、混凝土表面氯离子浓度影响

（一）跨海桥梁承台结构

考虑到跨海桥梁承台结构混凝土处于海洋潮汐环境作用，其表面氯离子浓度较高。为此取混凝土表面氯离子浓度及分布规律为 μ=5.5%，σ=1.3%，混凝土基本性能参数取值如表 8-5-1 所示。计算不同临界氯离子浓度对海洋潮汐区混凝土结构服役寿命的可靠度指标和失效概率的影响，临界氯离子浓度对可靠度指标的影响如图 8-5-1 所示，临界氯离子浓度对失效概率（腐蚀概率）的影响如图 8-5-2 所示，临界氯离子浓度对混凝土结构服役寿命影响如表 8-5-2 所示。

混凝土基本性能参数取值 表 8-5-1

参数	x_c（mm）	D_{coef}（$e^{-12}m^2/s$）	C_{cr}（%wt. binder）	C_s（%wt. binder）	α	T_0（d）	T（℃）
平均值	65	4	0.4	5.5	0.4	28	20
标准差	5	0.26	0.08	1.3	0.07		

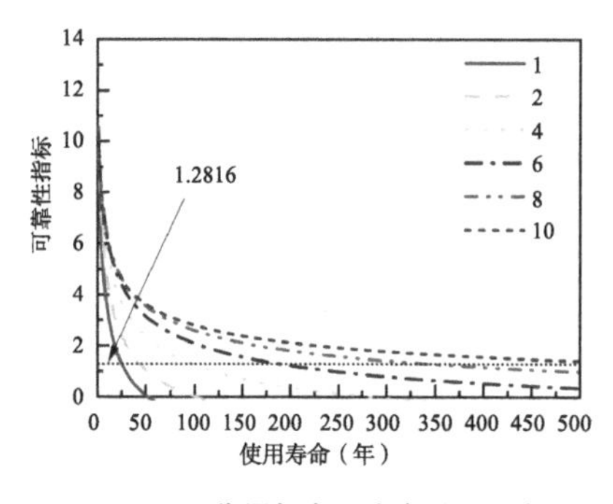

图 8-5-1 临界氯离子浓度对可靠度指标的影响

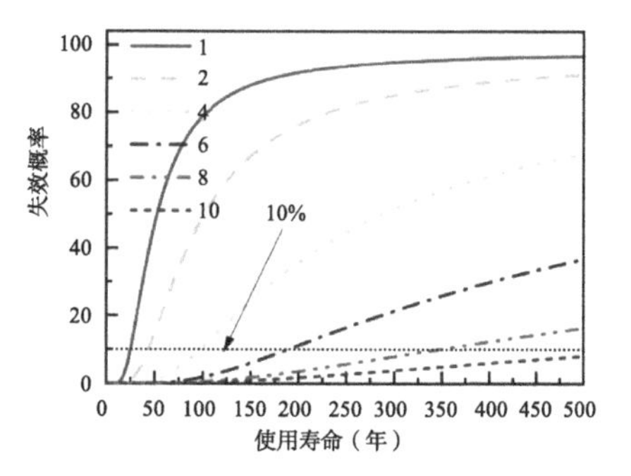

图 8-5-2 临界氯离子浓度对失效概率（腐蚀概率）的影响

临界氯离子浓度对混凝土结构服役寿命的影响 表 8-5-2

临界氯离子浓度提高倍数（倍）	服役寿命（年）	服役寿命提高倍数（倍）
1 倍，N（0.4，0.08）	25	1.00
2 倍，N（0.8，0.16）	45	1.80
4 倍，N（1.6，0.32）	99	3.96
6 倍，N（2.4，0.48）	190	7.60
8 倍，N（3.2，0.64）	346	13.84
10 倍，N（4，0.8）	597	23.88

注：N（x，y）为正态分布，其中 x 为均值，y 为方差。

（二）跨海桥梁墩身结构

考虑到跨海桥梁墩身混凝土处于海洋潮汐和浪溅区环境，其中又以浪溅区环境腐蚀最为严重。为此取混凝土表面氯离子浓度及分布规律为 μ=3.5%，σ=0.8%，混凝土基本性能参数取值为表 8-5-3。计算不同临界氯离子浓度对海洋潮汐区混凝土结构服役寿命的可靠度指标和失效概率的影响，临界氯离子浓度对可靠度指标的影响如图 8-5-3 所示的临界氯离子浓度对失效概率（腐蚀概率）的影响如图 8-5-4 所示。临界氯离子对混凝土结构服役寿命影响如表 8-5-4 所示。

混凝土基本性能参数取值　　表 8-5-3

参数	x_c（mm）	D_{coef}（$e^{-12}m^2/s$）	C_{cr}（%wt. binder）	C_s（%wt. binder）	α	T_0（d）	T（℃）
平均值	65	4	0.4	3.5	0.4	28	20
标准差	5	0.26	0.08	0.8	0.07		

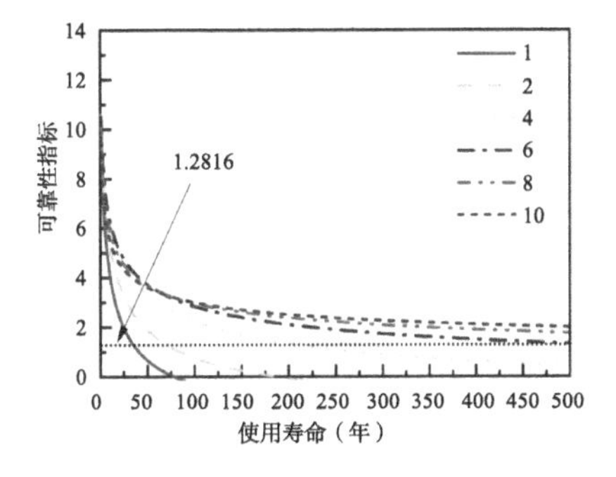

图 8-5-3　临界氯离子浓度对可靠度指标的影响

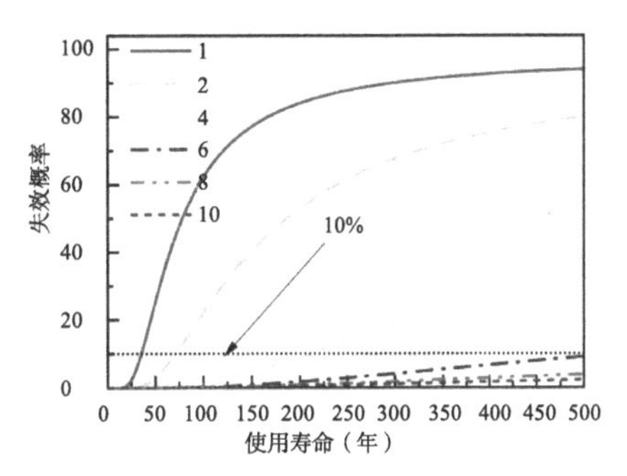

图 8-5-4　临界氯离子浓度对失效概率（腐蚀概率）的影响

临界氯离子浓度对服役寿命的影响　　表 8-5-4

临界氯离子浓度提高倍数（倍）	服役寿命（年）	服役寿命提高倍数（倍）
1，N（0.4，0.08）	36	1.00
2，N（0.8，0.16）	73	2.03
4，N（1.6，0.32）	213	5.92
6，N（2.4，0.48）	537	14.92

续表

临界氯离子浓度提高倍数（倍）	服役寿命（年）	服役寿命提高倍数（倍）
8，N（3.2，0.64）	1300	36.11
10，N（4，0.8）	—	

注：N（*x*，*y*）为正态分布，其中 *x* 为均值，*y* 为方差。

（三）跨海桥梁箱梁结构

考虑到跨海桥梁箱梁混凝土处于海洋大气环境作用下，其表面氯离子浓度为盐雾逐渐聚集所致。为此取混凝土表面氯离子浓度及分布规律为 μ=1.5%，σ=0.5%，混凝土基本性能参数取值为表 8-5-5。计算不同临界氯离子浓度对海洋潮汐区混凝土结构服役寿命的可靠度指标和失效概率的影响，其结果如图 8-5-5 和图 8-5-6 所示。临界氯离子对混凝土结构服役寿命影响如表 8-5-6 所示。

混凝土基本性能参数取值 **表 8-5-5**

参数	x_c（mm）	D_{coef}（$e^{-12}m^2/s$）	C_{cr}（%wt. binder）	C_s（%wt. binder）	α	T_0（d）	T（℃）
平均值	65	4	0.4	1.5	0.4	28	20
标准差	5	0.26	0.08	0.5	0.07		

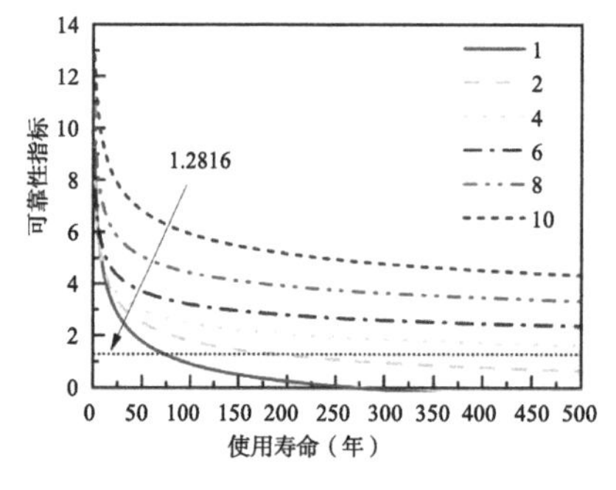

图 8-5-5 临界氯离子浓度对可靠度指标的影响

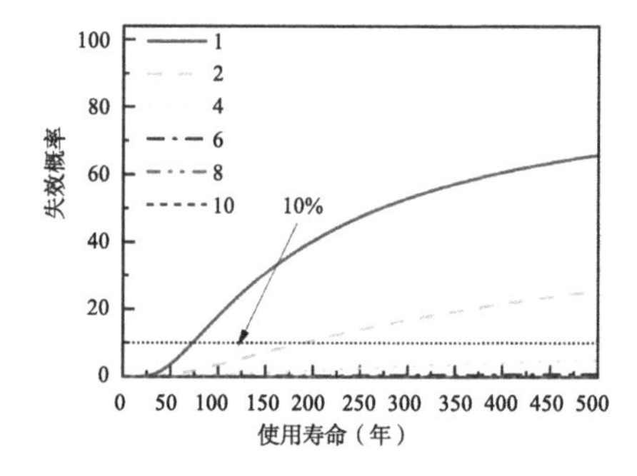

图 8-5-6 临界氯离子浓度对失效概率（腐蚀概率）的影响

临界氯离子浓度对服役寿命的影响　　表 8-5-6

临界氯离子浓度提高倍数（倍）	服役寿命（年）	服役寿命提高倍数（倍）
1，N（0.4，0.08）	74	1
2，N（0.8，0.16）	189	2.55
4，N（1.6，0.32）	1340	18.11
6，N（2.4，0.48）	—	
8，N（3.2，0.64）	—	
10，N（4，0.8）	—	

注：N（x，y）为正态分布，其中 x 为均值，y 为方差。

二、混凝土保护层厚度影响

混凝土保护层厚度直接决定了氯离子扩散时间，目前提高混凝土结构服役寿命的有效方法是加大保护层厚度。但保护层厚度增加带来的直接后果是混凝土更容易开裂，而耐蚀钢筋的使用可有效提高混凝土中钢筋锈蚀临界氯离子浓度，在保证混凝土服役寿命的前提下，则可降低混凝土保护层厚度。设定海洋环境混凝土基本性能参数如表 8-5-7 所示。

海洋环境混凝土基本性能参数　　表 8-5-7

参数	x_c（mm）	D_{coef}（$e^{-12}m^2/s$）	C_{cr}（%wt. binder）	C_s（%wt. binder）	α	T_0（d）	T（℃）
平均值	92	4	0.4	3.5	0.4	28	20
标准差	5	0.26	0.08	0.8	0.07		

注：该表中的参数取值刚好能满足 100 年使用寿命（失效概率为 10%）

考虑耐蚀钢筋对混凝土中钢筋锈蚀临界氯离子不同的提高倍数，获得 100 年服役寿命混凝土的最小保护层厚度，临界氯离子浓度对保护层厚度的影响如表 8-5-8 所示，图 8-5-7 为临界氯离子浓度对保护层厚度的影响曲线。当使用普通钢筋和氯离子扩散系数为 $4 \times 10^{12}m^2/s$ 的高性能混凝土时，混凝土结构要达到 100 年服役寿命，其保护层厚度需达到 92mm，这对混凝土防开裂是个巨大的挑战。使用耐蚀钢筋后，氯离子临界浓度提高 4 倍，其保护层厚度则可降低为 51mm。

临界氯离子浓度对保护层厚度的影响　　表 8-5-8

临界氯离子浓度提高倍数（倍）	达到 100 年使用寿命需要的最小保护层厚度（mm）	使用耐蚀钢筋后保护层厚度减小比例
1，N（0.4，0.08）	92	0.00%
2，N（0.8，0.16）	72	−21.74%
4，N（1.6，0.32）	51	−44.57%
6，N（2.4，0.48）	39	−57.61%
8，N（3.2，0.64）	29	−68.48%
10，N（4，0.8）	20	−78.26%

注：1.《混凝土结构耐久性设计标准》GB/T 50476—2019 和《混凝土结构工程施工质量验收规范》GB 50204—2015 规定，施工偏差为 5mm 或者 10mm，因此在计算过程中选取保护层标准差为 5mm。

2.N（x，y）为正态分布，其中 x 为均值，y 为方差。

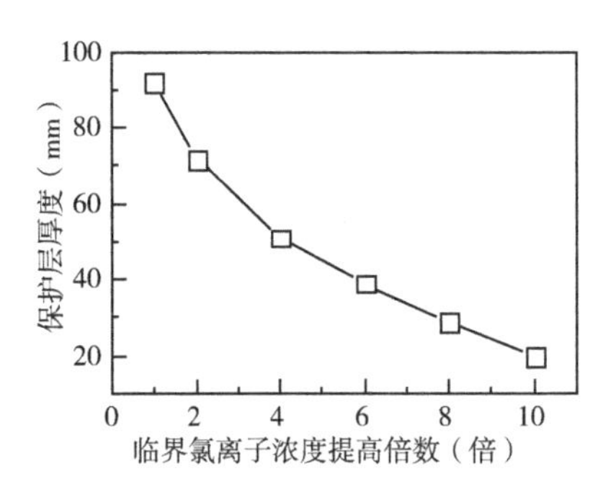

图 8-5-7　临界氯离子浓度对保护层厚度的影响曲线

三、混凝土氯离子扩散系数的影响

混凝土性能直接决定了氯离子扩散时间，目前提高混凝土结构服役寿命的另一个有效方法是使用高性能混凝土。如杭州湾跨海大桥所用高性能混凝土的氯离子扩散系数达到了 $2\times10^{-12}m^2/s$，胶州湾海底隧道混凝土氯离子扩散系数控制在 $4\times10^{-12}m^2/s$。但低介质渗透高性能混凝土对施工及养护提出了更高的要求。耐蚀钢筋的使用可有效提高混凝土中钢筋锈蚀临界氯离子浓度，在保证混凝土服役寿命的前提下，则可降低混凝土性能。为此，设定海洋环境混凝土基本性能参数如表 8-5-9 所示。

海洋环境混凝土基本参数　　　　**表 8-5-9**

参数	x_c（mm）	D_{coef}（$e^{-12}m^2/s$）	C_{cr}（%wt. binder）	C_s（%wt. binder）	α	T_0（d）	T（℃）
平均值	92	4	0.4	3.5	0.4	28	20
标准差	5	0.26	0.08	0.8	0.07		

注：该表中的参数取值刚好能满足 100 年使用寿命（失效概率为 10%）

考虑耐蚀钢筋对混凝土中钢筋锈蚀临界氯离子的提高倍数，获得 100 年服役寿命混凝土的氯离子扩散系数，临界氯离子浓度对氯离子扩散系数的影响如表 8-5-10 所示，图 8-5-8 为临界氯离子浓度对氯离子扩散系数的影响曲线。显然，当使用普通钢筋，并控制混凝土保护层厚度为 92mm 时，混凝土结构要达到 100 年服役寿命，其氯离子扩散系数需小于 $4\times10^{-12}m^2/s$。而使用耐蚀钢筋后，氯离子临界浓度提高 4 倍，其氯离子扩散系数则可增加到 $13\times10^{-12}m^2/s$。

临界氯离子浓度对氯离子扩散系数的影响　　　　**表 8-5-10**

临界氯离子浓度提高倍数（倍）	达到 100 年使用寿命需要的氯离子扩散系数最大值	使用耐蚀钢筋后氯离子扩散系数放大倍数
1，N（0.4，0.08）	4	1
2，N（0.8，0.16）	6.5	1.63
4，N（1.6，0.32）	13.4	3.35
6，N（2.4，0.48）	24.2	6.05
8，N（3.2，0.64）	42	10.50
10，N（4，0.8）	86	21.50

注：1. 氯离子扩散系数符合正态分布，其变异系数为 6.5%；
2. N（x，y）为正态分布，其中 x 为均值，y 为方差。

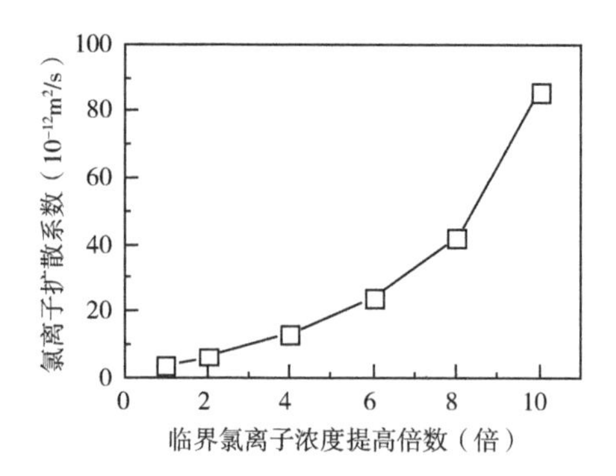

图 8-5-8　临界氯离子浓度对氯离子扩散系数的影响曲线

第九章　新型合金耐蚀钢筋混凝土耐久性设计

第一节　概述

现行的混凝土结构设计与施工规范，主要考虑荷载作用下结构承载力安全性与适用性的需要，在结构长期使用过程中由于环境作用引起材料性能劣化对结构适用性与安全性的影响涉及较少。当混凝土结构的耐久性不足时，在环境作用下混凝土结构会出现钢筋锈蚀、保护层损伤开裂等现象，影响工程结构的正常使用甚至提前破坏，严重浪费资源。为此，我国相继颁布了混凝土结构耐久性设计的国家、行业、团体等标准与规范，为混凝土结构耐久性设计提供了很好的指导作用。

随着我国基础设施建设不断向北方、南海、西部等存在严寒、高浓度盐渍土、炎热海洋的地区拓展，混凝土结构面临着含盐冻融、高浓度氯盐、高浓度硫酸盐以及高浓度硫酸盐 - 氯盐耦合侵蚀的严酷环境作用。这些严酷环境的温度、侵蚀介质浓度等远超现有国家标准规定的范围，混凝土结构劣化严重，对耐久性设计提出了严峻挑战。目前，我国现有标准规范尚未对严酷环境混凝土结构耐久性设计作出统一规定。因此，本书基于实际严酷环境，又与现行国家标准的环境作用等级划分相协调，为严酷环境下混凝土结构的设计提供指导，以满足我国现代化建设的需要与可持续发展的战略需求。

第二节 耐久性极限状态设计方法

严酷环境下耐久性极限状态设计，宜考虑环境的温度、湿度，以及混凝土对侵蚀介质的结合作用、孔隙结构等关键因素对传输时变系数的影响。严酷环境下混凝土结构耐久性极限状态设计应满足式（9-2-1）要求：

$$G=R-S\geqslant 0 \tag{9-2-1}$$

式中：G——混凝土结构的耐久性功能函数；

R——混凝土结构的耐久性抗力；

S——混凝土结构的环境作用效应。

不考虑扩散系数时变效应的环境作用效应近似解可按式（9-2-3）计算：

$$R=\frac{C_{\mathrm{cr}}}{\gamma_{\mathrm{C_{cr}}}} \tag{9-2-2}$$

$$S=\begin{cases} C_0+(\gamma_{\mathrm{s}}C_{\mathrm{s}}-C_0)\times\left[1-\mathrm{erf}\left(\dfrac{X-\Delta X-\Delta X_{\mathrm{d}}}{2\sqrt{\gamma_{\mathrm{D}}D_0K_{\mathrm{T}}K_{\mathrm{H}}K_{\mathrm{R}}K_{\varphi}\dfrac{t_0^{m}}{(1-m)}t^{1-m}}}\right)\right] & t\leqslant t_{\mathrm{d}} \\ C_0+(\gamma_{\mathrm{s}}C_{\mathrm{s}}-C_0)\times\left[1-\mathrm{erf}\left(\dfrac{X-\Delta X-\Delta X_{\mathrm{d}}}{2\sqrt{\gamma_{\mathrm{D}}D_0K_{\mathrm{T}}K_{\mathrm{H}}K_{\mathrm{R}}K_{\varphi}t_0^{m}\left(\dfrac{t}{t_{\mathrm{d}}^{m}}+\dfrac{mt_{\mathrm{d}}^{1-m}}{1-m}\right)}}\right)\right] & t>t_{\mathrm{d}} \end{cases} \tag{9-2-3}$$

式中：C_{cr}——钢筋锈蚀临界氯离子浓度（M）；

γ_{Ccr}——钢筋锈蚀临界氯离子浓度分项系数；

γ_{s}——混凝土表面氯离子浓度分项系数；

γ_{D}——混凝土氯离子扩散系数分项系数；

C_0——混凝土初始氯离子浓度（M）；

C_{s}——混凝土表面氯离子浓度（M）；

erf（·）——误差函数；

X——保护层厚度设计值（mm）；

ΔX——保护层厚度裕度值，建议取值10mm；

ΔX_d——严酷环境下混凝土保护层剥落厚度（mm）；

D_0——孔隙溶液中的氯离子扩散系数（m^2/s）；

K_T——温度对氯离子扩散系数的影响系数；

K_H——湿度对氯离子扩散系数的影响系数；

K_R——混凝土氯离子结合作用对氯离子扩散系数的影响系数；

K_φ——孔隙结构对氯离子扩散系数的影响系数；

m——氯离子扩散系数的时间依赖系数；

t——混凝土在严酷环境中的侵蚀时间（s）；

t_d——氯离子扩散系数的稳定时间建议取为30年；

t_0——混凝土暴露于严酷环境时的养护龄期（s）。

混凝土结构或构件的耐久性极限状态分项系数可按式（9-2-4）~式（9-2-9）计算：

$$G=\frac{C_{cr}}{\gamma_{C_{cr}}}-\left\{C_0+(\gamma_s C_s-C_0)\times\left[1-\mathrm{erf}\left(\frac{X-\Delta X-\Delta X_d}{2\sqrt{\gamma_D D_0 K_T K_H K_R K_\varphi t_0^{\ m}\left(\frac{t}{t_d^{\ m}}+\frac{m t_d^{\ 1-m}}{1-m}\right)}}\right)\right]\right\} \tag{9-2-4}$$

$$X_{id}=X_i^*=F_{X_i}^{-1}[\Phi(\beta_{X_i})] \tag{9-2-5}$$

$$X_i^{'*}=\frac{d}{d\beta_{X_i}}F_{X_i}^{-1}[\Phi(\beta_{X_i})] \tag{9-2-6}$$

$$\beta_{X_i}=\beta\times\alpha_{X_i} \tag{9-2-7}$$

$$\alpha_{X_i}=\frac{-\frac{\partial G}{\partial X_i}|P^*\cdot X_i^{'*}}{\sqrt{\sum_1^n\left(\frac{\partial G}{\partial X_i}|P^*\cdot X_i^{'*}\right)^2}} \tag{9-2-8}$$

$$\gamma X_i = \frac{F_{X_i}^{-1}[\Phi(\beta_{X_i})]}{X_{ik}} \tag{9-2-9}$$

式中：G——耐久性设计功能函数；

$-\frac{\partial G}{\partial X_i}|P^*$——函数 $G(X_1, X_2, \cdots X_i, \cdots X_n)$ 在设计运算点 p^* 处的偏导数，设计运算点坐标为 $(X_1^*, X_2^*, \cdots X_i^*, \cdots X_n^*)$；

X_i^*——基本变量 X_i 在分位概率 $\Phi^{-1}(\beta_{X_i})$ 处的分位值；

X_{id}，X_{ik}——变量 X_i 的设计值和特征值；

β_{Xi}——基本变量 X_i 的分项可靠度指标值；

F_{Xi}^{-1}——基本变量 X_i 的分布函数的反函数；

α_{X_i}——基本变量 X_i 的敏感系数，应通过迭代计算得到。

保护层损伤极限状态下混凝土结构的耐久性抗力和环境作用效应可满足式（9-2-10）和式（9-2-11）要求：

$$\Delta X + \Delta X_d \leqslant X_{cr} \tag{9-2-10}$$

$$X_{cr} = X - d \tag{9-2-11}$$

式中：X_{cr}——允许的最大保护层剥落厚度（mm）；

d——最外侧受力筋的公称直径（mm）。

第三节　钢筋开始锈蚀极限状态下的耐久性时变设计

以钢筋开始锈蚀极限状态进行耐久性设计时，考虑扩散系数时变效应的混凝土结构的氯离子浓度时空分布可按式（9-3-1）~式（9-3-3）计算：

$$\frac{\partial C(x, t)}{\partial t} = \frac{\partial}{\partial t}\left(\gamma_D K_T K_H K_R K_\varphi K_t D_c(x, t)\frac{\partial C(x, t)}{\partial x}\right) \tag{9-3-1}$$

$$C(x>0, t=0) = C_0 \tag{9-3-2}$$

$$C（x=0，t \geqslant 0）=\gamma_s C_s \tag{9-3-3}$$

式中：$C(x, t)$——x 深度处 t 时刻的氯离子浓度（M）；

t——混凝土在严酷环境中的侵蚀时间（s）；

x——传输深度（mm）；

γ_D——混凝土氯离子扩散系数分项系数；

$D_c（x，t）$——x 深度处 t 时刻的孔隙溶液中氯离子扩散系数（m^2/s）；

K_T——温度对氯离子扩散系数的影响系数；

K_H——湿度对氯离子扩散系数的影响系数；

K_R——混凝土氯离子结合作用对氯离子扩散系数的影响系数；

K_φ——混凝土孔隙结构对氯离子扩散系数的影响系数；

K_t——侵蚀时间对氯离子扩散系数的影响系数；

C_0——混凝土初始氯离子浓度（M）；

γ_s——混凝土表面氯离子浓度分项系数；

C_s——混凝土表面氯离子浓度（M）。

钢筋开始锈蚀极限状态进行耐久性设计时，考虑时变作用的混凝土结构环境作用效应可按式（9-3-4）计算：

$$S=C（x=X-\Delta X-\Delta X_d（t），t \geqslant 0） \tag{9-3-4}$$

式中：S——混凝土结构的环境作用效应；

X——保护层厚度设计值（mm）；

ΔX——保护层厚度裕度值（mm），建议取值 10mm；

$\Delta X_d（t）$——严酷环境下混凝土时变保护层剥落厚度（mm）。

考虑多离子交互作用的影响，混凝土孔隙溶液中氯离子扩散系数可按式（9-3-5）～式（9-3-10）计算：

$$D_c(x, t)=\left\{1-\left[\frac{1}{4\sqrt{I}(1+ak_b\sqrt{I})^2}-\frac{0.1-4.17\times10^{-5}I}{\sqrt{1000}}\right]k_a C(x, t)\, z^4\right\}$$

$$\cdot\left[\Lambda^0-\left(k_c z^2+k_d z^3 w\Lambda^0\right)\sqrt{C(x,t)}\right]\cdot\frac{\varphi R_g T_{ref}}{\tau z^2 F^2} \tag{9-3-5}$$

$$k_a=\frac{\sqrt{2}eF^2}{8\pi\left(\varepsilon_0\varepsilon_r R_g T_{ref}\right)^{\frac{3}{2}}} \tag{9-3-6}$$

$$k_b=\sqrt{\frac{2F^2}{\varepsilon_0\varepsilon_r R_g T_{ref}}} \tag{9-3-7}$$

$$k_c=\frac{\sqrt{2\pi}eF^2}{3\pi\eta\sqrt{1000\varepsilon_0\varepsilon_r R_g T_{ref}}} \tag{9-3-8}$$

$$k_d=\frac{\sqrt{2\pi}eF^2}{3\sqrt{1000}\left(\varepsilon_0\varepsilon_r R_g T_{ref}\right)^{3/2}} \tag{9-3-9}$$

$$I=\frac{1}{2}\sum_{i=1}^{N}z_i^2 C_i \tag{9-3-10}$$

式中：I——孔隙溶液中离子强度；

a——孔隙溶液中离子半径（m），可按表 9-3-1 确定；

Λ^0——离子的电导率，温度 298.15K 时可按表 9-3-1 确定；

φ——单位体积混凝土可传输孔隙率；

R_g——相对气体常数，取值 8.314×10^{-3} kJ/K·mol；

T_{ref}——氯离子扩散系数的参考温度，建议取值 298.15 K；

z——离子化合价，可按表 9-3-1 确定；

F——法拉第常数取值 9.64853×10^{4} C/mol；

w——离子的活度系数；

k_a，k_b——计算参数；

k_c，k_d——计算参数；

e——元电荷，取值 1.60218×10^{-19} C；

ε_0——真空介电常数，取值 8.85419×10^{-12} C^2/Jm；

ε_r——相对介电常数，取值 78.54；

η——水的黏度，取值 8.91×10^{-4} kg/ms；

N——溶液中离子的种类数；

z_i——溶液中第 i 类离子的化合价，可按表 9-3-1 确定；

C_i——溶液中第 i 类离子的初始浓度（mol/m^3）。

溶液中离子的主要参数　　**表** 9-3-1

名称	化合价	电导率（Sm^2/mol）	离子半径（m）
OH^-	1	1.992×10^{-2}	1.33×10^{-10}
Ca^{2+}	2	5.950×10^{-3}	0.99×10^{-10}
Cl^-	1	7.635×10^{-3}	1.81×10^{-10}
Na^+	1	5.010×10^{-3}	0.95×10^{-10}
SO_4^{2-}	2	8.000×10^{-3}	2.58×10^{-10}

温度对氯离子扩散系数的影响可按式（9-3-11）计算：

$$K_T = \exp\left[\frac{U}{R_g}\left(\frac{1}{T_{ref}} - \frac{1}{T(t)}\right)\right] \tag{9-3-11}$$

式中：U——氯离子扩散过程的活化能，建议取值 30 kJ/mol；

$T(t)$——环境温度时间函数。

湿度对氯离子扩散系数的影响可按式（9-3-12）计算：

$$K_H = \left[1 + \frac{(1-H)^4}{(1-H_c)^4}\right]^{-1} \tag{9-3-12}$$

式中：H——孔隙相对湿度，建议干湿交替环境取 0.86；

H_c——临界相对湿度，建议取值 0.75。

氯离子在混凝土中的结合效应对氯离子扩散系数的影响可按式（9-3-13）~式（9-3-14）计算：

$$K_R = \frac{1}{1+R_b} \tag{9-3-13}$$

$$R_b = (1.3+0.06FA-28.5\times10^{-4}FA^2+28.5\times10^{-6}FA^3)(0.49-0.92W/B) \tag{9-3-14}$$

式中：R_b——氯离子结合系数，对粉煤灰和矿渣复掺时可取 0.3 ~ 0.4；

FA——粉煤灰掺量；

W/B——水胶比。

混凝土可传输的孔隙结构对氯离子扩散系数的影响可按式（9-3-15）~式（9-3-21）计算：

$$K_{\varphi}=\varphi/\tau \tag{9-3-15}$$

$$\varphi=0.6\left(\varphi_{cap}+\varphi_{ITZ}\right) \tag{9-3-16}$$

$$\varphi_{cap}=V_b\left(\frac{W/B-0.36\alpha_c(t_0)}{W/B+0.32}\right) \tag{9-3-17}$$

$$\varphi_{ITZ}=k_{\varphi}\varphi_{cap} \tag{9-3-18}$$

$$\alpha_c(t_0)=0.716t_0^{0.0901}\exp[-0.103t_0^{0.0719}/(W/B)] \tag{9-3-19}$$

$$\alpha_{max}=1-\exp(-3.15W/B) \tag{9-3-20}$$

$$\tau=-1.5\tanh[8(\varphi-0.25)]+2.5 \tag{9-3-21}$$

式中：τ——混凝土曲折度；

φ_{cap}——单位体积混凝土中毛细孔隙率；

φ_{ITZ}——单位体积混凝土中界面过渡区孔隙率；

V_b——单位体积混凝土中胶凝材料所占体积分数；

$\alpha_c(t_0)$——硅酸盐水泥、普通硅酸盐水泥在 t_0 时刻的水化程度；

k_{φ}——界面过渡区孔隙率与基体毛细孔隙率比值，与水胶比、水泥水化程度及界面过渡区厚度有关，取值 1.0 ~ 2.5，对水胶比不大于 0.36 的混凝土，养护 28d 宜取 1.5，养护 180d 后宜取 1.0；

α_{max}——硅酸盐水泥、普通硅酸盐水泥可水化的最大水化程度；

t_0——混凝土暴露于严酷环境时的养护龄期（d）；

时间对氯离子传输系数的影响可按式（9-3-22）~式（9-3-23）计算：

$$K_t=\begin{cases}\left(\dfrac{t_0}{t}\right)^m & t\leqslant t_d\\ \left(\dfrac{t_0}{t_d}\right)^m & t>t_d\end{cases} \tag{9-3-22}$$

$$m=0.2+0.4\left(\frac{FA}{0.5}+\frac{SG}{0.7}\right) \tag{9-3-23}$$

式中：m ——氯离子扩散系数的时间依赖系数，可按式（9-2-3）计算，也可直接取值 0.6304；

t_d ——氯离子扩散系数的稳定时间，建议取值 30 年；

t ——混凝土在严酷环境中的侵蚀时间（d）；

SG ——矿渣掺量。

当依据式（9-2-3）进行混凝土结构耐久性设计时，应按下列方法确定相关参数：

（1）式（9-2-3）中的混凝土保护层剥落厚度 ΔX_d 应取相应设计年限的最大剥落厚度值；

（2）式（9-2-3）的氯离子扩散系数 D_0 宜取（4.0 ~ 5.0）$\times 10^{-10}m^2/s$；

（3）式（9-3-11）中的环境温度时间函数 $T(t)$ 应取服役环境的年平均气温；

（4）式（9-3-16）中 t_0 应取混凝土暴露于严酷环境时的龄期。

第四节　盐冻环境混凝土耐久性设计

以保护层损伤极限状态进行耐久性设计时，考虑时变作用的混凝土结构环境作用效应可按式（9-2-10）和式（9-2-11）计算。

低温环境下氯盐溶液侵入引起的混凝土保护层剥落厚度，可按式（9-4-1）~式（9-4-6）计算：

$$\Delta X_{FT}=L\times\sqrt{1-\sum\nolimits_{\omega_s>\omega_{cr}}\frac{(1+v)(1-2v)}{E}\frac{2\varphi}{1-\varphi}(\omega_s-\omega_{cr})} \tag{9-4-1}$$

$$\omega_{cr}=\frac{1-\varphi}{\sqrt{3+\varphi(1-2v)^{2}}}\sigma_{s} \tag{9-4-2}$$

$$\omega_{s}=\begin{cases}p_{C}=\dfrac{K\varepsilon^{m}+b_{L}\Sigma_{m}\Delta T_{m}+3\alpha_{s}K\Delta T_{m}}{b}\\ p_{L}=\dfrac{K\varepsilon^{m}-b_{c}\Sigma_{m}\Delta T_{m}+3\alpha_{s}K\Delta T_{m}}{b}\end{cases} \tag{9-4-3}$$

$$\varepsilon^{m}=\frac{\varphi Mb}{K+b^{2}M}S_{C}\left(1-\frac{\rho_{C}^{0}}{\rho_{L}^{0}}\right)-3\left[\alpha_{s}+\frac{\varphi Mb}{K+b^{2}M}(S_{C}\alpha_{C}+S_{L}\alpha_{L}-\alpha_{s})\Delta T\right]+\frac{M}{K+b^{2}M}\left(\frac{b_{c}}{K_{L}}-\frac{b_{L}}{K_{C}}\right)\Sigma_{m}\Delta T \tag{9-4-4}$$

$$r_{c}=\frac{2\gamma_{CL}}{\Sigma_{m}\Delta T}+\delta \tag{9-4-5}$$

$$S_{L}=\phi(r)|_{r<r_{c}},\quad S_{C}=\phi(r)|_{r<r_{c}} \tag{9-4-6}$$

式中：ΔX_{FT}——盐冻环境混凝土保护层剥落厚度（mm）;

L——设计混凝土结构的直径或最长边尺寸（mm）;

ω_{s}，ω_{cr}——混凝土中孔隙的孔壁应力和屈服应力（MPa）;

v——泊松比，可按现行国家标准《混凝土结构设计规范》GB 50010（2015 年版）的有关规定确定；

E——混凝土弹性模量（MPa），可按现行国家标准《混凝土结构设计规范》GB 50010（2015 年版）的有关规定确定；

φ——单位体积混凝土可传输的孔隙率；

σ_{s}——混凝土中水化产物纳微观抗拉强度，对 C45 ~ C70 混凝土可取 60 ~ 170MPa；

p_{C}，p_{L}——冰晶体和未冻结液体对孔壁的压力（MPa）;

K——混凝土基体体积模量（MPa），可由弹性模量和泊松比计算；

K_{C}——冰晶体体积模量，263K 时取 7.81×10^{3}MPa；

K_{L}——液体体积模量，263K 时取 1.79×10^{3}MPa；

ε^{m}——混凝土的基体应变；

b，b_{C}，b_{L}——混凝土基体、冰晶体和未冻结液体的 Biot 系数；

Σ_{m}——单位体积冰溶解为水的熵，建议取值 1.2MPa/K；

ΔT_{m}——环境温度和实际冻结温度的差（K）；

α_{s}，α_{C}，α_{L}——混凝土基体、冰晶体和未冻结液体的热膨胀系数（1/K）；

R_{g}——相对气体常数，取值 8.314×10^{-3}kJ/K·mol；

T——环境温度（K）；

ρ_{C}^{0}，ρ_{L}^{0}——参考状态下冰晶体和未冻结液体的密度（kg/m^{3}）；

M——多孔介质力学计算系数；

S_{C}，S_{L}——冰晶体和未冻结液体的体积分数；

r_{c}——孔隙冻结临界半径（nm）；

γ_{CL}——冰晶体和未冻结液体间的界面能，取 $0.0409J/m^{2}$；

δ——冻结孔中的液体膜厚度，经验取 1 ~ 1.2nm；

$\phi(r)$——孔径分布函数。

第五节　硫酸盐侵蚀环境混凝土耐久性设计

高浓度硫酸盐侵蚀环境下混凝土结构的力学响应可按式（9-5-1）~式（9-5-3）计算：

$$\mathrm{div}\sigma^{m}=0 \tag{9-5-1}$$

$$\sigma^{m}=(1-dc^{m})\,C_{0}^{m}:(\varepsilon^{m}-\varepsilon_{p}^{m}-\varepsilon_{V}^{m}/3) \tag{9-5-2}$$

$$\varepsilon_{V}^{m}=\max\{[(v_{AFt}+v_{CA}+2v_{CH})\,C_{AFt}^{m}+(v_{Gyp}+v_{CH})\,C_{Gyp}^{m}-f\varphi],0\} \tag{9-5-3}$$

式中：ε_{V}^{m}——石膏和钙矾石生成所引起混凝土自由体积膨胀应变；

ε_{p}^{m}——混凝土的塑性应变；

ε^{m}——混凝土的基体应变；

C_{AFt}^{m}——钙矾石的浓度（mol/m^{3}）；

C_{Gyp}^{m}——生成的石膏浓度（mol/m^{3}）；

σ^{m}——混凝土的基体应力；

C_0^{m}——混凝土的初始弹性刚度；

φ——单位体积混凝土可传输的孔隙率；

dc^{m}——混凝土的损伤程度；

f——混凝土产生膨胀应变时石膏和钙矾石填充的体积分数；

v_{CH}——氢氧化钙的摩尔体积（m^3/mol）；

v_{CA}——铝相的摩尔体积（m^3/mol）；

v_{Gyp}——石膏的摩尔体积（m^3/mol）；

v_{AFt}——钙矾石的摩尔体积（m^3/mol）。

硫酸盐侵蚀过程混凝土结构或构件的边界移动准则应符合式（9-5-4）要求：

$$dc^{m} \geqslant d_{cr} \tag{9-5-4}$$

式中：d_{cr}——混凝土失效剥落时的临界损伤程度，取值不小于 0.85。

硫酸盐侵蚀过程混凝土剥落厚度可按（9-5-5）计算：

$$\Delta X_S = x|dc^{m} = d_{cr} \tag{9-5-5}$$

式中：ΔX_S——高浓度硫酸盐侵蚀环境混凝土保护层剥落厚度（mm）；

x——传输深度（mm）。

第六节　硫酸盐－氯盐耦合侵蚀环境混凝土耐久性设计

高浓度硫酸盐 - 氯盐耦合侵蚀环境下，混凝土结构的保护层剥落厚度应考虑硫酸盐和氯盐耦合传输的交互作用以及硫酸盐侵蚀引起的混凝土力学响应。

高浓度硫酸盐 - 氯盐耦合侵蚀环境下，混凝土结构中的硫酸根离子浓度可按式（9-6-1）~式（9-6-4）计算：

$$\dot{C}^{M}+div(-D_{c}^{M}\cdot\nabla C^{M})+\dot{C}_{d}^{M}+\dot{C}_{FS}^{M}=0 \tag{9-6-1}$$

$$C_{FS}=-0.5c_{bFS} \tag{9-6-2}$$

$$c_{bFS}=\frac{2k_{rb}\cdot C}{\varphi C+k_{rb}\cdot C}(c_{AFm,0}-c_{AFt-AFm}) \tag{9-6-3}$$

$$c_{AFt-AFm}=\frac{c_{CA}}{c_{CA,0}}(c_{AFm,0}-c_{b-AFm}) \tag{9-6-4}$$

式中：C_{FS}——Friedel 盐分解过程中所结合的硫酸根离子浓度（mol/m^3）；

c_{bFS}——Friedel 盐生成或分解过程中所结合的氯离子含量（mol/m^3）；

k_{rb}——耦合传输吸附经验系数，可取 1.96×10^{-3}；

C——混凝土中氯离子浓度（mol/m^3）；

$c_{AFm,0}$——混凝土中 AFm 的初始含量（mol/m^3）；

$c_{AFt-AFm}$——混凝土中硫酸盐侵蚀所消耗的 AFm 含量（mol/m^3）；

$c_{CA,0}$——混凝土中铝相水化产物的初始含量（mol/m^3）；

c_{CA}——硫酸盐侵蚀过程混凝土中铝相水化产物 CA 的含量（mol/m^3）；

c_{b-AFm}——混凝土内 Friedel 盐形成所消耗的 AFm 含量（mol/m^3）；

$\dot{C}^{M}$——混凝土内硫酸根离子浓度（mol/m^3）；

$\dot{C}_{d}^{M}$——混凝土内化学反应消耗的硫酸根离子浓度（mol/m^3）。

高浓度硫酸盐 - 氯盐耦合侵蚀环境下混凝土结构由硫酸盐侵蚀引起的混凝土力学响应可按式（9-5-1）~式（9-5-3）计算。

高浓度硫酸盐 - 氯盐耦合侵蚀环境下混凝土结构的保护层剥落厚度可按式（9-5-5）计算。

第十章　新型合金耐蚀钢筋在实际工程中的应用案例

第一节　青连铁路

青连铁路（即青连快速铁路）连接青岛 - 连云港市，是我国“五纵五横”综合运输大通道的重要组成部分，铁路自青岛北站引出，北连胶济客运专线、青荣城际铁路和济青高铁，至连云港市赣榆区接入连盐铁路石桥站。并通过连盐铁路向南连接连淮扬镇铁路、陇海铁路和徐连客运专线。

青连铁路正线长 194.39km，总投资 238 亿元，其中山东境内 186.6km，江苏境内 8km。建设标准为国铁 I 级双线电气化快速铁路，是以城际客运为主兼顾中长途旅客运输、客货并重的铁路干线，沿途共设红岛、洋河口、胶南、董家口、两城、奎山、岚山西 7 个车站，跨越青岛、日照和连云港 3 个省辖市。

青连铁路跨胶州湾特大桥途经青岛胶州湾，混凝土结构的环境作用等级及作用环境分区如表 10-1-1 所示。

混凝土结构的环境作用等级及作用环境分区　　表 10-1-1

区段	构件类型	环境作用等级	作用环境分区
海上段（含近海或海洋环境）	桩	Ⅱ -D / Ⅲ -C	微冻地区混凝土高度饱水冻融 / 水下区
	承台	Ⅱ -D / Ⅲ -E	微冻地区混凝土高度饱水冻融 / 水位变动区及浪溅区
	墩柱	Ⅲ -E	浪溅区及重度盐雾区
	箱梁	Ⅲ -D/ Ⅳ -D	重度盐雾区 / 除冰盐溅射

续表

区段	构件类型	环境作用等级	作用环境分区
海上段（含近海或海洋环境）	桥塔下部	Ⅲ -E	浪溅区及重度盐雾区
	桥塔上部	Ⅲ -D	重度盐雾区
	湿接头	Ⅲ -D/ Ⅳ -D	重度盐雾区 / 除冰盐溅射
	防撞墙	Ⅲ -D/ Ⅳ -D	重度盐雾区 / 除冰盐溅射
陆上段	桩	Ⅲ -C	中度盐雾区
	承台	Ⅲ -C	中度盐雾区
	墩柱	Ⅲ -C	中度盐雾区
	箱梁	Ⅳ -D	除冰盐溅射
	防撞墙	Ⅳ -D	除冰盐溅射

本工程中海上段包含海上桥梁结构和距离涨潮岸线 100m 以内的近海桥梁结构工程段，而陆上段是指距离涨潮岸线 100m 以外的陆上桥梁工程段。青连铁路跨胶州湾特大桥所处的胶州湾，冰冻期一般从 12 月下旬开始到次年 2 月中旬结束，其最冷月平均气温可达 −0.5℃，属于微冻地区，需要考虑冻融循环作用对钢筋混凝土的破坏。而且海域海盐量高达 30‰左右，对结构耐久性提出了更高的要求。鉴于青连铁路跨胶州湾特大桥所处的严酷环境，新型合金耐蚀钢筋成功应用于胶州湾大桥桥墩建设，主要用于“浪溅区”的承台、墩柱等部位。青连铁路跨胶州湾特大桥如图 10-1-1 所示。

图 10-1-1　青连铁路跨胶州湾特大桥

第二节　石衡沧港城际铁路

石家庄至衡水至沧州至黄骅港城际铁路（简称：石衡沧港城际铁路）位于河北省中部，起自石家庄，经衡水、沧州，终至渤海新区黄骅港区，设计速度 250km/h，有砟轨道。石衡沧港城际铁路的建设对于促进区域内产业协同发展，加快推进京津冀一体化进程具有重要意义。

石衡沧港城际铁路位于渤海新区黄骅港区范围内部分桥梁工程途经盐田区域，石衡沧港城际铁路盐田区域图如图 10-2-1 所示，地表水中硫酸根离子含量已超过 17000mg/L，高于普通海水（2200mg/L）的 7 倍多，远超出《铁路混凝土结构耐久性设计规范》TB 10005—2010 规定的 Y4 等级。另外，部分氯盐浓度达到 78000mg/L，氯盐环境的作用等级为 L3、化学侵蚀环境的作用等级为 H4、均为严重侵蚀环境，属于强腐蚀环境。加之本区域属于冻融环境，盐冻腐蚀损伤更为显著。因此，上述强腐蚀区域的桥梁桥墩、承台和桩基等受到超高浓度腐蚀离子 + 冻融 + 干湿循环复合作用，耐久性问题十分突出，导致混凝土结构安全性降低，从而影响桥梁铁路的运营。该项目所有位于严重腐蚀环境的桥墩全部采用新型合金耐蚀钢筋，并主要用于承台、墩柱等部位。

图 10-2-1　石衡沧港城际铁路盐田区域图

第三节 灌河特大桥

灌河特大桥（图 10-3-1）位于江苏省连云港市与盐城市的交界处，跨越灌河，是连盐高速公路上的控制性工程和苏北地区的标志性工程，同时也是连盐高速公路全线唯一的一座双塔索面斜拉桥。灌河特大桥是一座主桥跨径位全国前列、桥面最宽、荷载标准最大的钢 - 混凝土组合梁斜拉桥，全长 1818.96m，双向六车道，设计车速 120km/h。主桥为 636.6m 五跨钢 - 混凝土组合梁双塔双索面半漂浮体系斜拉桥，桥面宽 36.6m，全索塔为钢筋混凝土 H 形塔，塔高 119.629m。灌河特大桥紧邻化工园区，空气污染较为严重，地勘报告显示盐城向水侧存在盐渍土。主桥、南桥区潜水及微承压水对混凝土具有强腐蚀性。大桥按照《公路工程混凝土结构耐久性设计规范》JTG/T 3310—2019 及《混凝土结构耐久性设计与施工指南》CCES 01—2004 中环境分类及其作用等级划分，灌河特大桥环境作用等级为 D 级，总体处于腐蚀环境中。灌河特大桥部分处于腐蚀环境结构采用新型合金耐蚀钢筋，主要用于承台、墩柱等部位。

图 10-3-1 灌河特大桥

参考文献

[1] 陈家祥 . 钢筋冶金学 [M]. 北京：冶金工业出版社，2003.

[2] 李为谬 . 钢中非金属夹杂物 [M]. 北京：冶金工业出版社，1988.

[3] Morcillo M，Díaz I，Chico B，et al. Weathering steels：From empirical development to scientific design. A review[J]. Corrosion Science，2014，83：6-31.

[4] Baddoo N R. Stainless steel in construction：A review of research，applications，challenges and opportunities[J]. Journal of constructional steel research，2008，64（11）：1199-1206.

[5] Kouřil M，Novák P，Bojko M. Threshold chloride concentration for stainless steels activation in concrete pore solutions[J]. Cement and Concrete Research，2010，40（3）：431-436.

[6] Hurley M F，Scully J R. Threshold chloride concentrations of selected corrosion-resistant rebar materials compared to carbon steel[J]. Corrosion，2006，62（10）：892-904.

[7] Freire L，Carmezim M J，Ferreira M G S a，et al. The passive behaviour of AISI 316 in alkaline media and the effect of pH：A combined electrochemical and analytical study[J]. Electrochimica Acta，2010，55（21）：6174-6181.

[8] Freire L，Carmezim M J，Ferreira M G S，et al. The electrochemical behaviour of stainless steel AISI 304 in alkaline solutions with different pH in the presence of chlorides[J]. Electrochimica Acta，2011，56（14）：5280-5289.

[9] McDonald D B，Sherman M R，Pfeifer D W，et al. Stainless steel reinforcing as corrosion protection[J]. Concrete International，1995，17（5）：65-70.

[10] Castro-Borges P，Troconis-Rincon O，Moreno E I，et al. Performance of a 60-year-old concrete pier with stainless steel reinforcement[J]. Materials Performance，2002，41（10）：50-55.

[11] Markeset G，Rostam S，Klinghoffer O. Guide for the use of stainless steel reinforcement in concrete structures[M]. Norges byggforskningsinstitutt，2006.

[12] 张国学，吴苗苗 . 不锈钢钢筋混凝土的应用及发展 [J]. 佛山科学技术学院学报：自然科学版，2006，24（2）：10-13.

[13] 中国土木工程学会 . 混凝土结构耐久性设计与施工指南：CCES01-2004[S]. 北京：中国建筑工业出版社，2005.

[14] Presuel-Moreno F，Scully J R，Sharp S R. Literature review of commercially available alloys that have potential as low-cost，corrosion-resistant concrete reinforcement[J]. Corrosion，2010，66（8）：086001-086001.

[15] Mohamed N，Boulfiza M，Evitts R. Corrosion of carbon steel and corrosion-resistant rebars in concrete structures under chloride ion attack[J]. Journal of Materials Engineering and Performance，2013，22（3）：787-795.

[16] 杨忠民，陈颖，王慧敏 . 高强耐蚀钢筋 [C]// 全国建筑钢筋生产，设计与应用技术交流研讨会会议文集，2009.

[17] 张帆，范植金，吴杰，等 . 高强度耐腐蚀含 Cr 钢筋及其轧制工艺：CN103849820A[P]. 2014-06-11.

[18] 张建春，黄文克，李阳，等 . 一种具有高耐腐蚀性的高强钢筋及其制备方法：CN103789677A[P].2014-05-14.

[19] Pourbaix M J N. D'équilibres Électrochimiques[M]. France：Gauthier-villars et Cie，1963.

[20] Oh K，Ahn S，Eom K，et al. Observation of passive films on Fe–20Cr–xNi（x= 0，10，20wt.%）alloys using TEM and Cs-corrected STEM–EELS[J]. Corrosion Science，2014，79：34-40.

[21] Sánchez-Moreno M，Takenouti H，García-Jareño J J，et al. A theoretical approach of impedance spectroscopy during the passivation of steel in alkaline media[J]. Electrochimica Acta，2009，54（28）：7222-7226.

[22] Albani O A, Gassa L M, Zerbino J O, et al. Comparative study of the passivity and the breakdown of passivity of polycrystalline iron in different alkaline solutions[J]. Electrochimica Acta, 1990, 35 (9): 1437-1444.

[23] Joiret S, Keddam M, Nóvoa X R, et al. Use of EIS, ring-disk electrode, EQCM and Raman spectroscopy to study the film of oxides formed on iron in 1 M NaOH[J]. Cement and Concrete Composites, 2002, 24 (1): 7-15.

[24] 施锦杰，孙伟，耿国庆 . 模拟混凝土孔溶液对钢筋钝化的影响 [J]. 建筑材料学报，2011，14（4）：452-458.

[25] 唐方苗，徐晖，陈雯，等 . 模拟混凝土孔隙液中钢筋电化学腐蚀行为及 pH 值的影响作用 [J]. 功能材料，2011，42（2）：291-293.

[26] Huet B, L' Hostis V, Miserque F, et al. Electrochemical behavior of mild steel in concrete: Influence of pH and carbonate content of concrete pore solution[J]. Electrochimica Acta, 2005, 51 (1): 172-180.

[27] Albu C, Van Damme S, Abodi L-C, et al. Influence of the applied potential and pH on the steady-state behavior of the iron oxide[J]. Electrochimica Acta, 2012, 67: 119-126.

[28] Lambert P, Page C L, Short N R. Pore solution chemistry of the hydrated system tricalcium silicate/sodium chloride/water[J]. Cement and Concrete Research, 1985, 15 (4): 675-680.

[29] 洪乃丰 . 混凝土碱度与钢筋锈蚀 [J]. 混凝土与水泥制品，1990（5）：16-18.

[30] Saremi M, Mahallati E. A study on chloride-induced depassivation of mild steel in simulated concrete pore solution[J]. Cement and Concrete Research, 2002, 32 (12): 1915-1921.

[31] Ye C-Q, Hu R-G, Dong S-G, et al. EIS analysis on chloride-induced corrosion behavior of reinforcement steel in simulated carbonated concrete pore solutions[J]. Journal of Electroanalytical Chemistry, 2013, 688: 275-281.

[32] Yazdanfar K, Zhang X, Keech P G, et al. Film conversion and breakdown processes on carbon steel in the presence of halides[J]. Corrosion Science, 2010, 52 (4): 1297-1304.

[33] 陈雯，杜荣归，胡融刚，等．模拟混凝土孔隙液中钢筋表面膜组成与腐蚀行为的关联 [J]. 金属学报，2011，47（6）：733-740.

[34] Moreno M，Morris W，Alvarez M G，et al. Corrosion of reinforcing steel in simulated concrete pore solutions：Effect of carbonation and chloride content[J]. Corrosion Science，2004，46（11）：2681-2699.

[35] Soltis J. Passivity breakdown，pit initiation and propagation of pits in metallic materials–review[J]. Corrosion Science，2015，90：5-22.

[36] McCafferty E. Sequence of steps in the pitting of aluminum by chloride ions[J]. Corrosion Science，2003，45（7）：1421-1438.

[37] Foroulis Z A，Thubrikar M J. On the kinetics of the breakdown of passivity of preanodized aluminum by chloride ions[J]. Journal of the Electrochemical Society，1975，122（10）：1296.

[38] Evans U R. CXL.—The passivity of metals. Part I. The isolation of the protective film[J]. Journal of the Chemical Society（Resumed），1927：1020-1040.

[39] Hoar T P，Jacob W R. Breakdown of passivity of stainless steel by halide ions[J]. Nature，1967，216（5122）：1299-1301.

[40] Pou T E，Murphy O J，Young V，et al. Passive films on iron：the mechanism of breakdown in chloride containing solutions[J]. Journal of the Electrochemical Society，1984，131（6）：1243.

[41] Goetz R，MacDougall B，Graham M J. An AES and SIMS study of the influence of chloride on the passive oxide film on iron[J]. Electrochimica Acta，1986，31（10）：1299-1303.

[42] Szklarska-Smialowska Z，Viefhaus H，Janik-Czachor M. Electron spectroscopy analysis of in-depth profiles of passive films formed on iron in Cl- containing solutions[J]. Corrosion Science，1976，16（9）.

[43] Uhlig H H. Adsorbed and Reaction-Product Films on Metals[J]. Journal of the Electrochemical Society，1950，97（11）：215C.

[44] Kolotyrkin J M. Effects of anions on the dissolution kinetics of metals[J]. Journal of the Electrochemical Society，1961，108（3）：209.

[45] Szakalos P, Hultquist G, Wikmark G. Corrosion of copper by water[J]. Electrochemical and Solid-State Letters, 2007, 10 (11): C63.

[46] Xu Y, Wang M, Pickering H W. On electric field induced breakdown of passive films and the mechanism of pitting corrosion[J]. Journal of the Electrochemical Society, 1993, 140 (12): 3448.

[47] Sato N. A theory for breakdown of anodic oxide films on metals[J]. Electrochimica Acta, 1971, 16 (10): 1683-1692.

[48] Burstein G T, Pistorius P C, Mattin S P. The nucleation and growth of corrosion pits on stainless steel[J]. Corrosion Science, 1993, 35 (1-4): 57-62.

[49] Riley A M, Wells D B, Williams D E. Initiation events for pitting corrosion of stainless steel[J]. Corrosion Science, 1991, 32 (12): 1307-1313.

[50] Lin L F, Chao C Y, Macdonald D D. A point defect model for anodic passive films: Ⅱ. Chemical breakdown and pit initiation[J]. Journal of the Electrochemical Society, 1981, 128 (6): 1194.

[51] Chao C Y, Lin L F, Macdonald D D. A point defect model for anodic passive films: I. Film growth kinetics[J]. Journal of the Electrochemical Society, 1981, 128 (6): 1187.

[52] Urquidi M, Macdonald D D. Solute-vacancy interaction model and the effect of minor alloying elements on the initiation of pitting corrosion[J]. Journal of the Electrochemical Society, 1985, 132 (3): 555.

[53] Burstein G T, Liu C, Souto R M. The effect of temperature on the nucleation of corrosion pits on titanium in Ringer's physiological solution[J]. Biomaterials, 2005, 26 (3): 245-256.

[54] Macdonald D D. The history of the point defect model for the passive state: a brief review of film growth aspects[J]. Electrochimica Acta, 2011, 56 (4): 1761-1772.

[55] Macdonald D D, Biaggio S R, Song H. Steady-state passive films: Interfacial kinetic effects and diagnostic criteria[J]. Journal of the Electrochemical Society, 1992, 139 (1): 170.

[56] Poursaee A，Hansson C M. Reinforcing steel passivation in mortar and pore solution[J]. Cement and Concrete Research，2007，37（7）：1127-1133.

[57] Li L，Sagues A A. Chloride corrosion threshold of reinforcing steel in alkaline solutions-open-circuit immersion tests[J]. Corrosion，2001，57（1）：19-28.

[58] Singh J K，Singh D D N. The nature of rusts and corrosion characteristics of low alloy and plain carbon steels in three kinds of concrete pore solution with salinity and different pH[J]. Corrosion Science，2012，56：129-142.

[59] 施锦杰 . 混凝土模拟液中低合金耐蚀钢筋的腐蚀行为与耐蚀机理研究 [D]. 南京：东南大学，2013.

[60] Gong L，Darwin D，Browning J P，et al. Evaluation of mechanical and corrosion properties of MMFX reinforcing steel for concrete[R].Kansas. Dept. of Transportation，2004.

[61] Nachiappan V，Cho E H. Corrosion of high chromium and conventional steels embedded in concrete[J]. Journal of Performance of Constructed Facilities，2005，19（1）：56-61.

[62] Hurley M F. Corrosion initiation and propagation behavior of corrosion resistant concrete reinforcing materials[D]. Ph. D. Thesis，2007.

[63] Lide D R. CRC handbook of chemistry and physics[M]. CRC press，2004.

[64] Chatterji S. On the applicability of Fick's second law to chloride ion migration through Portland cement concrete[J]. Cement and Concrete Research，1995，25（2）：299-303.

[65] Luping T，Gulikers J. On the mathematics of time-dependent apparent chloride diffusion coefficient in concrete[J]. Cement and Concrete Research，2007，37（4）：589-595.

[66] Liang M T，Wang K L，Liang C H. Service life prediction of reinforced concrete structures[J]. Cement and Concrete Research，1999，29（9）：1411-1418.

[67] de Vera G，Climent M A，Viqueira E，et al. A test method for measuring chloride diffusion coefficients through partially saturated concrete. Part Ⅱ：The

instantaneous plane source diffusion case with chloride binding consideration[J]. Cement and Concrete Research，2007，37（5）：714-724.

[68] Guimarães A T d C，Climent M A，De Vera G，et al. Determination of chloride diffusivity through partially saturated Portland cement concrete by a simplified procedure[J]. Construction and Building Materials，2011，25（2）：785-790.

[69] Delagrave A，Bigas J P，Ollivier J P，et al. Influence of the interfacial zone on the chloride diffusivity of mortars[J]. Advanced Cement Based Materials，1997，5（3-4）：86-92.

[70] 郑建军，周欣竹，姜璐，等．混凝土界面面积分数和渗流阈值及其应用（Ⅰ）——计算机模拟 [J]. 建筑材料学报，2006，9：266-273.

[71] Ishida T，Iqbal P O N，Anh H T L. Modeling of chloride diffusivity coupled with non-linear binding capacity in sound and cracked concrete[J]. Cement and Concrete Research，2009，39（10）：913-923.

[72] Nadeau J C. A multiscale model for effective moduli of concrete incorporating ITZ water–cement ratio gradients，aggregate size distributions，and entrapped voids[J]. Cement and Concrete Research，2003，33（1）：103-113.

[73] Bejaoui S，Bary B. Modeling of the link between microstructure and effective diffusivity of cement pastes using a simplified composite model[J]. Cement and Concrete Research，2007，37（3）：469-480.

[74] Bary B，Béjaoui S. Assessment of diffusive and mechanical properties of hardened cement pastes using a multi-coated sphere assemblage model[J]. Cement and Concrete Research，2006，36（2）：245-258.

[75] Ye G. Percolation of capillary pores in hardening cement pastes[J]. Cement and Concrete Research，2005，35（1）：167-176.

[76] Schiessl P，Raupach M. Influence of concrete composition and microlimate on the critical chloride content in concrete[C]//Third International Symposium on Corrosion of Reinforcement in Concrete Construction，1990.

[77] Schiessl P，Lay S. Influence of concrete composition[J]. Corrosion in reinforced concrete structures，2005，4.

[78] Nuernberger U，Beul W，Onuseit G. Corrosion behaviour of welded stainless reinforcement steels in concrete[J]. 1993，4：225.

[79] Srensen B，Jensen P B，Maahn E. The corrosion properties of stainless steel reinforcement[J]. Corrosion of reinforcement in concrete，1990：601-610.

[80] García-Alonso M C，Escudero M L，Miranda J M，et al. Corrosion behaviour of new stainless steels reinforcing bars embedded in concrete[J]. Cement and Concrete Research，2007，37（10）：1463-1471.

[81] Mohammed T U，Hamada H. A discussion of the paper "Chloride threshold values to depassivate reinforcing bars embedded in a standardized OPC mortar" by C. Alonso，C. Andrade，M. Castellote，and P. Castro[J]. Cement and Concrete Research，2001，31（5）：835-838.

[82] Bank L C. Composites for construction：structural design with FRP materials[M]. John Wiley & Sons，2006.

[83] Sen R. Durability of advanced composites in a marine environment[J]. International Journal of Materials and Product Technology，2003，19（1-2）：118-129.

[84] Presuel-Moreno F，Scully J R，Sharp S R. Literature review of commercially available alloys that have potential as low-cost，corrosion-resistant concrete reinforcement[J]. Corrosion，2010，66（8）：086001-086001.

[85] Mancio M，Kusinski G，Monteiro P J M，et al. Electrochemical and in-situ SERS study of passive film characteristics and corrosion performance of 9% Cr microcomposite steel in highly alkaline environments[J]. Journal of ASTM International，2009，6（5）：1-10.

[86] 艾志勇，孙伟，蒋金洋 . 低合金耐蚀钢筋锈蚀研究现状及存在的问题分析 [J]. 腐蚀科学与防护技术，2015，27（6）：525-536.

[87] 王钧 . 耐腐蚀钢筋的成分优化及耐蚀机理的研究 [D]. 济南：山东大学，2004.

[88] 郭湛，完卫国，孙维，等 . 含稀土高强度耐腐蚀钢筋的研究 [J]. 钢铁，2010，45（12）：53-58.

[89] 陈焕德，麻晗，张宇，等 . 海洋工程用长寿命耐蚀钢筋 HRB400M 的工业试制 [C]// 中国金属学会 . 第九届中国金属学会青年学术年会论文集，2018.

[90] Ai Z，Jiang J，Sun W，et al. Passive behaviour of alloy corrosion-resistant steel Cr10Mo1 in simulating concrete pore solutions with different pH[J]. Applied Surface Science，2016，389：1126-1136.

[91] 艾志勇，孙伟，蒋金洋，等 . 氯盐环境中新型合金耐蚀钢筋 Cr10Mo1 的钝化行为 [J]. 材料导报，2016，30（15）：92-99.

[92] 艾志勇 . 新型合金耐蚀钢筋的腐蚀行为及耐蚀机制 [D]. 南京：东南大学，2017.

[93] 王丹芊 . 新型耐蚀钢筋在混凝土环境中的钝化及氯盐侵蚀行为研究 [D]. 南京：东南大学，2016.

[94] 张建春，麻晗，左龙飞，等 . 耐蚀钢筋 20MnSiCrV 在氯盐环境下的腐蚀行为 [J]. 中国腐蚀与防护学报，2015，35：461-466.

[95] 孙伟，宋丹，蒋金洋 . 严酷环境用耐蚀筋材的应用与研究进展 [J]. 2013 年全国公路养护技术学术年会论文集桥隧卷，2014.

[96] Haupt S，Strehblow H H. Corrosion，layer formation，and oxide reduction of passive iron in alkaline solution：A combined electrochemical and surface analytical study[J]. Langmuir，1987，3（6）：873-885.

[97] Sánchez-Moreno M，Takenouti H，García-Jareño J J，et al. A theoretical approach of impedance spectroscopy during the passivation of steel in alkaline media[J]. Electrochimica Acta，2009，54（28）：7222-7226.

[98] Abreu C M，Cristóbal M J，Losada R，et al. Comparative study of passive films of different stainless steels developed on alkaline medium[J]. Electrochimica Acta，2004，49（17-18）：3049-3056.

[99] Ghods P，Isgor O B，McRae G，et al. The effect of concrete pore solution composition on the quality of passive oxide films on black steel reinforcement[J]. Cement and Concrete Composites，2009，31（1）：2-11.

[100] Sánchez M，Gregori J，Alonso M C，et al. Anodic growth of passive layers on steel rebars in an alkaline medium simulating the concrete pores[J]. Electrochimica Acta，2006，52（1）：47-53.

[101] Martínez I，Andrade C. Application of EIS to cathodically protected steel：tests

in sodium chloride solution and in chloride contaminated concrete[J]. Corrosion Science，2008，50（10）：2948-2958.

[102] 施锦杰，孙伟，耿国庆．模拟混凝土孔溶液对钢筋钝化的影响 [J]. 建筑材料学报，2011，14（4）：452-458.

[103] Freire L，Carmezim M J，Ferreira M G S a，et al. The passive behaviour of AISI 316 in alkaline media and the effect of pH：A combined electrochemical and analytical study[J]. Electrochimica Acta，2010，55（21）：6174-6181.

[104] Liu R，Jiang L，Xu J，et al. Influence of carbonation on chloride-induced reinforcement corrosion in simulated concrete pore solutions[J]. Construction and Building Materials，2014，56：16-20.

[105] Hakiki N E，Montemor M F，Ferreira M G S，et al. Semiconducting properties of thermally grown oxide films on AISI 304 stainless steel[J]. Corrosion Science，2000，42（4）：687-702.

[106] Sato N. Electrochemistry at metal and semiconductor electrodes[M]. Elsevier，1998.

[107] Morrison S R，Morrison S R. Electrochemistry at semiconductor and oxidized metal electrodes[M]. Springer，1980.

[108] Macdonald D D. The history of the point defect model for the passive state：a brief review of film growth aspects[J]. Electrochimica Acta，2011，56（4）：1761-1772.

[109] Memming R. Semiconductor electrochemistry[M]. John Wiley & Sons，2015.

[110] Young L，Smith D J. Modeling of high field ionic conduction in anodic oxide films[J]. Journal of the Electrochemical Society，1983，130（2）：408.

[111] Montemor M F，Simões A M P，Ferreira M G S，et al. The role of Mo in the chemical composition and semiconductive behaviour of oxide films formed on stainless steels[J]. Corrosion Science，1999，41（1）：17-34.

[112] Bomben K D，Moulder J F，Sobol P E，et al. Handbook of X-ray photoelectron spectroscopy：a reference book of standard spectra for identification and interpretation of XPS data[J]. Eden Prairie，MN（USA）：

Physical electronics, 1995.

[113] Donik Č, Kocijan A, Grant J T, et al. XPS study of duplex stainless steel oxidized by oxygen atoms[J]. Corrosion Science, 2009, 51 (4): 827-832.

[114] Albani O A, Gassa L M, Zerbino J O, et al. Comparative study of the passivity and the breakdown of passivity of polycrystalline iron in different alkaline solutions[J]. Electrochimica Acta, 1990, 35 (9): 1437-1444.

[115] Joiret S, Keddam M, Nóvoa X R, et al. Use of EIS, ring-disk electrode, EQCM and Raman spectroscopy to study the film of oxides formed on iron in 1 M NaOH[J]. Cement and Concrete Composites, 2002, 24 (1): 7-15.

[116] Kirchheim R, Heine B, Fischmeister H, et al. The passivity of iron-chromium alloys[J]. Corrosion Science, 1989, 29 (7): 899-917.

[117] Bautista A, Blanco G, Velasco F, et al. Changes in the passive layer of corrugated austenitic stainless steel of low nickel content due to exposure to simulated pore solutions[J]. Corrosion Science, 2009, 51 (4): 785-792.

[118] Ghods P. Multi-scale investigation of the formation and breakdown of passive films on carbon steel rebar in concrete[D]. Carleton University, 2010.

[119] Oh K, Ahn S, Eom K, et al. Observation of passive films on Fe–20Cr–xNi(x= 0, 10, 20 wt.%) alloys using TEM and Cs-corrected STEM–EELS[J]. Corrosion Science, 2014, 79: 34-40.

[120] Moreno M, Morris W, Alvarez M G, et al. Corrosion of reinforcing steel in simulated concrete pore solutions: Effect of carbonation and chloride content[J]. Corrosion Science, 2004, 46 (11): 2681-2699.

[121] Macdonald D D, Biaggio S R, Song H. Steady-state passive films: Interfacial kinetic effects and diagnostic criteria[J]. Journal of the Electrochemical Society, 1992, 139 (1): 170.

[122] Poursaee A, Hansson C M. Reinforcing steel passivation in mortar and pore solution[J]. Cement and Concrete Research, 2007, 37 (7): 1127-1133.

[123] Li L, Sagues A A. Chloride corrosion threshold of reinforcing steel in alkaline solutions-open-circuit immersion tests[J]. Corrosion, 2001, 57 (1): 19-28.

[124] Yu H, Chiang K-T K, Yang L. Threshold chloride level and characteristics of reinforcement corrosion initiation in simulated concrete pore solutions[J]. Construction and Building Materials, 2012, 26 (1): 723-729.

[125] Yamamoto T, Fushimi K, Seo M, et al. Depassivation–repassivation behavior of type-312L stainless steel in NaCl solution investigated by the micro-indentation[J]. Corrosion Science, 2009, 51 (7): 1545-1553.

[126] Ghods P, Isgor O B, McRae G A, et al. Electrochemical investigation of chloride-induced depassivation of black steel rebar under simulated service conditions[J]. Corrosion Science, 2010, 52 (5): 1649-1659.

[127] Ghods P. Multi-scale investigation of the formation and breakdown of passive films on carbon steel rebar in concrete[D]. Carleton University, 2010.

[128] Xu W, Daub K, Zhang X, et al. Oxide formation and conversion on carbon steel in mildly basic solutions[J]. Electrochimica Acta, 2009, 54 (24): 5727-5738.

[129] Dong Z H, Shi W, Zhang G A, et al. The role of inhibitors on the repassivation of pitting corrosion of carbon steel in synthetic carbonated concrete pore solution[J]. Electrochimica Acta, 2011, 56 (17): 5890-5897.

[130] Saremi M, Mahallati E. A study on chloride-induced depassivation of mild steel in simulated concrete pore solution[J]. Cement and Concrete Research, 2002, 32 (12): 1915-1921.

[131] Lin L F, Chao C Y, Macdonald D D. A point defect model for anodic passive films: Ⅱ. Chemical breakdown and pit initiation[J]. Journal of the Electrochemical Society, 1981, 128 (6): 1194.

[132] Schlaf R, Murata H, Kafafi Z H. Work function measurements on indium tin oxide films[J]. Journal of Electron Spectroscopy and Related Phenomena, 2001, 120 (1-3): 149-154.

[133] Park Y, Choong V, Gao Y, et al. Work function of indium tin oxide transparent conductor measured by photoelectron spectroscopy[J]. Applied Physics Letters, 1996, 68 (19): 2699-2701.

[134] Pistorius P C, Burstein G T. Metastable pitting corrosion of stainless steel and the transition to stability[J]. Philosophical transactions of the royal society of London. Series A: Physical and Engineering Sciences, 1992, 341 (1662): 531-559.

[135] Gupta R K, Sukiman N L, Cavanaugh M K, et al. Metastable pitting characteristics of aluminium alloys measured using current transients during potentiostatic polarisation[J]. Electrochimica Acta, 2012, 66: 245-254.

[136] Soltis J. Passivity breakdown, pit initiation and propagation of pits in metallic materials–review[J]. Corrosion Science, 2015, 90 (1): 5-22.

[137] 叶超，杜楠，赵晴，等 . 不锈钢点蚀行为及研究方法的进展 [J]. 腐蚀与防护，2014，35（3）：271-276.

[138] Ernst P, Laycock N J, Moayed M H, et al. The mechanism of lacy cover formation in pitting[J]. Corrosion Science, 1997, 39 (6): 1133-1136.

[139] Ernst P, Newman R C. Pit growth studies in stainless steel foils. Ⅱ. Effect of temperature, chloride concentration and sulphate addition[J]. Corrosion Science, 2002, 44 (5): 943-954.

[140] Wranglen G. Pitting and sulphide inclusions in steel[J]. Corrosion Science, 1974, 14 (5): 331-349.

[141] Stewart J, Williams D E. The initiation of pitting corrosion on austenitic stainless steel: on the role and importance of sulphide inclusions[J]. Corrosion Science, 1992, 33 (3): 457-474.

[142] Ryan M P, Williams D E, Chater R J, et al. Why stainless steel corrodes[J]. Nature, 2002, 415 (6873): 770-774.

[143] Ilevbare G O, Burstein G T. The role of alloyed molybdenum in the inhibition of pitting corrosion in stainless steels[J]. Corrosion Science, 2001, 43 (3): 485-513.

[144] 龚小芝 . 不锈钢亚稳态孔蚀行为及其与稳态孔蚀的关系 [D]. 北京：北京化工大学，2002.

[145] Singh J K, Singh D D N. The nature of rusts and corrosion characteristics of low alloy and plain carbon steels in three kinds of concrete pore solution with

salinity and different pH[J]. Corrosion Science，2012，56：129-142.

[146] 施锦杰．混凝土模拟液中低合金耐蚀钢筋的腐蚀行为与耐蚀机理研究 [D]. 南京：东南大学，2013.

[147] Mammoliti L T，Brown L C，Hansson C M，et al. The influence of surface finish of reinforcing steel and pH of the test solution on the chloride threshold concentration for corrosion initiation in synthetic pore solutions[J]. Cement and Concrete Research，1996，26（4）：545-550.

[148] Ghods P，Isgor O B，Bensebaa F，et al. Angle-resolved XPS study of carbon steel passivity and chloride-induced depassivation in simulated concrete pore solution[J]. Corrosion Science，2012，58：159-167.

[149] Presuel-Moreno F，Jakab M A，Tailleart N，et al. Corrosion-resistant metallic coatings[J]. Materials Today，2008，11（10）：14-23.

[150] Wang Y，Cheng G，Wu W，et al. Effect of pH and chloride on the micro-mechanism of pitting corrosion for high strength pipeline steel in aerated NaCl solutions[J]. Applied Surface Science，2015，349：746-756.

[151] Ahmad Z. Principles of corrosion engineering and corrosion control[M]. Elsevier，2006.

[152] Ai Z，Sun W，Jiang J，et al. Passivation characteristics of alloy corrosion-resistant steel Cr10Mo1 in simulating concrete pore solutions：combination effects of pH and chloride[J]. Materials，2016，9（9）：749.

[153] Jiang J，Liu Y，Chu H，et al. Pitting corrosion behaviour of new corrosion-resistant reinforcement bars in chloride-containing concrete pore solution[J]. Materials，2017，10（8）：903.

[154] Ai Z，Jiang J，Sun W，et al. Passive behaviour of alloy corrosion-resistant steel Cr10Mo1 in simulating concrete pore solutions with different pH[J]. Applied Surface Science，2016，389：1126-1136.

[155] Jiménez-Come M J，Turias I J，Ruiz-Aguilar J J. Pitting corrosion behaviour modelling of stainless steel with support vector machines[J]. Materials and Corrosion，2015，66（9）：915-924.